따라 하면서 배우는

사물인터넷

아두이노와 Node-RED로 IoT 실습하기

한빛아카데미
Hanbit Academy, Inc.

지은이 **양재삼** iotmaker.cc@gmail.com

부산대학교 상과대학 무역학과를 졸업하였다. 삼성중공업에서 IT 업무로 직장 생활을 시작해서, 삼성SDS 그룹정보전략팀장과 솔루션개발사업부장을 역임했다. 이비즈니스 전문기업인 ㈜이네트의 CTO를 지냈으며, 현재는 CRM과 빅데이터 전문 기업인 ㈜유비전트의 대표이사이다. 사물인터넷(IoT)을 개별 디바이스보다는 시스템적인 관점으로 연구하고 있으며, 복잡한 IoT 기술을 단순화해서 다른 사람과 공유하는 데 관심이 많다. IoT와 빅데이터, AI를 연결하여 새로운 가치를 만들어내는 연구를 하고 있다.

따라 하면서 배우는 사물인터넷 : 아두이노와 Node-RED로 IoT 실습하기

초판발행 2020년 7월 23일
2쇄발행 2023년 9월 4일

지은이 양재삼 / **펴낸이** 전태호
펴낸곳 한빛아카데미(주) / **주소** 서울시 서대문구 연희로2길 62 한빛아카데미(주) 2층
전화 02-336-7112 / **팩스** 02-336-7199
등록 2013년 1월 14일 제2017-000063호 / **ISBN** 979-11-5664-494-1 93560

총괄 박현진 / **책임편집** 김평화 / **기획** 김성무 / **편집** 강다인 / **진행** 심진성
디자인 표지 이아란 / **전산편집** 백지선 / **제작** 박성우, 김정우
영업 김태진, 김성삼, 이정훈, 임현기, 이성훈, 김주성 / **마케팅** 길진철, 김호철, 심지연

이 책에 대한 의견이나 오탈자 및 잘못된 내용에 대한 수정 정보는 아래 이메일로 알려주십시오.
잘못된 책은 구입하신 서점에서 교환해 드립니다. 책값은 뒤표지에 표시되어 있습니다.
홈페이지 www.hanbit.co.kr / 이메일 question@hanbit.co.kr

IoT 기술로 더욱 스마트해진 세상을 꿈꾸며

사물인터넷(IoT) 시스템을 만들기 위해서는 여러 기술을 익혀야 합니다. 그러나 학습자가 필요한 정보를 스스로 찾아서 공부하기가 쉽지 않고, 익혀야 할 내용도 많기 때문에 IoT 시스템을 만드는 과정은 쉽지 않습니다. 그래서 학습자가 시행착오를 겪지 않고 즐겁게 IoT 시스템을 구성할 수 있도록 돕기 위해 이 책을 만들었습니다.

이 책에서는 오픈 소스로 관리되는 IoT 기술 중에서 안정적이고 발전 가능성이 높은 기술을 선택하여 IoT 시스템의 구조를 정했습니다. 디바이스는 아두이노를 이용해서 만들고, 통신과 대시보드 역할을 하는 오픈 소스 소프트웨어를 설치하여 서버로 사용했습니다. 공유기에 이 서버를 붙이고 외부에서 모바일로 보안이 되는 상태로 접속할 수도 있습니다.

대부분의 디바이스 프로그램은 아두이노 환경에서 C++라는 프로그래밍 언어로 코딩을 하는데, 통상적인 아두이노 프로그래밍 기법 외에도 데이터 처리, 통신, 보안 등 숨겨져 있는 기술이 너무 많아 학습용으로 사용하기는 조금 어려운 부분이 있습니다. 그래서 이 책에서는 학습을 돕기 위해 프로그램 묶음인 라이브러리를 만들어서 제공합니다. 제공되는 라이브러리를 사용하면 프로그램의 논리 구조를 쉽게 만들 수 있고, 여러 복잡한 IT 기술을 익히지 않더라도 IoT용 프로그램을 간단하게 만들 수 있습니다.

또한 이 책에서는 IoT 시스템을 통제하는 대시보드 용도로 Node-RED라는 소프트웨어를 사용합니다. Node-RED는 IoT 시스템에 현존하는 대부분의 IT 기술이나 서비스를 접목할 수 있는 창구 역할을 하기 때문에 이 소프트웨어를 이용하면 빅 데이터나 딥 러닝과 같은 첨단 IT 기술도 쉽게 사용할 수 있습니다.

이 책의 목표는 학습자가 스마트 하우스나 스마트 팜과 같은 IoT 시스템을 독자적으로 구성할 수 있도록 하는 것입니다. 본인 주변을 IoT 기술로 스마트하게 만들고자 하는 사람들에게 이 책이 베이스 캠프 역할을 할 수 있으면 좋겠습니다.

그동안 책 쓴다고 주변을 못 챙긴 가장을 이해해 준 가족과, 기다려 주고 조언을 마다하지 않은 한빛아카데미 관계자 여러분께 감사드립니다. 특히 편집을 맡은 강다인 대리는 복잡하고 어려운 책이 쉽게 읽힐 수 있도록 많은 아이디어를 제공했습니다. 다시 한번 감사드립니다.

지은이 **양 재 삼**

| 이 장의 실습 준비물 |

해당 장의 내용을 실습하는 데 필요한 준비물을 제시합니다.

이 장의 실습 준비물

부품 이름	대체품	수량	용도
PC		1	소프트웨어 설치
LOLIN(WEMOS) D1 mini	ESP8266 계열의 보드	1	마이크로컨트롤러
USB 마이크로 5핀 케이블		1	보드와 PC 연결
버튼 실드	버튼, 브레드보드, 듀폰 케이블	1	입력 장치
(액티브) 버저		1	출력 장치

| PREVIEW |

해당 장의 내용을 왜 배우는지, 무엇을 배우는지 설명합니다.

PREVIEW

MQTT와 연결되는 아두이노 프로그램의 골격에는 일정한 패턴이 있습니다. 그 골격에 센서나 디스플레이 또는 액추에이터를 다루는 코드가 추가되는 것입니다. 아두이노 프로그램의 골격도 여기서 소개되는 클래스를 사용하면 간단하고 명료한 코드로 구성할 수 있습니다.

이 장에서는 기본 클래스의 핵심 코드와 메소드를 이해하고 예제 프로그램을 만들어 봅니다.

04 | AimTimer AIM

AimTimer는 저자가 만든 간단한 클래스입니다. loop() 안에서 바로 테스트를 해서 명령문 블록을 수행할 수 있습니다. 테스트할 때 수행 간격은 초 단위로 지정하며 번거롭게 별도 함수를 만들 필요가 없습니다.

다음은 [프로그램 6-1] loop-count를 AimTimer를 적용해서 다시 쓴 프로그램입니다. [프로그램 6-1]에 비해서 훨씬 간결합니다.

프로그램 6-7 loop-count-AimTimer

```
#include <AimTimer.h>  // #include <Aim.h>
AimTimer timerCnt(1);

void setup() {
  Serial.begin(115200);
  Serial.println();
}

void loop() {
  static unsigned long loopCnt = 0;

  loopCnt++; // loopCnt = loopCnt + 1;

  if (timerCnt.isOn(1)) {
    Serial.println(loopCnt);
    loopCnt = 0;
  }
}
```

| AIM |

저자가 만든 프로그램 라이브러리를 활용하는 방법을 소개합니다. AIM은 Arduino IoT Maker의 약자입니다.

| 프로그램 |

학습에 필요한 프로그램 코드로, 아두이노 IDE나 별도의 편집기에서 코드를 작성하여 사용합니다.

여기서 잠깐 SSL/TLS

SSL(Secure Socket Layer)은 인터넷 태동기에 나타난 보안 프로토콜이고, TLS(Transport Layer Security)는 좀 더 진보된 프로토콜이지만 현재는 거의 같은 의미로 사용되고 있습니다. SSL/TLS와 같이 표기하기도 합니다.

이 방식은 인증서를 기반으로 안전한 서버 접속과 암호화를 보장합니다. 인터넷에서 HTTPS로 접속되는 사이트는 SSL/TLS가 적용된 것입니다. 개인의 경우 OpenSSL을 이용하면 비공인이긴 하지만 무료로 안전하게 접속할 수 있습니다.

Node-RED의 경우에 SSL/TLS를 적용하지 않았다면 대개 포트 번호를 1883으로 하고, 적용 후에는 8883으로 하는 것이 일반적입니다.

| 여기서 잠깐 |

본문에 대한 보충 설명과 참고로 알아두면 좋은 내용을 설명합니다.

mqtt in 노드 토픽 설정하기

이제 mqtt in 노드를 더블 클릭하여 relay 토픽을 설정해봅시다.

[그림 11-30] mqtt-in 노드 토픽 지정

여기서 MQTTLens를 선택하면 앱이 시작됩니다. 시작할 때마다 앱이 다운로드되므로 잠시 기다려야 합니다.

웹 페이지 MQTT 접속을 위한 모바일 앱

MQTT는 모바일 앱에서도 쉽게 사용할 수 있습니다. 여기서는 안드로이드 앱인 'MQTT dash'의 사용법을 안내합니다. 별도로 설명하지는 않지만 IOS용으로도 다양한 앱이 있으므로 MQTT dash와 비슷한 방식으로 사용할 수 있습니다.

https://iotmaker.kr/iotbook-mqtt-dash

| 웹 페이지 |

별도의 웹 페이지에서 추가 학습 자료를 제공합니다.

02 | MQTTLens 사용하기

서버와의 연결 만들기

[Connections] 버튼을 누르면 연결 설정 화면이 나타납니다. 이 Connections는 몇 개든지 만들 수 있습니다.

| 연습문제 |

해당 장에서 학습한 내용을 문제를 통해 확인합니다.

CHAPTER 08 연습문제

※ (8.1~8.4) 빈칸에 들어갈 알맞은 용어를 작성하세요.

8.1 아두이노 프로그램은 폴더와 폴더 이름에 확장자 ( )을(를) 가진 파일로 이루어집니다.

8.2 아두이노 프로그램에서 확장자 ( )을(를) 가진 파일은 자동으로 프로그램의 일부분이 됩니다.

8.3 아두이노 프로그램에서 확장자 ( )을(를) 가진 파일은 자동으로 프로그램의 일부분이 되지 못하고, 원하는 위치에 지시어 ( )을(를) 사용해서 포함시켜야 합니다.

8.4 공통으로 사용할 파일은 Arduino\( ) 폴더에 두면 됩니다.

8.5 프로그램 폴더에 있는 파일을 포함시키는 지시어는 어느 것입니까?

① `#include <Led.h>`

② `#include "Led.h"`

강의 보조 자료

한빛아카데미 홈페이지에서 '교수회원'으로 가입하신 분은 인증 후 교수용 강의 보조 자료를 제공받을 수 있습니다. 한빛아카데미 홈페이지 상단의 〈교수전용공간〉 메뉴를 클릭하세요.

http://www.hanbit.co.kr/academy

연습문제 해답

본 도서는 대학 강의용 교재로 개발되었으므로 연습문제 해답은 제공하지 않습니다.

웹 페이지

이 책은 IoT와 관련된 광범위한 주제를 다룹니다. 그래서 책에는 논리 전개상 꼭 필요한 내용만 싣고, 추가 학습 자료 및 변경이 잦은 내용은 별도의 웹 페이지에서 제공합니다. 소스 코드 라이브러리 다운로드는 물론 향후 프로그램 수정 내용이나 업그레이드되는 정보도 확인할 수 있습니다.

https://iotmaker.kr/iotbook

- **새로운 소식 :** 변경되거나 추가된 내용을 소개합니다.
- **부품 정보 :** 보드나 부품의 사용법과 구매 정보를 소개합니다.
- **AIM 라이브러리 :** 이 책에서 제공하는 라이브러리의 다운로드 링크를 제공하고 라이브러리 사용법을 간략히 설명합니다.
- **목차별 웹 페이지 :** 이 책에서 제공된 모든 웹 페이지를 목차에 따라 정리하여 보여줍니다.
- **프로젝트 사례 :** 다양한 프로젝트 사례를 소개합니다.

Contents

Contents

PART 02 사물인터넷 실습

CHAPTER

01

사물인터넷 시작하기

학습목표

- 사물인터넷의 개념과 구조를 이해합니다.
- 마이크로컨트롤러와 주변 부품을 이해합니다.
- IoT 실습 준비물을 선택할 수 있는 지식을 습득합니다.

이 장의 실습 준비물

부품 이름	대체품	수량	용도
없음			

PREVIEW

사물인터넷(IoT)은 4차 산업 혁명의 핵심 요소 중 하나입니다. 이 장에서는 IoT의 개념을 이해하고, IoT 시스템의 구조와 구성 요소를 파악합니다.

또한 IoT 디바이스를 직접 만들기 위해 필요한 부품이나 공구, 그리고 소모품이 무엇인지 살펴봅니다.

SECTION 01

사물인터넷이란?

01 사물인터넷의 개념

사물인터넷(IoT)은 'Internet of Things'를 번역한 말입니다. 사물인터넷은 특정한 기술을 지칭한다기보다는, 정보 기술(IT, Information Technology)이 발전하는 하나의 방향을 뜻합니다. 사물인터넷의 개념은 1926년 니콜라 테슬라(Nikola Tesla)의 구상에 의해 처음으로 등장했습니다. 그는 미래에 대한 예측을 콜리어스(Colliers)라는 잡지에 다음과 같이 기고했습니다.[1]

"무선이 완벽하게 적용되면, 지구 전체는 커다란 두뇌로 변모할 것이다. 그래서 모든 사물은 실제적이고 리드미컬한 전체에 대한 구성 요소가 될 것이다."

전자 기술과 통신의 발전에 따라, '센서 네트워크'나 'M2M(machine to machine)' 같이 IoT를 설명하는 유사한 용어가 나타났으나 널리 쓰이지는 않았습니다. IoT란 용어는 MIT의 오토아이디센터(Auto-ID Center)를 설립한 케빈 애쉬튼(Kevin Ashton)이 1999년에 최초로 사용했습니다. 이 용어는 2011 연간 가트너 하이프 사이클(2011 Annual Gartner Hype Cycle) 보고서에 게재되면서 미디어의 주목을 받기 시작했습니다. 그 이후에 와이파이나 모바일 인터넷이 대중화되고 무선 통신을 지원하는 합리적 가격의 마이크로컨트롤러(microcontroller)[2]가 출시되면서 IoT를 구현한 사례가 늘어나기 시작했습니다.

사물인터넷은 여러 기술 기반으로 이루어져 있고, 그 기술도 계속 발전해 나가고 있습니다. 사물인터넷을 한 마디로 정의하기는 어렵지만 보편적으로 정의해본다면 다음과 같습니다.

"과거엔 정보처리 능력이 없다고 여겨지던 개체나 센서, 일상용품이 네트워크에 연결되고 정보처리 능력을 갖게 되어, 인간의 개입이 거의 없이 정보를 생성, 교환, 소비하여 정해진 기능을 수행하는 것"

여기서 주목할 대목은 '네트워크'와 '정보처리 능력'입니다. 즉 사물인터넷은 센서가 부착된 마이크로컨트롤러들이 네트워크상에서 상호 작용을 하는 시스템입니다. 또한 사물인터넷은 단순히 센서가 부착된 마이크로컨트롤러의 집합체에 머무르는 것이 아니라 빅데이터나 딥러닝 기술과 연계되어 더욱 고도화된 시스템으로 발전하고 있습니다. 또한 사물인터넷의 적용 범위가 늘어나면서 기기 관리가 복잡해지고 보안상의 문제가 나타나는데, 이를 해결하기 위한 도전은 새로운 비즈니스 창출의 기회가 되기도 합니다.

---

1 출처 : TECH, 'Internet of Things (IoT) History', https://www.postscapes.com/iot-history/

2 주변 기기를 제어하기 위해 만들어진 초소형 컴퓨터 칩입니다.

02 | 사물인터넷 사례

사물인터넷은 공공서비스뿐만 아니라 기업 활동이나 개인의 생활에도 혁신적인 변화를 가져오고 있습니다. 또한 사물인터넷에 사용되는 IT 기술도 점점 발전하고 있습니다. 최근에 각광을 받고 있는 주요한 사물인터넷 사례를 소개합니다.

스마트 하우스

스마트 하우스는 안전하고 쾌적한 생활을 위해 여러 센서들을 결합한 전형적인 IoT 시스템입니다. 주로 화재나 가스 누출과 같은 위험 요소 파악, 전원 제어, 방범이 주된 기능입니다.

실제로 개인의 일상을 편리하고 안전하게 하는 여러 제품이 시장에도 많습니다. 하지만 다양한 IoT 디바이스를 통합하고 보안을 유지하면서 완벽한 스마트 하우스 시스템을 구현하기 위해서는 많은 노력이 필요합니다. 스마트 하우스의 대표적인 기능은 다음과 같습니다.

- **조명 제어**
  전등을 원격으로 제어하거나, 정해진 시간이나 조도에 따라 자동 제어합니다.
- **환경 제어**
  온도, 습도, 미세먼지 등을 조절하여 쾌적한 환경을 유지합니다.
- **안전 관리**
  가스 누출 탐지, 연기 감지, 침입 탐지 등의 기능을 제공합니다.

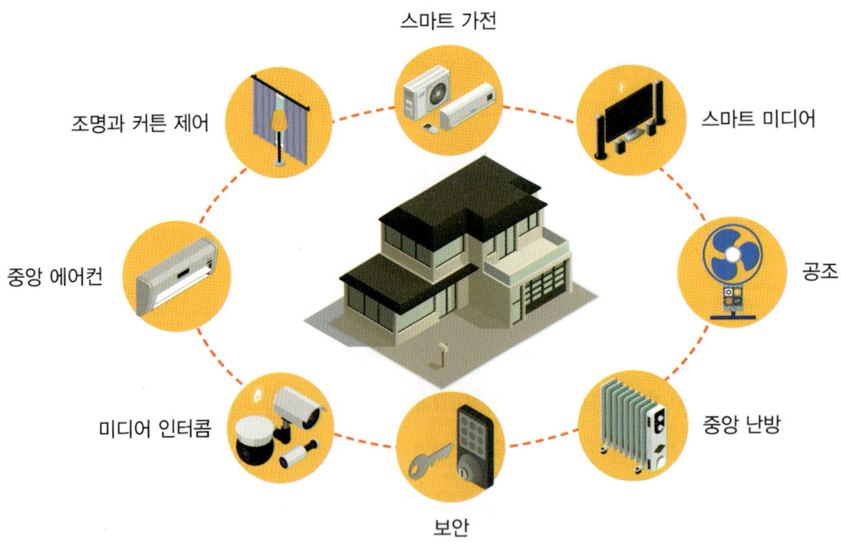

[그림 1-1] 스마트 하우스 구성 요소[3]

스마트 팜

IoT를 농업에 적용한 사례입니다. 온실 내외의 온습도와 일조량, 토양의 습도와 산도(pH) 정보들을 이용하여 온실에 연결된 여러 기기를 자동으로 제어하는 모델입니다.

예를 들어 식물의 생육 단계별 정보를 모으고 딥러닝 기술로 학습하면 최적의 생육 환경 제어가 가능해집니다. 또한 드론을 이용한 병충해 방제, 동물의 질병 감염 탐지와 개체의 위치 파악 등 다양한 분야에 IoT 기술이 접목되고 있습니다.

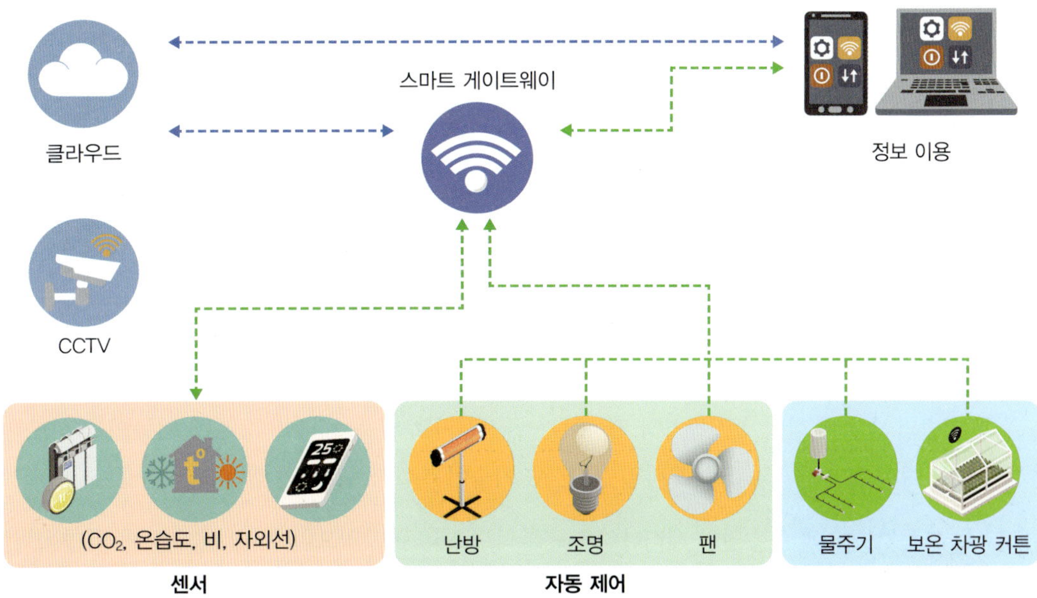

[그림 1-2] 스마트 팜 구성도[4]

스마트 헬스케어

스마트 헬스케어(Health Care)는 원격 의료 기술을 통해 개인별 맞춤 의료 서비스를 제공하는 것이 핵심입니다. 개인의 몸에 부착되는 의료 센서와 연동된 스마트폰 앱의 도움을 받아서 운동, 건강에 대한 정보를 축적하고 활용하는 모델입니다. 이 기술을 활용하면 편리하고 비용이 줄어드는 이점이 있지만, 실제 적용을 위해서는 기존의 의료 체계나 법령을 바꿔야 하는 어려움이 있습니다. 이러한 기존 의료 시스템과의 이해 충돌을 방지하는 것이 주요한 과제로 부각되고 있습니다.

3 출처 : Infinite Information & Technology, 'IoT Smart City – What is Smart Home?', http://www.infiniteinformationtechnology.com/iot-smart-city-what-is-smart-home

4 출처 : eZEX, 'IoT based Smart Farm system', http://www.ezex.co.kr/2017/eng/product/product0701.php

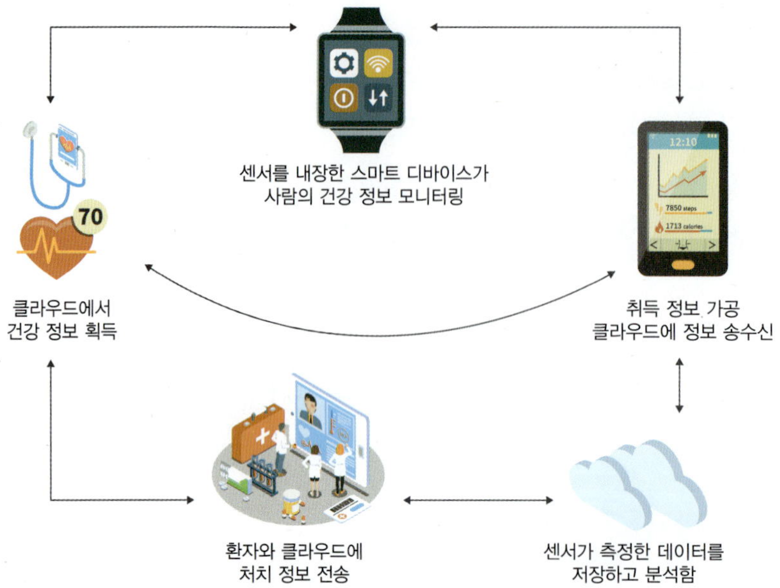

[그림 1-3] 스마트 헬스케어 개념도[5]

스마트 카

자율 주행 기술의 발달에 힘입어 자동차의 지능화가 급진전되고 있습니다. 자율 주행 기능의 완성도를 높이기 위해서 여러 첨단 센서와 고속 모바일 통신, AI 기술이 복합적으로 사용됩니다.

스마트 카는 자동차 산업과 운수업의 패러다임을 근본적으로 바꾸고 있으며, 미래 사회를 가장 많이 변화시킬 IoT 영역입니다.

[그림 1-4] 스마트 카 구성 요소[6]

5 출처 : P. Sethi, S. R. Sarangi, 'Internet of Things: Architectures, Protocols, and Applications', Journal of Electrical and Computer Engineering, 2017

6 출처 : eeNews, 'I-PEX CONNECTORS: ANSWERING THE DEMAND FOR SMART CAR CONNECTIVITY', https://www.eenewseurope.com/Learning-center/i-pex-connectors-answering-demand-smart-car-connectivity

03 사물인터넷의 구조

사물인터넷은 단위 시스템으로 구성되는 경우도 있지만, 공공이나 기업의 경우에는 전체 정보 시스템의 주요한 서브 시스템으로 작동하는 경우도 많습니다. 편의상 '기업형 IoT 시스템'과 '소규모 IoT 시스템'으로 나누어 전형적인 구조를 살펴봅니다.

기업형 IoT 시스템 구조

대기업이나 공공 서비스를 목적으로 하는 IoT 시스템은 구성 요소가 복잡하고 기술의 난이도가 높으며 시스템의 개발과 운용 비용도 높은 편입니다. 또한 기업용 IoT 시스템 구성에는 여러 기술이 복합적으로 사용되고 기존 시스템의 변화가 필요하기 때문에 전문가의 참여가 필수적입니다.

디바이스가 취득한 정보는 IoT 허브를 통하여 클라우드에 전송됩니다. 지속적으로 수집되는 스트리밍(streaming) 정보는 실시간으로 축적과 분석이 이루어지고 회사의 전사적 자원 관리(Enterprise Resource Planning) 시스템과 연결됩니다. 데이터는 머신 러닝이나 통계적인 분석을 거쳐 새로운 통찰력을 제공하기도 합니다. 또한 축적된 지식을 바탕으로 상황에 맞는 의사결정과 제어를 할 수 있게 해줍니다.

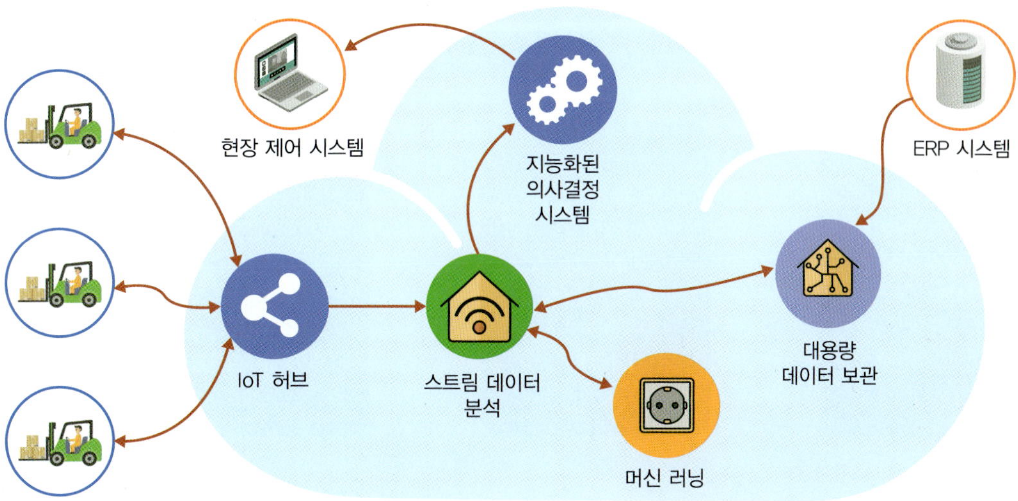

[그림 1-5] 기업의 IoT 모델[7]

7 출처 : Sparklinglogic, 'Learn How IoT Systems Make Real-time Decisions', https://www.sparklinglogic.com/iot-systems-make-realtime-decisions/

소규모 IoT 시스템 구조

'스마트 하우스'와 같은 IoT 시스템은 비교적 구조가 간단하기 때문에 한 사람이 전체 시스템을 개발하고 관리할 수 있습니다. 이 책에서는 학습 목적상 소규모의 IoT 시스템을 대상으로 소개합니다.

센서가 취득한 정보는 디바이스가 메시지로 변환해 클라우드 상의 메시지 브로커에 전달합니다. 메시지 브로커는 수신한 정보를 다른 디바이스나 관련 시스템에 전송합니다. 메시지 브로커에는 룰 엔진이나 대시보드와 같이 좀 더 복잡한 기능을 행하는 다양한 기기나 시스템이 접속됩니다.

소규모 조직에서 사용되는 IoT 시스템은 크게 3개의 기능으로 나눌 수 있습니다.

- **데이터 인식과 수집**

  디바이스는 센서에서 정보를 읽어서 통신 네트워크를 통하여 메시지 브로커에 전송합니다. 또는 수신된 정보에 따라 액추에이터[8]를 작동합니다.

- **메시지 전송과 교환**

  메시지 브로커는 디바이스에서 데이터를 수신하고, 연결된 다른 디바이스나 시스템에 메시지를 재전송합니다. 메시지 브로커와 디바이스는 대체로 인터넷으로 연결됩니다.

- **통제와 연계**

  메시지 브로커에 연결된 디바이스의 상황을 모니터링하여 적절하게 통제하는 기능이 필요합니다. 이를 위해 대시보드(dashboard)에 디바이스의 상태를 시각적으로 표시하고, 함께 표시되는 조작 버튼을 이용하여 디바이스에 제어 명령을 전달하기도 합니다. 수집된 디바이스 정보는 분석을 위해 데이터베이스에 보관되기도 하고, AI 엔진은 축적된 정보를 활용하여 지능화된 응답을 주기도 합니다.

[그림 1-6] 소규모 IoT 시스템 개념도

8 액추에이터는 릴레이나 모터 드라이브와 같이 큰 힘을 통제하기 위한 장치를 말합니다.

04 사물인터넷 시스템 구성에 필요한 기술

이 책에서는 IoT 시스템에 필요한 기술 중 개인이나 소규모 조직에서 통제 가능한 기술을 선정하고, 그 기술을 이용하여 IoT 시스템을 구성하는 방법을 설명합니다. 그 과정에서 어떤 기능이 필요한지, 실현하기 위해 필요한 기술이 무엇인지 지금부터 살펴보겠습니다.

데이터 인식과 수집 기능 : 아두이노

디바이스는 마이크로컨트롤러가 내장된 보드에 센서나 액추에이터 또는 디스플레이가 장착된 하드웨어입니다. 디바이스는 센서 데이터를 취득하여 메시지 브로커에 전달하기도 하고, 메시지 브로커가 내려주는 명령에 따라 액추에이터를 작동하기도 합니다.

여기서 잠깐 **보드와 디바이스**

이 책에서는 보드(board)와 디바이스(device)라는 용어를 다음과 같이 구분하여 사용합니다.

보드는 마이크로컨트롤러에 핀이나 부가 부품을 장착하여 프로그램 개발에 편리하도록 만든 제품입니다. 예를 들면 아두이노 우노나 LOLIN(WEMOS) D1 mini와 같은 제품을 말합니다.

디바이스는 보드에 센서나 액추에이터 또는 디스플레이 장치를 연결하여 독자적인 기능을 수행할 수 있도록 만든 제품을 말합니다. 예를 들면 보드에 온습도 센서, 미세먼지 센서를 장착하여 '환경 측정 디바이스'를 만들 수 있습니다. IoT 시스템에서 사용되는 디바이스는 통신 기능을 갖고 있습니다.

디바이스는 미리 만들어 둔 프로그램에 따라 작동합니다. 디바이스 프로그램을 작성하는 일은 매우 어려워서 전문가만이 할 수 있었는데, 아두이노(Arduino)라는 지원 소프트웨어 덕분에 비전문가도 디바이스 프로그램을 손쉽게 작성할 수 있게 되었습니다.

이 책에서는 아두이노 방식으로 디바이스 프로그램을 작성합니다. PC에 아두이노 IDE(통합 개발 환경, Integrated Development Environment)라는 특별한 소프트웨어를 설치하고, 이 소프트웨어의 도움을 받아서 디바이스 프로그램을 작성합니다. 아두이노 IDE에서는 디바이스 프로그램을 만들 때 C++이라는 프로그래밍 언어를 사용합니다. 따라서 C++ 사용법을 익혀야만 프로그램을 작성할 수 있습니다.

C++은 기능이 방대해서 익히기가 어려운 프로그래밍 언어로 알려져 있지만, IoT용 디바이스 프로그램을 작성하기 위해서 필요한 기능은 그렇게 많지 않습니다.

메시지 전송과 교환 기능 : MQTT

IoT 시스템에는 여러 디바이스가 연결됩니다. 그런데 디바이스 간의 연결 고리가 많아지면 복잡성을 극복하기가 어렵습니다. 따라서 디바이스는 메시지 브로커에만 접속하고, 브로커에 접속된 디바이스 사이의 메시지 교환은 메시지 브로커가 맡아서 처리하는 방식이 효과적입니다. 이 책에서는 메시지 브로커의 프로토콜로서 MQTT(Message Queue Telemetry Transfer)를 사용합니다. MQTT는 IBM사가 만든 IoT 메시지 교환을 위한 업계 표준인데, 이를 소프트웨어로 구현한 대표적인 오픈 소스 패키지 프로그램이 'Mosquitto'입니다. 이 책에서는 Mosquitto를 개인별로 PC에 설치하여 사용하는 방법을 안내합니다.

통제와 연계 기능 : Node-RED

메시지 브로커에 접속된 여러 디바이스의 상태를 모니터링하고 작동을 통제하기 위해서는 대시보드가 필요합니다. IoT 시스템의 대시보드에 필요한 기능은 다음과 같습니다.

- 디바이스가 보내는 메시지에 대해 적절하게 후속 처리하기
- 디바이스의 상황을 시각적으로 표시하고 디바이스에 통제 명령 입력하기
- 외부의 IT 시스템과 연계하기
- 스트리밍 데이터를 축적하여 빅 데이터 생성하기
- 외부의 AI 엔진과 연계하여 지능화된 결과 추출하기

이러한 기능들을 수행하려면 소프트웨어가 필요한데, 이 책에서는 **Node-RED**를 사용합니다. 이 소프트웨어는 IBM이 주관하는 오픈 소스 프로젝트로 개발된 것입니다.

Node-RED에서는 프로그램 조각인 **노드**(node)를 선으로 연결하여 논리의 흐름을 그림으로 표시하는 방식을 사용합니다. 그래서 디바이스가 보내는 메시지를 노드를 거치면서 처리하고, 그 결과를 대시보드에 표시하는 것이 어렵지 않습니다.

또한 Node-RED에서는 여러 분야의 IT 전문가들이 만든 수많은 노드를 추가로 사용할 수가 있습니다. 그래서 대부분의 IT 기술이나 서비스를 Node-RED를 통해 쉽게 연결하여 사용할 수 있습니다.

이 책에서는 개인 PC에 Node-RED를 설치하여 사용하는 방법을 익히게 됩니다.

SECTION 02 아두이노 개발 보드 살펴보기

01 마이크로컨트롤러

마이크로컨트롤러는 하드웨어를 제어하기 위해서 사용하는 초소형 컴퓨터 칩입니다. 이 작은 칩에 외부의 센서와 연결할 때 사용하는 핀을 붙이고, 전원 공급 장치와 여러 전자 부품을 장착하면 비로소 소비자가 사용할 수 있는 아두이노 개발 보드가 됩니다. 대부분의 개발 보드에는 USB 단자가 준비되어 있는데, 이 단자를 통해서 PC에서 만든 프로그램을 마이크로컨트롤러에 올려서 사용하게 됩니다.

여러 회사에서 다양한 모델의 마이크로컨트롤러를 출시하고 있습니다. 그리고 이러한 마이크로컨트롤러를 사용하여 만든 수많은 개발 보드가 있습니다. 만들려고 하는 디바이스의 특성에 맞는 개발 보드를 사용하면 됩니다.

예를 들면 [그림 1-7]은 ATmega328P라는 마이크로컨트롤러인데, 이 마이크로컨트롤러를 사용하여 만든 보드가 지금도 교육용으로 많이 사용되는 [그림 1-8]의 아두이노 우노(Arduino UNO)입니다.

[그림 1-7] 마이크로컨트롤러

[그림 1-8] 보드(아두이노 우노)

02 아두이노

아두이노(Arduino)는 2003년 이탈리아의 디자인 학교인 IDII(Interaction Design Institute Ivrea)에서 시작된 오픈 소스 하드웨어와 소프트웨어 프로젝트의 이름입니다. 아두이노 재단에서는 아두이노 표준 보드의 설계도를 공개하고, 그 보드에 프로그램을 쉽게 만들어서 올릴 수 있도록 아두이노 IDE(통합 개발 환경)를 만들어서 제공하고 있습니다. 이를 통해 누구나 아두이노 보드를 똑같이 따라 만들 수 있으며, 아두이노 IDE에서 개발된 프로그램의 상업적 배포도 허용됩니다.

이전까지 마이크로컨트롤러를 활용한 제어 프로그래밍은 복잡하고 어려워서 오랜 경험을 가진 전문가들의 영역이었습니다. 그러나 아두이노가 등장하면서 비전문가도 손쉽게 마이크로컨트롤러를 활용한 DIY(Do It Yourself) 디바이스를 만들 수 있게 되었습니다.

아두이노 재단의 오픈소스 정책 덕분에 아두이노 보드에 연결 가능한 센서가 다수 출시되고 그 센서를 위한 수많은 라이브러리(프로그램 조각)도 오픈 소스로 개발되었습니다. 그 결과 아두이노 사용자들이 폭발적으로 늘어나서 거대한 생태계를 형성하게 되었습니다.

아두이노 재단뿐만 아니라 여러 회사들도 독자적인 마이크로컨트롤러를 이용하여 다양한 폼 팩터(form factor)[9]를 가진 보드를 지속적으로 발표하고 있습니다. 그리고 이러한 보드를 지원하는 프로그램도 함께 제공하고 있습니다.

이 책에서는 ESP8266이라는 마이크로컨트롤러를 이용하여 만든 보드를 중심으로 설명합니다. ESP8266 계열의 보드에는 와이파이 기능이 기본으로 내장되어 있어서 IoT 디바이스를 만들기에 적합합니다. 현재 상업용으로 판매되고 있는 IoT 제품에는 ESP8266이 내장되어 있는 경우가 많습니다.

03 ESP8266 기반의 보드 종류

2014년 에스프레시프 시스템(Espressif Systems)이라는 중국 회사가 와이파이 기능을 내장한 ESP8266이라는 마이크로컨트롤러를 개발해서 저렴한 가격에 판매하기 시작했습니다. 이후로도 ESP8266을 기반으로 핀의 개수나 플래시 메모리 크기가 다른 여러 종류의 보드들이 출시되었습니다. ESP8266 계열의 보드는 모양이나 추가로 장착된 부품이 달라도 동일한 마이크로컨트롤러를 사용하고 있기 때문에 프로그램은 호환됩니다.

9 물건의 크기, 구성, 형태 등 물리적인 특성을 말합니다.

ESP01

ESP8266 기반으로 가장 먼저 출시된 보드입니다. 주로 아두이노 우노 등의 보드에 추가로 연결하여 와이파이 기능을 구현하는 용도로 사용합니다. 릴레이 제어나 온도 측정과 같은 단순한 기능을 가진 제품에는 독립적으로 사용되기도 하지만 일반적인 개발 보드로 사용하기에는 적합하지 않습니다.

[그림 1-9] ESP01

[그림 1-10] ESP01+프로그래머

[그림 1-11] ESP01+시리얼 어댑터

nodeMcu

nodeMcu는 Lua라고 하는 스크립트 언어를 지원하는 보드입니다. 스크립트 언어를 사용하면 컴파일 과정 없이 실시간 수행이 가능합니다. 이 방식으로 비교적 간편하게 프로그램을 만들 수 있지만 별도로 언어를 배워야 하는데, 이 언어는 아두이노와는 호환이 되지 않습니다. nodeMcu 하드웨어 설계와 Lua 스크립트 펌웨어[10]는 오픈 소스로 공개되어 있습니다.

nodeMcu 펌웨어는 ESP8266 계열의 모든 보드에서 사용이 가능하므로, nodeMcu는 하드웨어인 보드보다는 펌웨어를 일컫는 말이라고 생각해도 됩니다.

[그림 1-12] nodeMcu

10 마이크로컨트롤러에 미리 내장되어 있는 프로그램을 말합니다. 제품이 생산될 때 그 내용이 정해져서 사용자가 쉽게 바꿀 수 없습니다.

LOLIN(WEMOS) D1 mini

위모스(WEMOS)사에서 개발한 보드입니다. 이 보드는 사이즈가 작지만 USB 연결 기능이 있고, 브레드보드에 직접 장착할 수도 있으며, 다양한 실드[11]가 있어서 사용하기가 편리합니다. 이 책에서는 이 보드를 사용합니다.

LOLIN(WEMOS) D1 mini가 아두이노 우노에 비해 훨씬 큰 사용자 데이터 램과 프로그램 저장 메모리를 가지고 있습니다. 메모리가 크기 때문에 복잡한 통신 프로그램을 작성해도 부담이 적습니다.

LOLIN(WEMOS) D1 mini와 같은 핀 모양을 가진 호환 보드가 시장에 다수 출시되었습니다. 앞으로 이 책에서는 편의상 LOLIN(WEMOS)이라는 상표를 생략하여 **'D1 mini'**로 통칭하여 표기합니다.

만약 D1 mini가 가진 핀보다 더 많은 핀이 필요한 상황이면, ESP8266의 상위 버전인 ESP32 기반의 보드를 사용하는 것이 좋습니다.

[그림 1-13] LOLIN(WEMOS) D1 mini

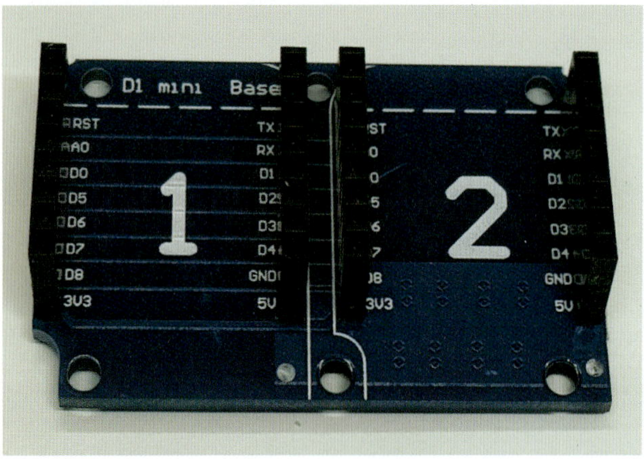

[그림 1-14] 베이스 실드

04 ESP32 기반의 보드 종류

ESP32는 ESP8266의 후속 마이크로컨트롤러인데, 와이파이 뿐만 아니라 BLE(Bluetooth Low Energy)까지 지원합니다. 아날로그 핀과 디지털 핀도 충분합니다. 최근에는 ESP32를 마이크로컨트롤러로 사용하는 제품들이 많이 출시되었습니다.

11 보드의 핀과 같은 규격으로 만든 모듈이며 보드에 덧붙여서 사용합니다.

[그림 1-15] MINI-KIT32

[그림 1-16] LOLIN ESP32

[그림 1-17] M5Stack

[그림 1-18] M5StickC

이 책에서는 ESP8266 기준으로 프로그램 작성법을 설명하고 있지만, 제시되는 대부분의 프로그램은 ESP32 기반의 보드에서도 작동합니다.

여기서 잠깐 **이 책에서 다루는 마이크로컨트롤러에 대하여**

이 책에서는 마이크로컨트롤러 ESP8266 기반의 LOLIN(WEMOS) D1 mini를 중심으로 회로와 프로그램을 보여줍니다. 제공되는 대부분의 프로그램은 ESP8266과 ESP32에서 호환되게 하였으며 차이가 나는 부분은 별도로 표시했습니다. 그러므로 ESP32를 기반으로 만들어진 M5Stack이나 M5StickC에서 호환이 됩니다.

또한 이미 아두이노 우노를 학습한 경험이 있는 학습자들을 위해 아두이노 우노와 ESP8266의 사용법을 비교하여 설명하는 경우도 있습니다.

SECTION 03

학습을 위한 준비물

이 책을 학습하기 위해 최소한으로 갖추어야 할 PC, 싱글 보드 컴퓨터, 도구, 부품은 다음과 같습니다.

01 PC

PC는 다음과 같은 용도로 사용됩니다.

- **아두이노 IDE(통합 개발 환경)**
  아두이노 프로그램을 작성하여 디바이스에 올립니다.
- **MQTT 서버**
  메시지 브로커로 사용하는 MQTT 서버(Mosquitto)를 설치하여 메시지 송수신 용도로 사용합니다.
- **Node-RED 서버**
  대시보드로 사용되는 소프트웨어인 Node-RED를 설치하여 사용합니다.

이 책에서는 Windows 10의 64비트 버전이 설치된 PC를 사용합니다. 따라서 PC 화면이나 디렉토리 정보는 Windows 10의 64비트 기준으로 제공합니다. 다른 버전의 Windows도 대부분 사용할 수 있지만, 버전 차이에 따라 Windows의 화면이나 디렉토리 정보가 달라질 수 있으므로 주의해야 합니다.

02 라즈베리 파이(선택)

라즈베리 파이(Raspberry Pi)는 영국의 라즈베리 재단에서 만든 싱글 보드 컴퓨터입니다. 손바닥 안에 들어오는 크기이며, 전력 소모도 적어서 IoT용 서버로 많이 사용됩니다.

PC에 MQTT와 Node-RED를 설치하여 이 책을 학습할 수도 있지만, 라즈베리 파이에 MQTT와 Node-RED를 설치하여 학습하는 것이 더 편리합니다. MQTT와 Node-RED가 설치된 IoT 서버는 독자적인 인터넷 주소를 갖고 항상 가동하는 것이 좋은데, 학습용 노트북 컴퓨터의 경우 이러한 환경을 보장하기가 어렵기 때문입니다.

라즈베리 파이의 역할은 다음과 같습니다.

- **MQTT 서버**

  메시지 브로커로 사용하는 MQTT 서버(Mosquitto)를 설치하여 메시지 송수신 용도로 사용합니다.

- **Node-RED 서버**

  대시보드로 사용되는 소프트웨어인 Node-RED를 설치하여 사용합니다.

[표 1-1] 라즈베리 파이 구매 정보

항목	정보
본체	'라즈베리 파이 3 모델 B+' 이상의 모델을 권장합니다. '라즈베리 파이 제로 W'로도 이 책의 학습은 가능하지만 확장성은 부족합니다.
SD 카드	성능이 검증된 16기가바이트 이상 용량의 제품을 준비합니다.
전원 어댑터	제품이 정한 규격을 감안하여 준비합니다(출력 전압이 5V이며 출력 전류는 3A이상이 되는 제품을 추천드립니다).
전원 케이블	전원 어댑터와 본체를 연결하는 USB 케이블입니다. 본체 모델에 맞는 단자로 준비합니다(라즈베리 파이 4 모델 B : USB-C, 라즈베리 파이 3 모델 B+와 라즈베리 파이 제로 W 등 : 마이크로 5핀). 전원 어댑터에 케이블이 달려 있으면 전원 케이블은 필요 없습니다.
케이스	외부 환경에 직접 노출되지 않도록 적당한 케이스를 준비하는 것이 좋습니다.
방열판	본체에서 열이 많이 나기 때문에 열이 나는 부품에 방열판을 부착하여 사용하기를 권장합니다.
랜 케이블	무선으로 연결이 가능한 모델이더라도 랜 케이블을 준비하여 유선으로 연결하는 것이 안정적입니다. 라즈베리 파이 제로 W의 경우는 랜 케이블 단자가 없습니다.

라즈베리 파이와 관련 부품을 묶음 판매하는 상품을 구매하는 것도 좋은 방법입니다.

[그림 1-19] 라즈베리 파이(좌측부터 4 모델 B, 3 모델 B+, 제로 W)

[그림 1-20] USB 전원 어댑터

웹 페이지 **라즈베리 파이를 이용한 IoT 서버 구축**

라즈베리 파이에 IoT용 서버를 구축하는 방법을 설명합니다. 라즈베리 파이를 사용한다면 이 책의 10장을 학습하기 전에 IoT 서버를 구축하면 됩니다.

https://iotmaker.kr/iotbook-raspberrypi

03 LOLIN(WEMOS) D1 mini

LOLIN(WEMOS) D1 mini, LOLIN(WEMOS) D1 mini pro 또는 호환이 되는 D1 mini 보드를 준비합니다. 보드는 사용 중에 고장이 날 수 있으므로 여분을 준비해 두는 것이 좋습니다.

[그림 1-21] LOLIN(WEMOS) D1 mini

[그림 1-22] LOLIN(WEMOS) D1 mini pro

04 기본 학습에 필요한 부품

기본 학습에 필요한 부품을 소개합니다.

[표 1-2] 기본 학습에 필요한 부품

이름	용도
USB 케이블	PC와 D1 mini 보드를 연결하는 마이크로 5핀 USB 케이블입니다.
브레드보드 (bread board)	회로를 임시로 구성하는 데 사용되는 기판입니다. 크기는 풀 사이즈와 하프 사이즈가 있는데, 풀 사이즈를 준비하는 것이 좋습니다.
듀폰 케이블 (점퍼 케이블)	브레드보드에 꽂아 부품 사이를 연결하는 케이블입니다. 길이는 10cm를 선택하면 무난합니다. 케이블 양 끝의 암수 모양에 따라 M-M, M-F, F-F형으로 구분합니다. 주로 M-M형을 사용하고 간혹 M-F형도 사용합니다.
저항	이 책에서 주로 사용하는 저항은 330Ω(옴), 4.7kΩ, 10kΩ, 20kΩ입니다. 여러 값을 가진 저항을 묶음으로 판매하는 세트 상품을 구입해도 됩니다.
LED	전류가 흐르면 정해진 색깔의 불이 들어옵니다. 머리의 굵기에 따라 3mm, 5mm, 10mm가 있는데 5mm가 사용하기 적당합니다. 다양한 색깔로 준비해 두면 됩니다.
버튼	브레드보드에 삽입할 수 있는 4개의 다리가 있는 버튼을 뜻합니다. 눌렀다가 손을 떼면 원래 상태로 복귀하므로 모멘터리 스위치(momentary switch)라고도 하고, 누르면 딸깍거리는(tactile) 느낌이 나므로 택트 스위치(tact switch)라고도 합니다.
능동 버저 (active buzzer)	전류가 흐르면 정해진 주파수의 소리를 냅니다.
퍼텐쇼미터 (potentiometer)	가변 저항기라고도 합니다. 가변 저항을 이용하여 입력된 전압을 조절하여 출력하는 장치입니다. 노브를 돌리면 출력되는 전압이 달라집니다.

[그림 1-23] PC에 USB 케이블로 연결된 LOLIN(WEMOS) D1 mini pro

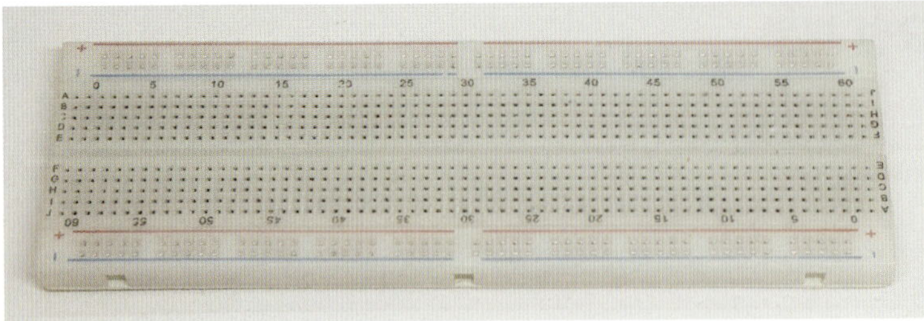

[그림 1-24] 브레드보드

[그림 1-25] 듀폰 케이블

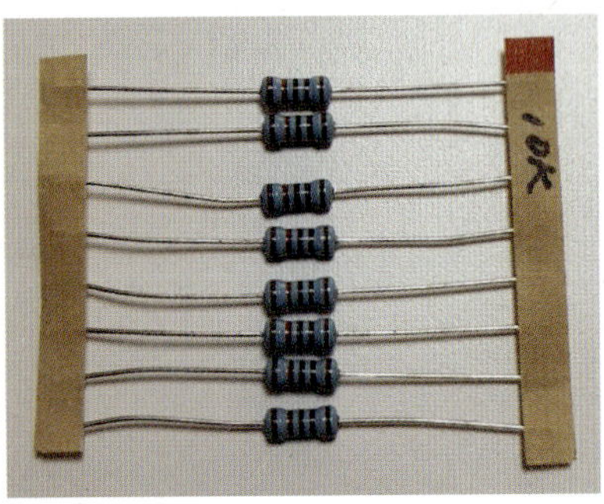

[그림 1-26] 저항

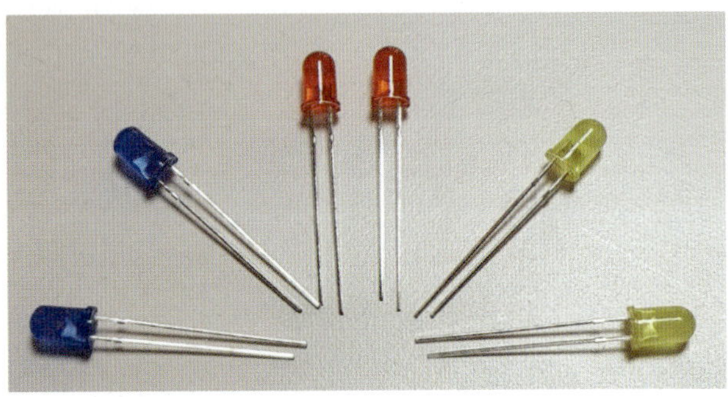

[그림 1-27] LED

[그림 1-28] 버튼

[그림 1-29] 능동 버저

[그림 1-30] 퍼텐쇼미터

05 실습할 때 필요한 부품

15장, 16장, 17장의 실습을 할 때 필요한 부품입니다. 모듈 형식의 부품을 사용해도 되고 실드를 사용해도 됩니다.

[표 1-3] 실습 시 필요한 부품

이름	용도
릴레이 모듈	전원을 ON/OFF하는 용도로, 5V에서 작동하는 모듈을 사용합니다.
온습도 센서	온도와 습도를 측정하는 센서로 이 책에서는 DHT22를 사용하고 있지만 DHT11을 사용해도 되고, 회로를 수정하여 DHT12, SHT30 등을 사용할 수도 있습니다.
동작 감지 센서	PIR(초전형 적외선, Pyroelectric InfraRed) 센서를 사용합니다.
가스 감지 센서	이 책에서는 가연성 가스 및 일산화탄소를 감지하는 MQ-9를 사용하고 있지만 MQ 시리즈의 다른 가스 센서를 사용해도 됩니다.

[그림 1-31] 릴레이 모듈과 실드

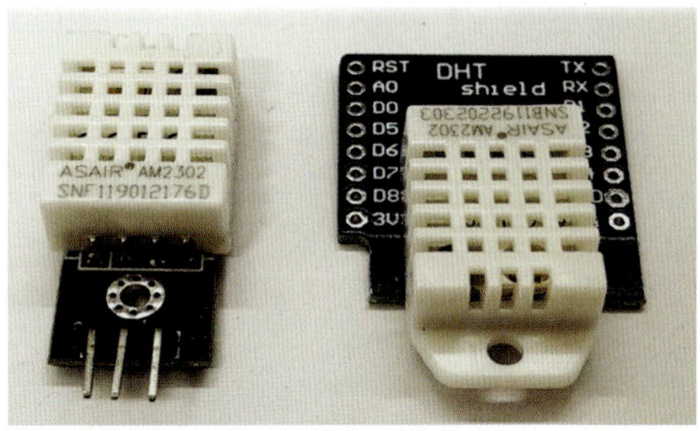

[그림 1-32] 온습도 센서 모듈과 실드

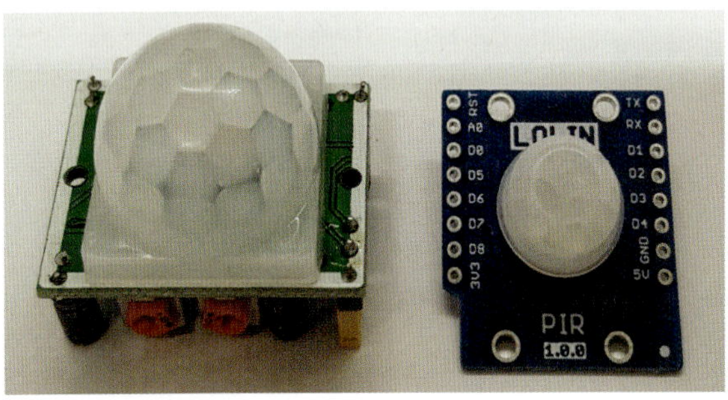

[그림 1-33] 동작 감지 센서 모듈과 실드

[그림 1-34] 가스 감지 센서(MQ-9)

06 | 납땜 도구와 소모품

D1 mini는 납땜이 안된 상태로 판매되기 때문에 별도로 납땜 작업을 해야 합니다. IoT용 디바이스를 만들기 위해서는 납땜이 꼭 필요합니다. 다음은 납땜에 필요한 도구와 소모품입니다.

[표 1-4] 납땜을 하기 위한 도구와 소모품

이름	용도
납땜 인두	전기를 이용해서 납을 녹이는 인두입니다. 무연납을 사용할 때는 유연납을 사용할 때보다 높은 열을 내는 제품이 필요합니다.
인두 거치대	가열된 인두를 안전하게 거치하는 스탠드입니다.
실납	유연납과 무연납으로 구분하며, 무연납이 더 높은 온도에서 녹습니다.
페이스트	납땜 부위의 오염을 제거하고 납을 묽게 해서 기판과 부품에 납이 잘 붙도록 하기 위해 도포하여 사용합니다.
인두팁 청소 스폰지	인두 끝에 묻은 납을 제거하는 데 사용하는 마찰력이 있는 스폰지 모양의 직물입니다.
납 흡입기 또는 솔더윅	납 흡입기 : 진공 상태로 만들어 녹은 납을 빨아들입니다. 솔더윅(solder wick) : 얇은 구리선을 엮어서 직물 형태로 만든 것으로, 녹은 납을 모세관 원리로 빨아들입니다.
피복 벗기개	와이어 스트리퍼(wire stripper)라고도 하며, 전선의 피복을 벗길 때 사용합니다.
전선 니퍼	전선이나 핀을 자를 때 사용합니다.

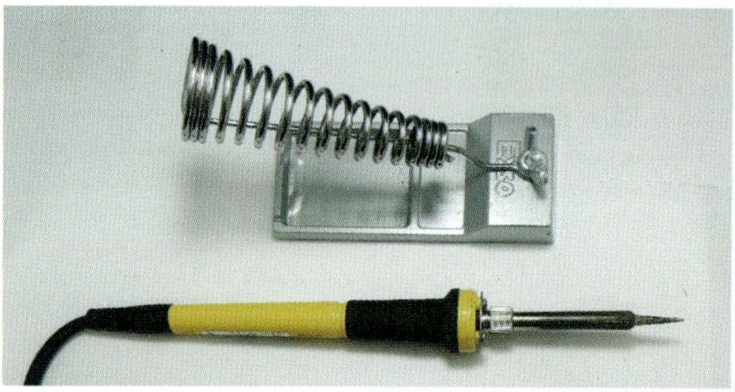

[그림 1-35] 납땜 인두와 인두 거치대

[그림 1-36] 실납과 페이스트

[그림 1-37] 인두팁 청소 스폰지

[그림 1-38] 솔더윅

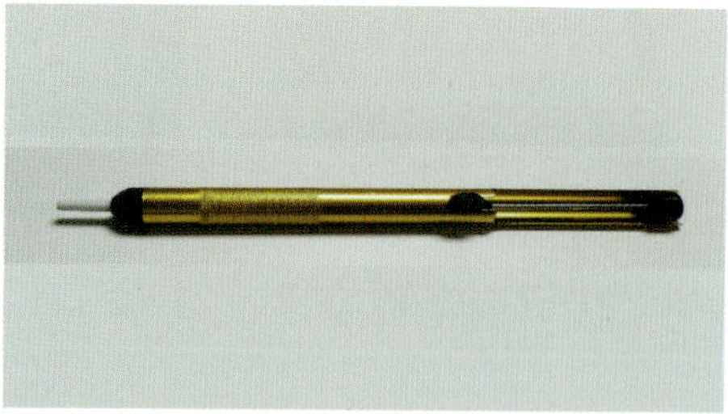

[그림 1-39] 납 흡입기

[그림 1-40] 피복 벗기개

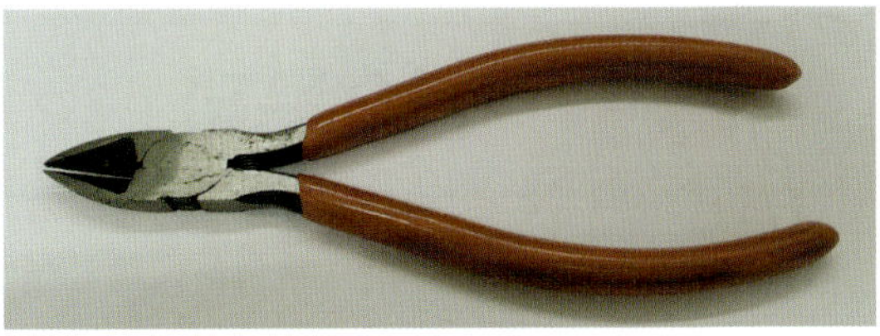

[그림 1-41] 전선 니퍼

웹 페이지 **보드, 실드, 부품에 대한 안내**

이 책에서 소개되는 보드, 실드, 부품에 대한 추가 정보는 다음 웹 페이지에서 소개합니다.

`https://iotmaker.kr/iotbook-components`

CHAPTER

01 연습문제

※ (1.1~1.4) 다음 빈칸에 알맞은 용어를 넣으세요.

1.1 IoT 시스템의 구성 요소는 (   ), (   ), (   )입니다.

1.2 (   )은(는) 프로그램을 만들어서 마이크로컨트롤러에 올리게 하는 프로그램 개발 플랫폼입니다.

1.3 메시지를 중계하는 역할을 하는 메시지 브로커에는 (   ) 프로토콜이 사용됩니다.

1.4 IoT 시스템을 통제하는 컨트롤러는 (   )(이)라는 개발 툴을 사용합니다.

1.5 스마트 하우스 구축을 위한 아이디어를 정리해보세요.

- 전원 제어, 보안, 환경 제어를 포함합니다.
- 사용할 센서를 나열합니다.
- 대시보드로 구성할 항목을 정리합니다.
- 시스템을 통제할 시나리오를 작성하세요.

CHAPTER

02

아두이노 프로그램 만들기

학습목표

- 학습에 필요한 기본 프로그램을 다운로드해 설치합니다.
- 아두이노 프로그램을 만들어 보드에 올리는 과정을 학습합니다.
- 아두이노 프로그램의 기본 구성을 이해합니다.

이 장의 실습 준비물

부품 이름	대체품	수량	용도
LOLIN(WEMOS) D1 mini	ESP8266 계열의 보드	1	마이크로컨트롤러
USB 마이크로 5핀 케이블		1	보드와 PC 연결

※ 소프트웨어 버전 업그레이드에 대한 안내

이 책에서는 여러 가지 소프트웨어의 설치방법과 사용법을 안내하고 있습니다. 소프트웨어는 수시로 업그레이드될 수 있으므로, 책에서 설명한 내용과 실제 사용법이 다를 수 있습니다. 해당 소프트웨어의 홈 페이지에서 변동 내용을 확인하는 것이 좋습니다.

이 책의 CHAPTER02에서는 아두이노 IDE 버전 1.8.8을 기준으로 설치 방법과 사용법을 설명하고 있으나, 현재 새로운 아두이노 IDE 버전이 발표되어 있습니다.

별도 웹 페이지에 아두이노 IDE 새 버전에 대한 설명을 싣고 있습니다.

웹 페이지의 내용은 이 책의 다음 두 섹션을 대체합니다.

- CHAPTER 02 | SECTION 01 | 아두이노 IDE 설치하기
- CHAPTER 02 | SECTION 02 | ESP8266 보드 매니저 설치하기

https://iotmaker.kr/iotbook-install-arduino-ide

PREVIEW

이 장에서는 아두이노 프로그램을 개발하는 데 필요한 소프트웨어를 다운로드해서 설치하게 됩니다. 개발 환경이 구성되면 기본적인 아두이노 프로그램을 만들고 보드에 올려봅니다.

IoT 시스템을 만들기 위해서는 상당한 양의 프로그램 코드가 추가로 필요합니다. 그래서 이 책에서는 프로그램을 구성하거나 센서를 다루는 데 필요한 프로그램 묶음을 미리 만들어서 제공합니다. 이러한 프로그램은 별도의 홈페이지에서 다운로드해서 사용할 수 있습니다.

SECTION 01 아두이노 IDE 설치하기

아두이노에서는 C++로 프로그램을 만들게 됩니다. 이렇게 만든 소스 프로그램을 마이크로컨트롤러에서 실행하기 위해서는 다음의 단계가 필요합니다.

- **프로그램 작성**
  PC에서 C++이라는 프로그래밍 언어로 프로그램을 작성합니다.
- **전처리(preprocessor)**
  외부의 여러 프로그램 조각을 불러와서 완전한 프로그램으로 만듭니다.
- **컴파일(compile)**
  사람이 이해할 수 있는 프로그램을 마이크로컨트롤러를 위한 오브젝트 파일로 만듭니다. 이때 여러 개의 오브젝트 파일이 만들어 집니다.
- **링크(link)**
  여러 개의 오브젝트 파일 중에서 불필요한 부분을 제거한 후 합쳐서 하나의 바이너리 파일로 만듭니다. 이 바이너리 파일은 마이크로컨트롤러에서 실행될 수 있습니다.
- **프로그램 올리기**
  바이너리 파일을 USB 케이블을 통하여 보드에 전송합니다.
- **실행**
  보드에서 바이너리 파일을 실행합니다.
- **시리얼 모니터(serial monitor)**
  보드에서 실행중인 프로그램(바이너리)이 PC로 보낸 데이터를 화면에 표시하고, PC 화면에서 데이터를 입력하여 보드의 프로그램에 전달합니다.

01 아두이노 IDE 설치하기

아두이노 IDE는 앞에서 설명한 일련의 작업을 한꺼번에 처리할 수 있도록 여러 기능을 통합한 프로그램입니다. 다음 과정을 따라 아두이노 IDE를 설치해봅시다.

1 https://www.arduino.cc에 접속하여 메뉴에서 **[SOFTWARE]-[DOWNLOAD]**를 클릭합니다.

2 페이지가 나타나면 'Download the Arduino IDE'가 나올 때까지 스크롤하여 본인의 운영 체제에 맞는 프로그램을 선택합니다. Windows 10 사용자라면 'Windows Installer' 또는 'Windows app'을 선택하면 됩니다. 이 책에서는 'Windows app'을 선택한 경우를 설명합니다.

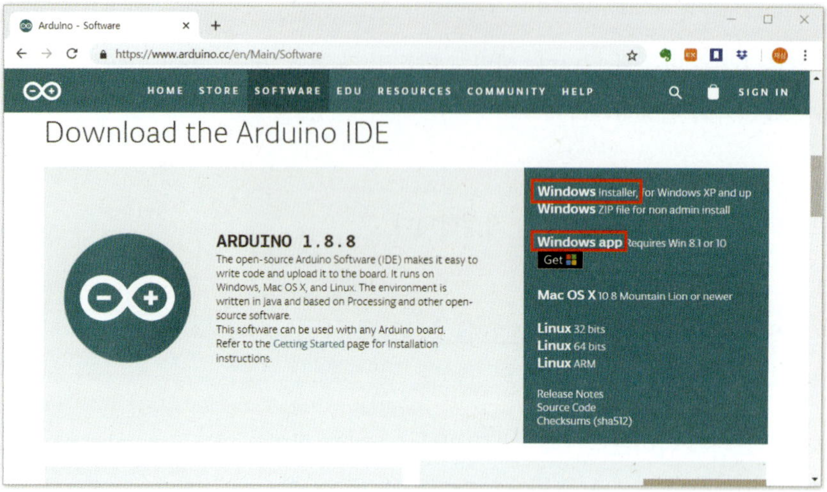

[그림 2-1] 아두이노 홈페이지

3 **[JUST DOWNLOAD]**를 눌러 다운로드를 시작합니다. 아두이노 재단에 기부를 하고 싶으면 금액을 선택하고 **[CONTRIBUTE & DOWNLOAD]**를 누르면 됩니다.

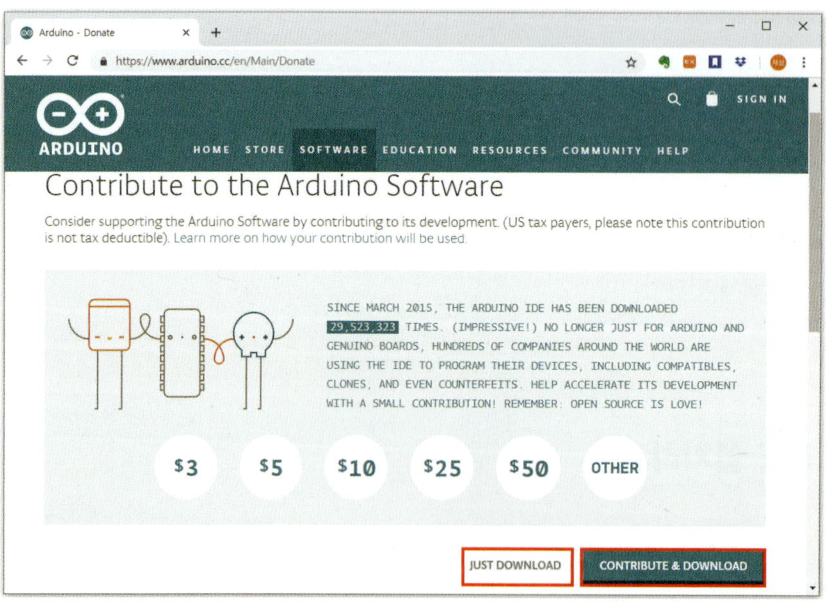

[그림 2-2] 아두이노 홈페이지

4 'Arduino IDE' 항목이 나타나면 **[무료]**를 누릅니다.

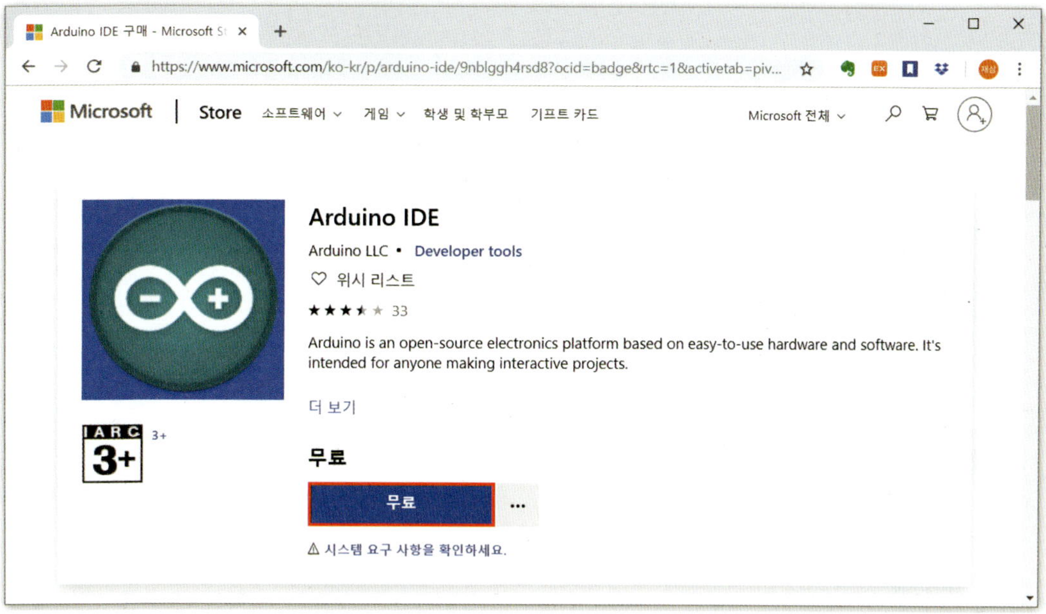

[그림 2-3] 마이크로소프트 스토어 웹 페이지

5 **[설치]** 버튼을 누르면 다운로드가 시작됩니다.

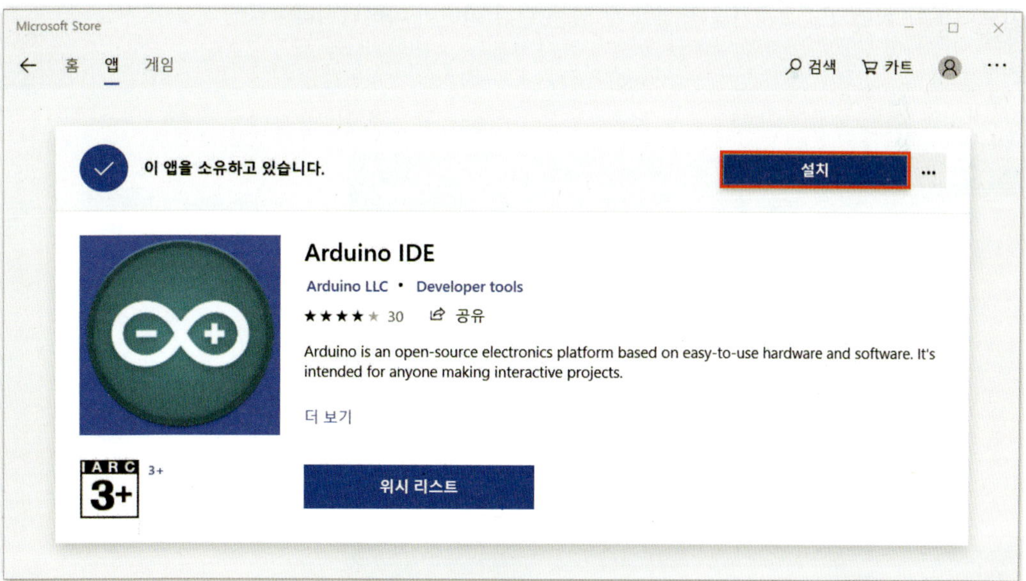

[그림 2-4] 마이크로소프트 스토어

6 여기서 **[실행]**을 누르면 Arduino IDE가 실행됩니다.

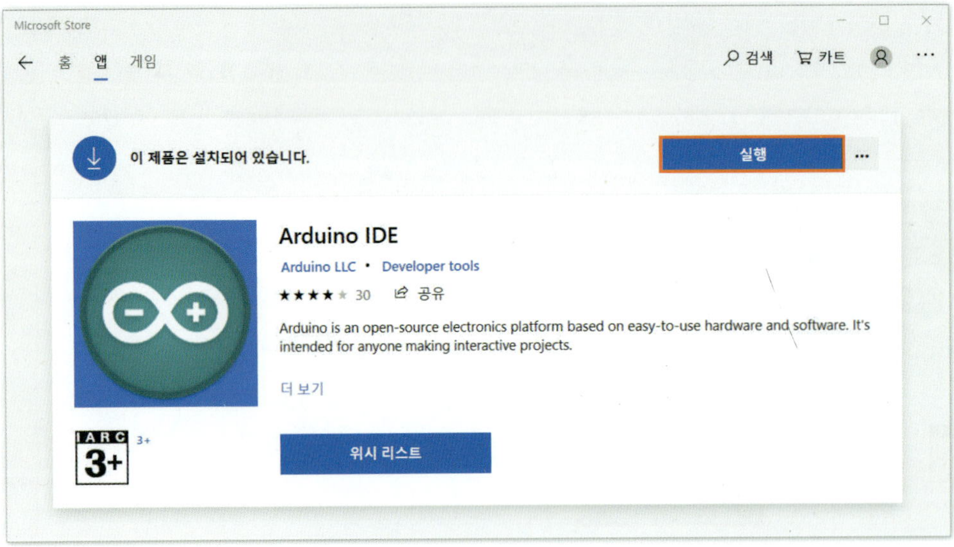

[그림 2-5] 마이크로소프트 스토어

02 ESP8266 보드 매니저 설치하기

아두이노 IDE가 실행되면 스케치를 작성할 수 있는 편집 화면이 나타납니다.

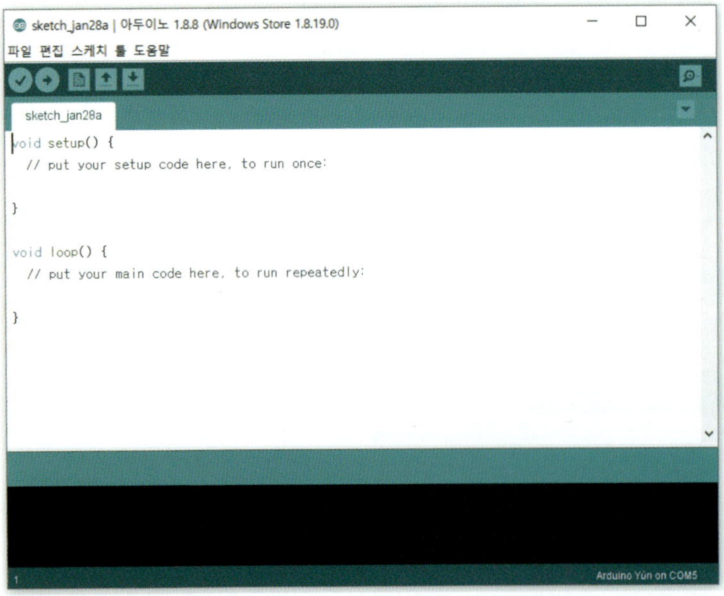

[그림 2-6] 아두이노 IDE 시작 화면

아두이노 IDE에서 지원하는 보드를 확인하기 위해 메뉴에서 **[툴]-[보드]**를 선택하면 사용 가능한 보드가 나타납니다.

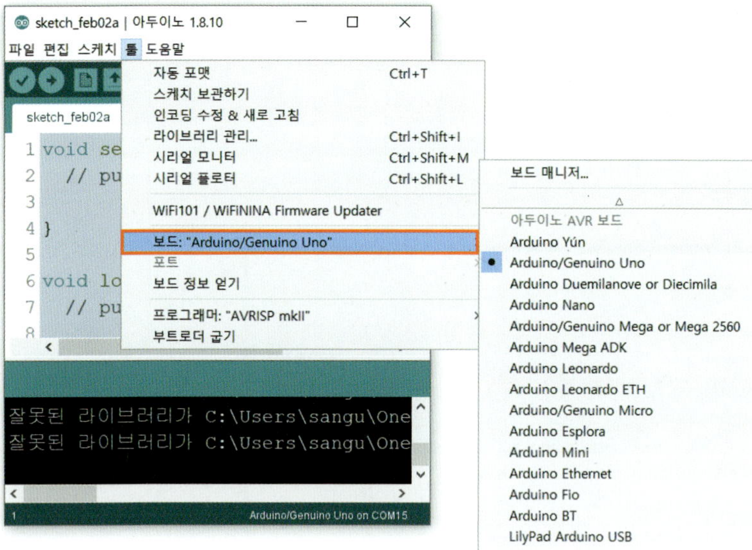

[그림 2-7] 아두이노 IDE에서 사용 가능한 보드 리스트

보드 리스트에는 아두이노가 공식적으로 지원하는 보드만 나타나고, ESP8266 계열의 보드는 보이지 않습니다. ESP8266 계열의 보드를 사용하기 위해서는 별도의 '**보드 매니저**'를 설치해야 합니다.

1 Arduino IDE 메뉴에서 **[파일]-[환경설정]**에서 '추가적인 보드 매니저 URLs' 뒤에 나오는 편집 아이콘을 누르면 편집 창이 나타납니다.

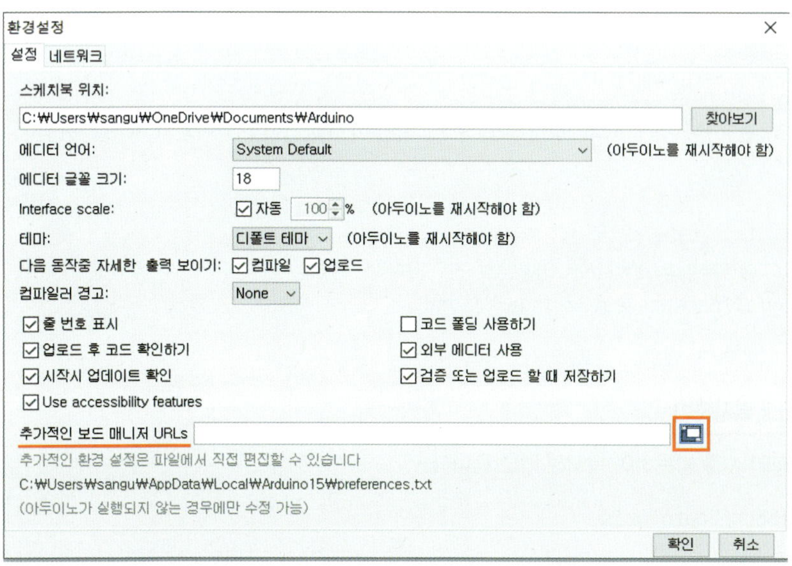

[그림 2-8] 보드 매니저 URL 지정

2 편집 창에 다음 URL을 입력합니다.

```
http://arduino.esp8266.com/stable/package_esp8266com_index.json
```

편집 창에서 **[확인]**을 눌러서 나오고, 다시 환경설정에서 **[확인]**을 누르면 **추가적인 보드 매니저 URLs** 지정이 완료됩니다.

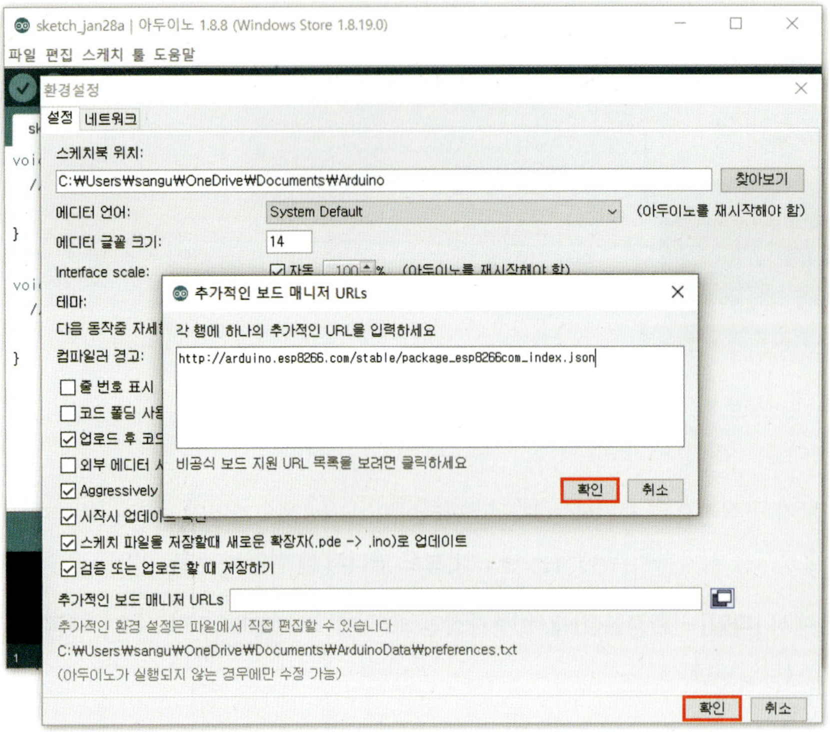

[그림 2-9] 보드 매니저 URL 편집 화면

만약 마이크로컨트롤러 ESP32를 사용하는 보드 매니저도 함께 사용하기를 원하면 다음 URL을 편집 창에 입력하면 됩니다.

```
http://arduino.esp8266.com/stable/package_esp8266com_index.json
https://dl.espressif.com/dl/package_esp32_index.json
```

웹 페이지 **보드 매니저 URLs 복사하기**

보드 매니저 URLs는 다음 웹 페이지를 방문하여 복사해 와도 됩니다.

https://iotmaker.kr/iotbook-board-urls

환경설정의 편집 창에 ESP8266의 보드 정보를 담은 URL을 지정했다고 해서 ESP8266 계열의 보드를 사용할 수 있는 것은 아닙니다. 별도로 보드 매니저를 설치하는 과정이 필요합니다.

3 Arduino IDE 메뉴에서 **[툴]-[보드]**로 들어가 맨 위 메뉴 항목인 **[보드 매니저]**를 선택하면, '플랫폼 인덱스 다운로드'가 시작됩니다.

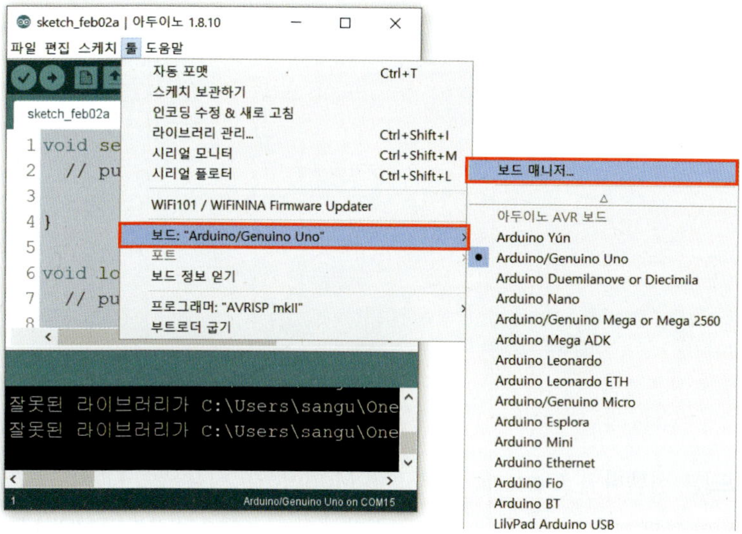

[그림 2-10] 아두이노 IDE 보드 매니저 선택

4 다운로드가 끝나고 맨 위에 있는 '검색에 필터하기..' 필드에 'esp8266'을 입력하면 esp8266 보드 매니저 정보가 표시됩니다. 여기서 **[설치]** 버튼을 누르면 ESP8266 보드 매니저 파일 다운로드가 시작됩니다.

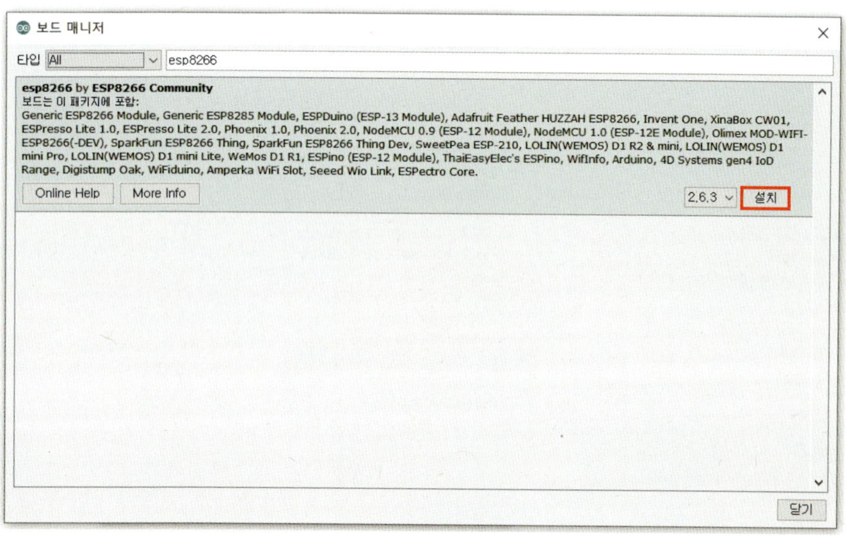

[그림 2-11] 아두이노 IDE 보드 매니저에서 'esp8266'을 검색한 화면

5 설치가 완료되면 화면이 아래와 같이 바뀝니다. 맨 아래의 **[닫기]** 버튼을 눌러 빠져나오면 됩니다.

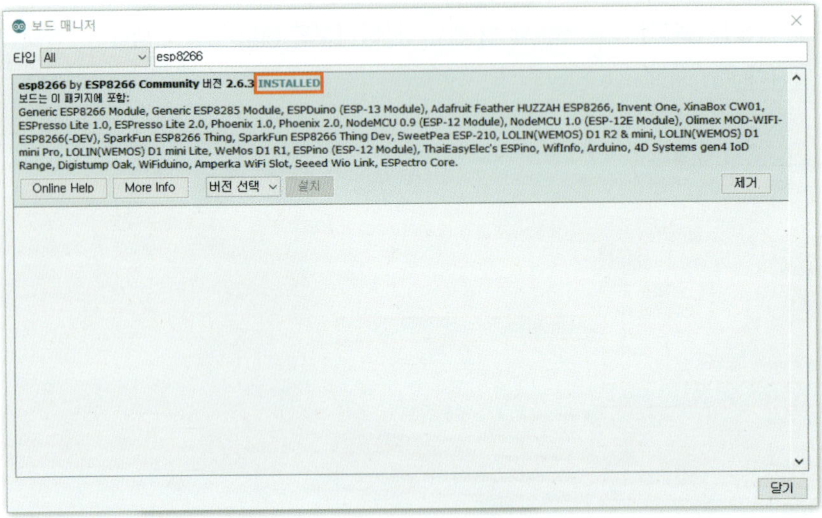

[그림 2-12] 아두이노 IDE 보드 설치 후

6 Arduino IDE에서 **[툴]-[보드]**를 선택하면 'Generic ESP8266 Module'을 시작으로 다수의 보드들이 추가된 것을 확인할 수 있습니다. 보드 매니저들 중에서 앞으로 책에서 사용할 **'LOLIN(WEMOS) D1 R2 & mini'**를 선택하면 됩니다.

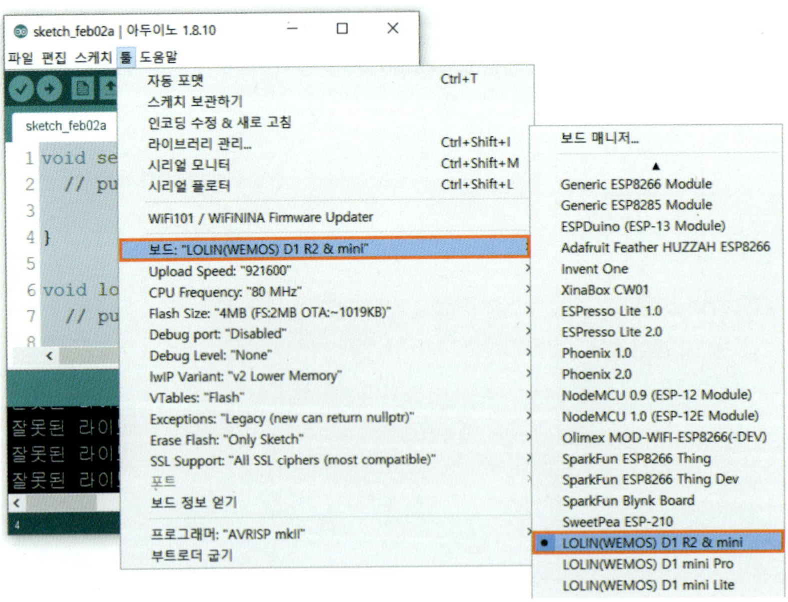

[그림 2-13] 아두이노 IDE 보드 선택

이로써 ESP8266 계열의 보드를 Arduino IDE에서 사용할 수 있는 모든 준비가 끝났습니다.

만약 ESP32도 함께 사용한다면 앞의 3~6단계를 한 번 더 실행합니다. 이때에는 4단계의 '검색에 필터하기..' 필드에 'esp32'를 입력하여 보드 매니저 설치 작업을 실행하면 됩니다.

웹 페이지 **아두이노 IDE 강제 종료하기**

아두이노 IDE가 응답하지 않거나 정상적인 방법으로 종료되지 않을 때 강제적으로 종료하는 방법을 안내합니다.

https://iotmaker.kr/iotbook-ide-stop

03 AIM 라이브러리 설치하기 AIM

AIM 라이브러리

아두이노 IDE를 사용하여 단독으로 실행하는 간단한 디바이스 프로그램을 만드는 것은 어렵지 않습니다. 그러나 실제 업무에 적용 가능한 IoT 디바이스 프로그램을 기초부터 만드는 일은 만만한 일이 아니며 다양한 영역의 지식이 필요합니다.

이러한 진입 장벽을 낮추기 위해 이 책에서는 프로그램의 구조나 통신에 관련된 공통 프로그램과 센서를 다루는 프로그램은 미리 만들어서 묶음으로 제공하고 그 사용 방법을 설명합니다.

이러한 프로그램 묶음은 '**AIM 라이브러리**'라고 이름지었습니다. 여기서 AIM은 Arduino IoT Maker를 줄인 말입니다.

AIM 라이브러리 설치하기

이 책의 상당 부분은 AIM 라이브러리를 만드는 기초적인 코딩 방법이나 AIM 라이브러리의 활용법에 대한 내용을 다룹니다. 그래서 AIM 라이브러리를 반드시 설치해야만 합니다.

웹 페이지 **AIM 라이브러리**

- **AIM 라이브러리 설치하기**

AIM 라이브러리와 예제 프로그램을 설치하는 방법을 설명합니다.

https://iotmaker.kr/iotbook-aim-install

- **AIM 라이브러리 사용법**

AIM 라이브러리의 사용법을 설명합니다.

https://iotmaker.kr/iotbook-aim-info

SECTION 02

아두이노 IDE 기본 사용법 익히기

01 화면 살펴보기

Windows 메뉴에서 'Arduino'를 선택하여 실행하면 스케치를 작성할 수 있는 편집 창이 나타납니다. 이 책에서는 아두이노 IDE의 버전 1.8.10이 사용되었고, ESP8266 버전 2.6.1을 사용했습니다. 간혹 버전을 업그레이드하면 하위 버전과 호환이 되지 않는 경우도 있으므로 주의해야 합니다. 앞으로 **아두이노 IDE**는 편의상 줄여서 **IDE**로 부르도록 하겠습니다.

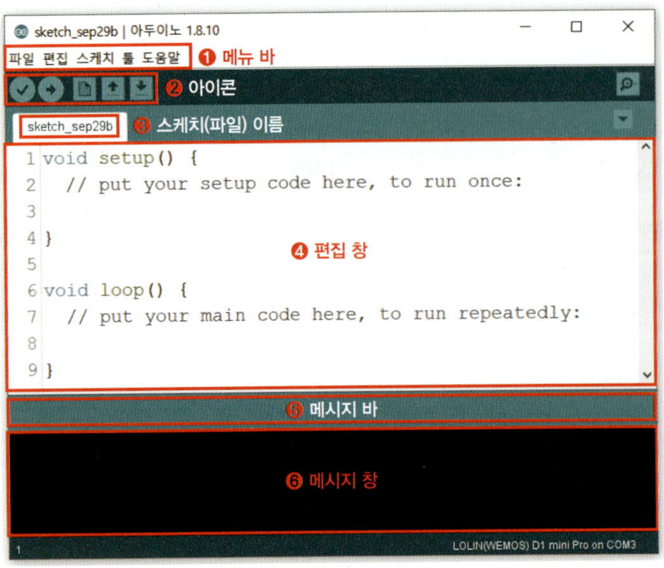

[그림 2-14] 아두이노 IDE 첫 화면

IDE 화면의 구성을 살펴보겠습니다.

❶ **메뉴 바** : IDE에서 사용할 수 있는 모든 메뉴에 접근할 수 있습니다.

❷ **아이콘** : 주요 메뉴 기능을 아이콘으로 표시하고 있습니다. 좌측부터 **확인**(컴파일), **업로드**, **새 파일**, **열기**, **저장**입니다.

❸ **스케치(파일) 이름** : 프로그램의 이름을 나타냅니다.

❹ **편집 창** : 프로그램을 작성하는 편집기 화면입니다.

❺ **메시지 바** : 컴파일과 업로드의 진행 상태를 보여줍니다. '스케치를 컴파일 중…', '컴파일 완료', '업로딩', '업로드 완료' 등의 메시지가 나타납니다.

❻ **메시지 창** : 컴파일과 업로드에 대한 상세한 정보와 오류 메시지가 여기에 나타납니다. 메시지 바 위쪽을 끌어서 창의 크기를 바꿀 수 있습니다.

여기서 잠깐 **스케치와 프로그램**

아두이노에서는 아두이노 IDE에서 만든 프로그램을 스케치라고 부릅니다. 아두이노가 예술 대학에서 만들어졌기 때문에 프로그램에 스케치라는 이름이 자연스럽게 붙여진 것 같습니다.

그러나 이 책에서는 외부의 다른 프로그램도 많이 가져다 사용하기 때문에 스케치라는 용어보다는 프로그램이라는 용어를 주로 사용합니다. 스케치와 프로그램이 섞여서 사용되더라도 같은 뜻입니다.

02 환경설정하기

IDE의 설정을 본인에게 맞도록 바꿔봅시다. **[파일]-[환경설정]**을 선택하면 [그림 2-15]와 같은 환경설정 화면이 나타납니다. 화면에 표시된 대로 지정하면 특별한 어려움 없이 사용할 수 있습니다.

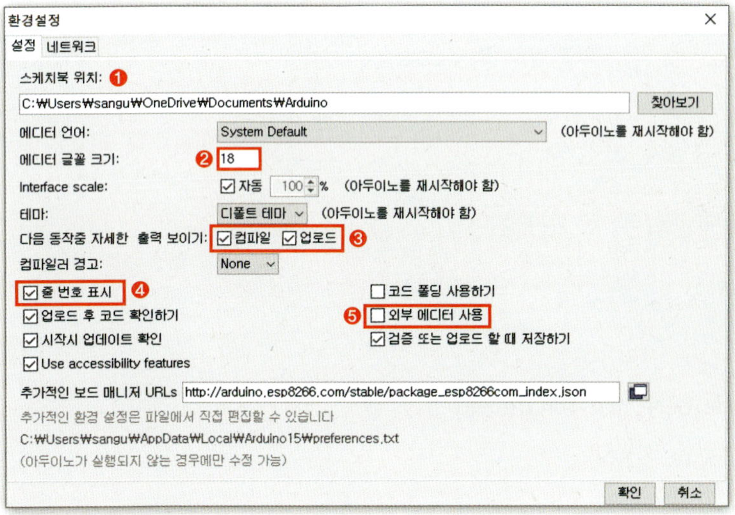

[그림 2-15] 환경설정 화면

❶ **스케치북 위치** : 작성한 프로그램을 보관하는 폴더의 위치로, 본인의 Documents\Arduino 또는 OneDrive\Documents\Arduino가 지정됩니다. 별도의 폴더나 원격 클라우드를 지정해도 되지만 특별한 이유가 없으면 처음 정해진 대로 사용합니다. 위치를 특별히 지정하지 않으면 모든 파일은 스케치북 위치의 폴더에 보관됩니다.

❷ **에디터 글꼴 크기** : 사용하기 편하도록 에디터의 글꼴 크기를 지정할 수 있습니다.

❸ **컴파일**, **업로드** : 컴파일과 업로드를 선택하여 IDE 메시지 창에 자세한 메시지를 출력할 수 있도록 설정합니다.

❹ **줄 번호 표시** : 줄 번호를 지정하면 컴파일할 때 오류가 난 줄 번호가 표시됩니다.

❺ **외부 에디터 사용** : 아두이노 IDE의 편집 기능이 뛰어난 편이 아니므로 다른 에디터(편집 프로그램)를 사용할 수도 있습니다. 외부 에디터 사용을 선택하면 아두이노 IDE의 편집 창은 읽기 전용으로 바뀝니다. 이 경우에는 프로그램은 지정한 외부 에디터로 작성하고, **컴파일**과 **업로드**는 아두이노 IDE에서 해당 파일을 열어서 진행합니다. Sublime Text 3.0과 notepad++가 대표적인 무료 에디터입니다.

03 프로그램 저장하기

[프로그램 2-1]은 IDE를 시작하면 편집 창에 자동으로 나타나는 프로그램입니다. 실제로 어떤 일을 하는 것은 아니지만 엄연한 아두이노 프로그램입니다. IDE가 제대로 설치되어 작동하는지 확인하기 위해 이 프로그램을 보관하고 보드에 올려봅시다.

프로그램 2-1 blank

```
void setup() {
  // put your setup code here, to run once:

}

void loop() {
  // put your main code here, to run repeatedly:

}
```

IDE를 처음 열면 sketch_MMMddX(예 : sketch-jan01a) 형식의 이름을 가진 프로그램이 나타납니다. 보드에 올리기 전에 먼저 **[파일]-[다른 이름으로 저장]**을 선택하여 blank라는 이름으로 저장해봅시다.

이때 본인이 작성한 프로그램은 별도의 폴더에 구분하여 보관하는 것이 좋습니다. 앞으로 학습자가 새로 만드는 프로그램은 아두이노 스케치북 폴더(Documents\Arduino) 아래에 myPgm이라는 폴더를 만들어서 보관하면 됩니다.

아두이노 프로그램을 저장하면 프로그램 이름을 가진 폴더 안에 **프로그램 이름.ino** 파일이 생성됩니다. 예를 들어 blank라는 이름으로 저장하면 blank라는 폴더 아래에 blank.ino라는 파일이 저장됩니다.

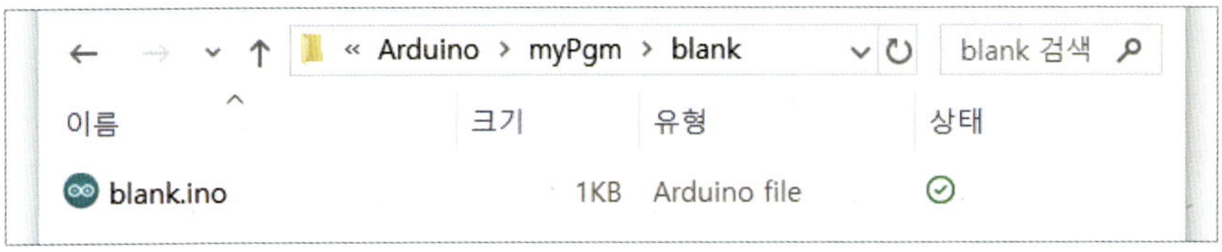

[그림 2-16] 프로그램 폴더와 .ino 파일

04 프로그램 올리기

이제 blank 프로그램을 보드에 올리기 위해 USB 케이블을 사용하여 보드와 PC를 연결합니다. 이 책에서 **보드**는 별도의 언급이 없는 한 LOLIN(WEMOS) D1 mini (pro) 또는 이것과 호환되는 보드를 의미합니다.

여기서 잠깐 **마이크로 5핀 USB 케이블**

보드를 PC와 연결할 때는 마이크로 5핀 USB 케이블을 사용해야 합니다. 최근 출시되는 스마트폰에 동봉되는 USB 케이블은 대체로 USB C타입(안드로이드)이나 라이트닝 8핀(iOS)이므로 호환되지 않습니다. 또한 USB 케이블을 구매할 때는 데이터 전송 기능이 있는 제품을 선택해야 합니다. 시중에서 판매되는 제품 중에는 데이터 전송 기능이 없고 충전만 가능한 경우도 있으므로 주의해야 합니다.

한편 USB 케이블을 이용하여 보드와 PC를 연결할 때 보통은 USB 드라이브를 별도로 설치하지 않아도 되지만, 보드 인식에 실패한다면 보드의 USB 칩에 맞는 드라이브를 설치해야 합니다. LOLIN(WEMOS) D1 mini (pro)의 경우 구글에서 별도로 'usb driver ch340' 또는 'usb driver CP2104'를 검색해서 설치합니다.

보드 및 포트 선택

컴파일할 때 선택한 보드에 따라서 각기 다른 프로그램 조각들이 자동으로 추가됩니다. 따라서 사용하는 보드에 맞게 선택을 해야만 제대로 컴파일이 되고 바이너리 파일이 올라갑니다.

1 **[툴]-[보드]**를 선택하면 사용할 수 있는 보드의 리스트가 나타납니다.

2 여기서 보드의 버전에 따라 **LOLIN(WEMOS) D1 R2 & mini** 또는 **LOLIN(WEMOS) D1 mini pro**를 선택합니다. 한 번 선택한 보드는 계속 적용되므로 **'올리기'**를 할 때마다 다시 지정하지 않아도 됩니다.

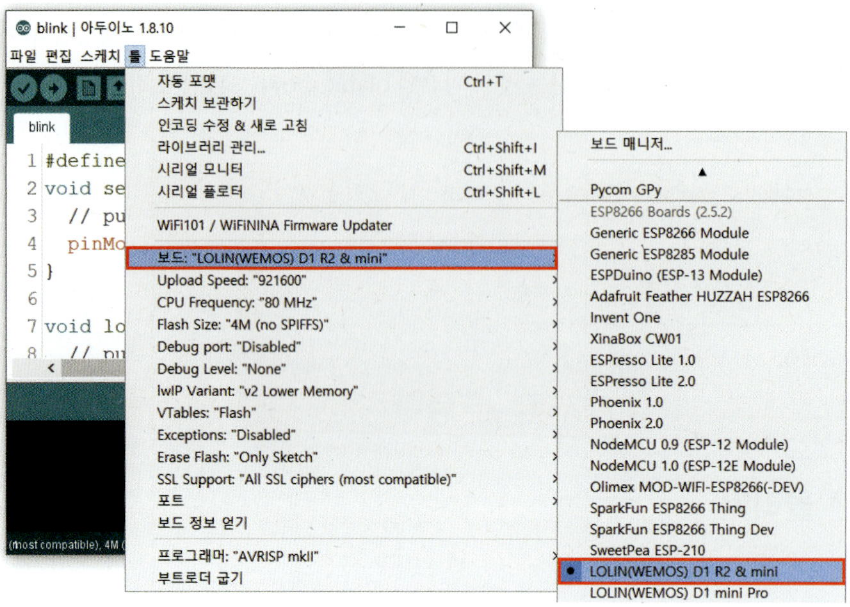

[그림 2-17] 보드 선택하기

3 **[툴]-[포트]**를 선택하면 사용 가능한 포트가 [그림 2-18]처럼 나타납니다. 연결된 보드에 맞는 포트를 선택하면 됩니다.

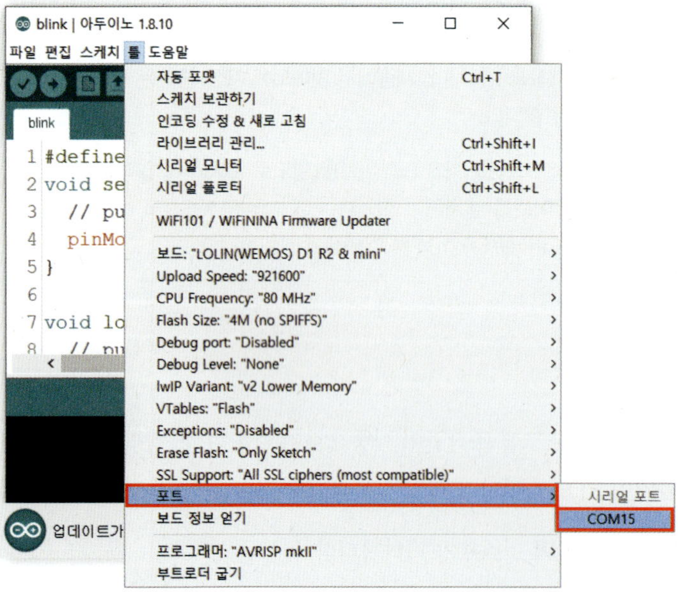

[그림 2-18] 포트 선택하기

만약 포트가 보이지 않으면 다시 **[툴]-[보드]**에 들어가 리스트에서 선택하여 다시 포트를 눌러봅니다. 그래도 나타나지 않으면 USB 드라이브가 제대로 설치되었는지 확인해보거나 PC에서 USB 케이블을 분리했다가 다시 연결해봅니다. 포트를 선택할 때 여러 이유로 오류가 발생할 수 있으며, 이는 PC의 하드웨어 상태에도 영향을 받게 되므로 시행착오를 거쳐서 문제의 원인을 파악해야 합니다.

컴파일만 하기(선택)

[스케치]-[확인/컴파일]은 컴파일만 해서 프로그램에 오류가 있는지 확인해 보는 기능이며, 보드를 PC에 연결하지 않아도 됩니다. 보드가 PC에 연결되어 있더라도 보드에 프로그램을 올리지는 않습니다. 프로그램에 오류가 있으면 메시지 창에 관련 내용을 표시해 줍니다. 오류가 여러 개 나오면 메시지 창의 세로 바를 위로 올려서 맨 위의 것부터 해결합니다. 컴파일이 끝나면 프로그램 저장 공간의 크기와 전역 변수가 차지하는 동적 메모리의 크기가 표시됩니다.

업로드 하기

4 **[스케치]-[업로드]**를 눌러 프로그램을 보드에 올립니다.

컴파일이 끝나면 중간 과정으로 여러 개의 오브젝트 파일이 나오고, 다시 **링크** 작업을 거치면 **바이너리** 파일로 바뀝니다. 이 파일이 USB를 통하여 보드의 플래시 메모리에 올라가면, 보드는 자동으로 리셋되고 작동하게 됩니다. 이렇게 복잡한 일련의 작업이 **[스케치]-[업로드]** 명령으로 가능합니다. 이 명령을 실행하면 진행 상태가 메시지 창에 차례대로 나타납니다.

5 마지막으로 **메시지 바**에 '**업로드 완료**'가 표시되면 업로드가 제대로 된 것입니다.

플래시 메모리에 바이너리 파일이 한 번 올라가면 전원이 꺼져도 그대로 유지됩니다. 따라서 전원만 공급하면 PC에 연결하지 않아도 보드의 바이너리는 작동합니다.

여기서 잠깐 **컴파일과 링크**

IDE에서 올리기 명령을 실행하면, 우선 우리가 만든 소스 프로그램 안에 있는 전처리(preprocessor) 지시어(`#define` 등)를 처리합니다. 그러면 새로운 **완전한 소스 프로그램 파일**(source file)이 생성되며, 아두이노 실행에 필요한 프로그램 조각도 여러 개가 자동으로 추가됩니다.

완전한 소스 프로그램 파일을 **컴파일**(compile)하면 중간 과정으로 **오브젝트 파일**이 생성됩니다. 이때 이 파일에서 사용하겠다고 선언한 외부 프로그램도 독자적으로 컴파일이 진행되며 각각 여러 개의 오브젝트 파일로 만들어집니다. 컴파일을 마치면 중간 과정에서 아주 많은 수의 오브젝트 파일이 생깁니다. 즉 컴파일은 프로그램 소스 파일을 마이크로컨트롤러가 이해할 수 있는 오브젝트 파일로 만드는 과정입니다. 이 오브젝트 파일들은 마이크로컨트롤러가 이해할 수 있는 형식이지만 독자적인 실행이 가능한 상태는 아닙니다.

여러 오브젝트 파일 중에서 필요한 정보만 골라 내어 하나의 실행 가능한 파일을 만드는 과정을 **링크**(link)라고 합니다. 링크 과정에서 불필요한 상당수의 오브젝트 파일은 버려집니다. 링크의 결과로 만들어지는 파일은 **바이너리**(binary) 파일이라고 부르며 실제로 마이크로컨트롤러에서 실행이 가능한 파일입니다.

바이너리 파일은 USB 케이블을 통해서 보드에 올라가고, 보드가 리셋된 후 바이너리 프로그램이 실행됩니다.

05 첫 프로그램 만들기

실제로 프로그램을 만들어 올려봅시다. 처음으로 만들어볼 프로그램은 보드의 LED를 점멸시키는 프로그램입니다.

1 IDE에서 **[파일]-[새 파일]**을 누르면 다음과 같은 기본 프로그램이 편집 창에 나타납니다.

```
void setup() {
  // put your setup code here, to run once:

}

void loop() {
  // put your main code here, to run repeatedly:

}
```

2 여기에 다음과 같이 코드를 작성하고 myPgm 폴더 아래에 chapter02라는 폴더를 만들어 'blink'라는 이름으로 저장합니다.

프로그램 2-2 blink

```
#define LED_PIN LED_BUILTIN
void setup() {
  // put your setup code here, to run once:
  pinMode(LED_PIN,OUTPUT);
}

void loop() {
  // put your main code here, to run repeatedly:
  digitalWrite(LED_PIN,LOW);
```

```
  delay(1500);
  digitalWrite(LED_PIN,HIGH);
  delay(500);
}
```

3 **[스케치]-[업로드]** 명령을 실행합니다. 프로그램이 업로드 된 후 연결되어 있는 보드의 LED가 점멸하면 제대로 된 것입니다.

SECTION 03

아두이노 프로그램 구조 이해하기

01 전형적인 아두이노 프로그램 구조

먼저 일반적인 아두이노 프로그램의 구조에 대해 살펴보겠습니다.

```
// 선언 영역
// #define이나 변수 선언을 한다.

// 함수 setup()
// 맨 처음 꼭 한번 수행할 문장을 둔다.
void setup() {
  // put your setup code here, to run once:
}

// 함수 loop()
// 영원히 반복해서 수행할 문장을 둔다.
void loop() {
  // put your main code here, to run repeatedly:
}

// 추가 함수 영역
// 새롭게 만든 함수는 아래에 둔다.
```

모든 변수는 사용하기 전에 반드시 선언해야 하므로 오류를 줄이기 위해 프로그램의 첫머리에서 선언하는 것이 좋습니다.

추가로 작성하는 함수는 loop 아래에 두는 것이 일반적입니다. 하지만 아주 짧은 함수의 경우에는 setup 위에 두기도 합니다. 실제로는 함수에서 사용할 변수가 선언된 곳보다 아래에만 함수를 두면 됩니다. 그러나 setup과 loop 사이에 다른 함수를 두면 가독성이 좋지 않습니다.

여기서 잠깐 **여러 파일로 프로그램 구성하기**

> 프로그램 규모가 커지면 하나의 파일로 소스 코드를 구성하는 것보다 적절히 잘라서 여러 개의 독립된 파일로 만들어 관리하는 것이 더 편리합니다. 주로 별도의 .ino 파일을 만들거나 .h로 끝나는 헤더 파일을 만드는 방법을 사용합니다. 이 방법은 이 책의 8장에서 자세히 다룹니다.

아두이노는 보드의 핀을 통해서 외부와 연결됩니다. 그래서 핀 번호는 프로그램의 여러 곳에서 반복적으로 나타납니다. 또한 동일한 기능을 하는 프로그램이라고 하더라도 다른 사람이 이용할 때는 연결되는 핀이 달라지기도 합니다. 그래서 핀 번호는 눈에 띄게 구분해서 관리해야 합니다.

이때에는 **전처리기(preprocessor)**의 #define **지시어(directive)**를 사용하면 편리합니다. 전처리기는 컴파일하기 전에 소스 코드를 다루는 역할을 하며 지시어는 모두 #으로 시작합니다.

```
#define FROM TO
```

예를 들면 다음 문장 이후에 프로그램 소스에 나타나는 'LED_PIN'은 'LED_BUILTIN'으로 바뀝니다.

```
#define LED_PIN LED_BUILTIN
```

여기서 LED_BUILTIN은 보드에 기본으로 내장되어 있는 LED의 핀 번호입니다. 내장 LED의 핀 번호를 직접 확인해서 기입해도 되지만 보통은 LED_BUILTIN으로 적습니다. LOLIN(WEMOS) D1 mini의 경우 LED_BUILTIN은 D4로 지정되어 있습니다.

#define 지시어의 FROM에 해당하는 문자열은 관행적으로 **대문자**와 _(언더스코어, underscore)로 연결하여 사용합니다. 다음과 같은 형식으로 지정해도 오류는 아니지만 좋은 표현은 아닙니다.

```
#define ledPin LED_BUILTIN
```

주석(//)과 세미콜론(;)

프로그램에 주석을 붙이면 가독성이 좋아집니다. //를 표시하면 //를 포함하여 같은 줄에서 뒤에 오는 내용은 모두 주석(comment)으로 취급됩니다. 주석 처리된 내용은 당연히 프로그램의 수행에는 전혀 영향을 미치지 않습니다.

여기서 잠깐 **// 와 /* */**

//는 같은 줄에만 주석 처리를 하지만 /*와 */로 감싸면 그 안의 모든 문장이 주석으로 처리됩니다. 이 방식으로 하면, 한 줄에서 일부분만 주석으로 처리할 수도 있고, 여러 줄에 걸쳐서 넓은 범위의 주석 처리를 한꺼번에 할 수 있습니다. 그러나 /*와 */가 포함된 소스를 또 다른 /*와 */로 묶으면 의도하지 않은 결과가 나옵니다. 그래서 이 방식을 사용할 때는 조심해야 합니다.

```
/* 이 안에 있는 모든 것이 주석으로 처리됩니다.
int i = 27;
*/
int j = 28;
```

C++ 명령어의 끝에는 ;이 와야 합니다. 다만 #define과 같은 지시어는 C++ 명령어가 아니므로 ;이 오면 오류로 처리됩니다. 함수의 블록을 나타내는 {} 뒤에도 ;이 오지 않습니다.

```
#define LED_PIN LED_BUILTIN ; // 오류
void setup() {
  // put your setup code here, to run once:
  pinMode(LED_PIN,OUTPUT);
}; // 오류
```

함수

함수(function)는 특정한 기능을 하는 프로그램의 묶음입니다. 다음은 함수를 표현하는 가장 간단한 방식입니다.

```
void 함수 이름() {

}
```

여기서 함수의 맨 처음에는 void가 옵니다. void는 함수 수행 후 돌려주는 값이 없다는 뜻입니다. 함수의 이름은 함수의 역할을 잘 설명하는 이름으로 지정합니다. () 안에는 인수(argument)를 지정하게 되는데 여기서는 인수가 없으므로 비워 놓았습니다. 그리고 함수에 속한 프로그램은 {} 안에 둡니다.

{}는 함수에 속한 프로그램의 묶음(블록)을 표시할 때 사용합니다. 블록의 시작을 나타내는 {는 함수 이름이 있는 줄의 마지막에 두고, 끝을 나타내는 }는 맨 마지막 줄 첫 칸에 두는 것이 관행입니다. 그러나 다음과 같이 표현을 할 수도 있습니다.

```
void 함수 이름()
{

}
```

그리고 {} 안에 오는 문장은 탭을 한 번 눌러 앞에 2개의 빈칸을 앞세우고 작성하면 됩니다. 아두이노 IDE에서는 탭을 누르면 자동으로 2칸씩 이동하는데, 다른 편집기에서는 4칸씩 이동하는 경우가 많으며 조정이 가능합니다. 이 책에서는 아두이노 IDE 편집기의 관행에 따라 탭은 2칸으로 정하여 코드가 작성되어 있습니다.

이처럼 앞 칸을 비우고 첫머리를 맞추어서 코드를 작성하는 것을 **들여쓰기(indentation)**라고 합니다. 들여쓰기는 코드의 가독성을 높이기 위해서 반드시 지켜야 하는 규칙입니다.

02 | 아두이노 기초 함수

이번에는 아두이노에서 사용하는 다양한 함수에 대해 알아보겠습니다. 먼저 아두이노 프로그램 구조에서 살펴보았듯이 모든 아두이노 프로그램에는 `setup`과 `loop`이라는 함수가 반드시 하나씩 있어야 합니다. 그래서 IDE에서 **[파일]-[새 파일]**을 실행하면 자동으로 나오는 프로그램에는 이 두 함수가 이미 작성되어 있습니다.

또한 [프로그램 2-2]에는 `pinMode`와 `digitalWrite`라는 두 개의 함수가 등장합니다. 이와 같이 아두이노에는 미리 만들어 둔 함수가 여러 개 있는데, 그중에서 이 두 함수가 가장 빈번하게 사용됩니다.

여기서 잠깐 | 함수

> 특정한 기능을 하도록 만들어 둔 프로그램 조각을 함수라고 합니다. 아두이노에는 미리 만들어 둔 함수가 많이 있습니다. 미리 만들어 둔 함수의 프로그램 로직을 모르더라도 이름과 사용법만 알면 프로그램에서 불러 쓸 수 있으므로 편리합니다.
>
> 프로그램 작성 과정에서도 함수를 만들어 쓰면 프로그램 구성이 간단해지는 경우가 많습니다. 함수를 만드는 방법은 7장에서 자세히 살펴보겠습니다.

pinMode 함수

먼저 `pinMode` 함수에 대해 알아보겠습니다. 함수를 사용할 때는 함수 이름 다음에 그 함수에 전달할 인수(argument)를 지정합니다. 함수 `pinMode`에서 첫 번째 인수로는 핀 번호를 지정하고, 두 번째 인수는 핀의 용도를 지정합니다.

```
pinMode(핀 번호,OUTPUT|INPUT|INPUT_PULLUP)
```

명령어를 설명할 때 'OUTPUT|INPUT|INPUT_PULLUP'처럼 '|'를 사용하여 여러 항목이 연결되어 있을 때는 그 중에서 한 개를 선택한다는 뜻입니다. 즉 핀의 용도를 OUTPUT, INPUT, INPUT_PULLUP 중에서 선택하면 됩니다. 이 세 가지 값은 아두이노에서 미리 정의해 둔 것입니다.

[표 2-1] 핀의 용도

표기	설명
OUTPUT	핀을 출력 모드로 사용. 사용할 때 핀에는 0V(LOW) 또는 3.3V(HIGH)를 선택적으로 출력
INPUT	핀을 입력 모드로 사용
INPUT_PULLUP	내장된 풀업(PULL UP) 회로[1]를 활성화해서 핀을 입력 모드로 사용

프로그램 도중에 핀의 용도가 달라지는 경우는 거의 없으므로 pinMode는 setup에서 한 번만 지정합니다.

다음 명령어를 만나면 해당 핀(LED_PIN)은 출력(OUTPUT) 모드로 사용이 선언되고, 핀의 출력값은 0V(LOW)가 됩니다.

```
pinMode(LED_PIN,OUTPUT);
```

digitalWrite 함수

이번에는 digitalWrite 함수에 대해 알아보겠습니다.

```
digitalWrite(핀 번호,HIGH|LOW)
```

이 함수는 보드에 달려 있는 핀에 3.3V(HIGH, 1)나 0V(LOW, 0)를 선택적으로 출력합니다. HIGH와 LOW는 아두이노에서는 각각 1과 0으로 정의되어 있습니다. 이 함수는 3.3V나 0V 중에서 선택하여 출력할 수 있지만 1.5V와 같이 전압을 지정해서 출력할 수는 없습니다.

디지털 핀에 LOW나 HIGH값을 출력하도록 한 번 지시하면 출력은 지속되므로 값을 바꿀 필요가 있을 때만 다시 다른 명령어로 지시하면 됩니다.

1 풀업(PULL UP) 회로에 대해서는 14장에서 다시 설명합니다.

여기서 잠깐 **LOLIN(WEMOS) D1 mini 보드는 직류 3.3V에서 작동합니다**

가정이나 직장에는 전원으로 220V 교류가 공급됩니다. 교류는 주기적으로 극성(+, −)이 바뀌는 전류입니다. 그래서 전원 플러그는 삽입할 때 전극의 위치를 바꿔도 상관이 없습니다.

그러나 마이크로컨트롤러는 직류에서 작동합니다. 휴대폰 어댑터나 PC의 USB에서는 직류로 변환된 5V가 출력됩니다. 직류에는 극성(+, −)이 있습니다. USB를 통해서 보드에 5V 전원을 보낼 때는 극성이 잘못되지는 않겠지만, 직접 연결할 때는 극성이 잘못되어 부품이 타거나 고장이 날 수 있으므로 주의해야 합니다.

보드에는 5V가 공급되지만, 다시 감압 장치(레귤레이터, regulator)를 거쳐서 마이크로컨트롤러에는 3.3V가 공급됩니다. 그래서 `digitalWrite`에서는 0V 또는 3.3V를 출력하게 됩니다. 보드에는 5V 핀과 3.3V 핀이 있습니다. 5V 핀은 통상적으로는 사용되지 않지만, 외부 모듈에 5V를 공급해야 할 필요가 있을 때 사용합니다.

한편 `delay` 함수는 정해진 시간(밀리초) 동안 프로그램의 진행을 멈춥니다. 즉 핀의 출력 상태를 지정한 시간 동안 멈추어서 유지할 때 사용합니다.

```
delay(밀리초)
```

LED 점멸하기

loop 안에 정의된 명령어는 반복적으로 수행되므로 다음과 같이 명령어를 구성하면 LED가 켜졌다가 꺼지는 상태가 반복됩니다.

```
void loop() {
  // put your main code here, to run repeatedly:
  digitalWrite(LED_PIN,LOW); // LED 켜짐
  delay(1500); // 켜진 상태를 1.5초(1500밀리초) 동안 유지
  digitalWrite(LED_PIN,HIGH); // LED 꺼짐
  delay(500); // 꺼진 상태를 0.5초(500밀리초) 동안 유지
}
```

여기서 잠깐 **LED가 LOW에서 켜지는 이유**

LOLIN(WEMOS) D1 mini보드의 내장 LED는 핀의 전압이 HIGH일 때 켜지고 LOW일 때 꺼지는 것이 아니라 LOW일 때 켜지고 HIGH일 때 꺼지도록 회로가 구성되어 있습니다. 이처럼 통상적인 방식과 반대로 회로를 구성하는 방법을 전류 싱킹(current sinking) 방식이라고 합니다. 반면에 아두이노 우노의 내장 LED는 핀의 전압이 HIGH일 때 켜지고 LOW일 때 꺼지는데 이러한 방식을 전류 소싱(current sourcing) 방식이라고 합니다. 이 두 방식은 이 책의 14장에서 자세히 다룹니다.

CHAPTER 02 연습문제

※ (2.1~2.5) 다음 빈칸에 알맞은 용어를 넣으세요.

2.1 프로그램 작성, 컴파일, 보드에 올리기 등 시스템 개발에 필요한 일련의 절차를 한꺼번에 다룰 수 있도록 만든 통합 개발 환경을 (   )(이)라고 합니다.

2.2 아두이노 프로그램을 만들어 blink라는 이름으로 보관하면 (   )(이)라는 폴더 아래에 (   )(이)라는 파일로 보관됩니다.

2.3 모든 아두이노 프로그램에는 (   )와(과) (   )(이)라는 함수가 반드시 있어야 합니다.

2.4 함수 (   )은(는) 핀의 사용 용도를 지정합니다.

2.5 함수 (   )은(는) 핀에 0V나 3.3V를 선택적으로 출력하게 합니다.

2.6 BTN_PIN을 D3으로 대체하는 전처리기 지시어 문장을 만들어보세요.

2.7 2초 동안 프로그램의 실행을 멈추고 대기하라는 명령어를 작성하세요.

CHAPTER

03

다양한 변수 다루기

학습목표

- C++ 변수 선언 방식을 이해합니다
- 숫자를 표현하는 변수형을 학습합니다.
- 문자열 표현 방법을 이해합니다.
- String 클래스의 활용법을 익히고 문자열과의 관계를 이해합니다.

이 장의 실습 준비물

부품 이름	대체품	수량	용도
LOLIN(WEMOS) D1 mini	ESP8266 계열의 보드	1	마이크로컨트롤러
USB 마이크로 5핀 케이블		1	보드와 PC 연결

PREVIEW

이 책에서는 ESP8266을 이용하여 만든 LOLIN(WEMOS) D1 mini 보드를 기준으로 회로와 프로그램을 제시합니다. 이 책에서 제공하는 라이브러리나 프로그램은 ESP8266의 상위 마이크로컨트롤러인 ESP32에서도 작동하며, 차이가 있는 부분은 별도로 표시했습니다. 또한 이 책에서 제공하는 라이브러리는 통신 부분을 제외하고는 아두이노 우노에서도 호환되며 차이가 나는 부분은 별도로 표시했습니다.

C++의 문법 체계는 복잡하지만, 아두이노 프로그램을 작성하는 데에는 C++의 기본 문법만 활용해도 됩니다. 그래서 이 책에서는 C++에 대한 모든 정보를 제공하는 대신 필수적인 정보만을 엄선해서 전달합니다. 이번 장에서는 C++의 기본적인 변수형을 다룹니다. 변수형을 이해하는 것은 프로그램 작성의 기본입니다.

C++로 문자열을 처음부터 제대로 다루기는 어렵습니다. 그래서 책에서는 학습의 편의를 위해 아두이노의 `String` 클래스 위주로 설명하고, 꼭 필요할 때 문자열로 변환하는 방식을 택하고 있습니다.

SECTION 01

변수에 대한 이해

프로그램에서 숫자나 문자와 같은 값을 보관하는 장소를 변수(variable)라고 합니다. 대부분의 프로그램은 변수에 값을 보관하고 조건문으로 비교하여 실행 순서를 바꾸거나 반복하는 방식으로 만듭니다.

2장에서 만든 [프로그램 2-2] blink를 다음과 같이 수정하여 blink-var로 보관하고 실행해보면 blink와 똑같이 작동합니다. [프로그램 3-1]은 blink에서 사용했던 1500이나 500, HIGH나 LOW와 같은 값을 이 장에서 배울 변수를 사용하여 바꿔본 것입니다.

프로그램 3-1 blink-var

```
#define LED_PIN LED_BUILTIN
bool ledOn = LOW;
bool ledOff = HIGH;
int onMil = 1500;
int offMil = 500;

void setup() {
  pinMode(LED_PIN,OUTPUT);
}

void loop() {
  digitalWrite(LED_PIN,ledOn);
  delay(onMil);
  digitalWrite(LED_PIN,ledOff);
  delay(offMil);
}
```

여기서 잠깐 **예제 프로그램 불러와서 사용하기**

[프로그램 3-1] blink-var처럼 이름이 붙어 있는 모든 프로그램은 템플릿 폴더에서 불러와 사용할 수 있습니다.

- IDE 메뉴에서 **[파일]-[열기…]**를 실행하고 Arduino\iotbook\chapterXX 폴더에서 프로그램 이름을 선택하면 IDE의 편집 창에 예제 프로그램이 나타납니다.
- 학습 목적상 프로그램의 일부분은 #으로 표시되어 있으므로, 본문의 내용에 따라 프로그램을 수정합니다. 이때 #은 수정할 부분을 나타내며 #의 개수는 특별한 의미가 없습니다.

- IDE의 메뉴에서 **[파일]-[다른 이름으로 저장…]**을 선택하여 Arduino\myPgm\chapterXX 폴더에 프로그램을 보관합니다. 이때 myPgm 폴더나 chapterXX 폴더가 없으면 만들어야 합니다.
- IDE의 메뉴에서 **[스케치]-[업로드]**를 선택하여 이 프로그램을 보드에 업로드한 후 실행합니다.

01 변수 선언 형식

변수는 사용하기 전에 먼저 선언해야 합니다. 선언하면서 초깃값을 지정할 수도 있습니다. 변수 선언 형식은 다음과 같습니다.

```
변수형 변수명 = 초깃값;
변수형 변수명;
```

꼭 필요한 변수형

C++의 변수형은 다양하고 복잡하지만, 전문 개발자가 아닌 일반인이 아두이노 프로그램을 작성하는 데 필요한 변수형은 몇 개 되지 않습니다. 이 책에서는 아두이노 프로그램 작성에 필수적인 변수형 위주로 살펴보겠습니다.

다음과 같은 변수형만 사용해도 대부분의 아두이노 프로그램을 만들 수 있습니다.

[표 3-1] 꼭 필요한 변수형

변수형	용도	범위	크기(바이트)
bool	참과 거짓을 표현하는 정수	0,1	1
int	프로그램 내의 카운트용 정수	우노 : -32,768~32,767	2
		ESP8266 : 약 -21억~21억	4
unsigned long	가장 큰 정수. 시간 표시용	0~약 42억	4
float	소수점 있는 숫자	유효숫자 6자리	4
char	문자 한 개	-128~127	1
String	문자열을 보관하는 클래스	연속된 문자 묶음	가변

int형 변수는 사용하는 마이크로컨트롤러의 종류에 따라 값의 범위가 달라지므로 주의해야 합니다. int는 integer(정수)에서 온 말입니다.

unsigned long은 부호가 없는(unsigned) long형 변수라는 뜻입니다. 이는 아두이노에서 표현할 수 있는 가장 큰 정수입니다. 주로 아두이노에서 마이크로컨트롤러의 가동 시간을 밀리초 단위로 표현할 때 사용합니다.

int나 long과 같은 정수형 변수는 표현 영역의 1/2을 이용하여 0과 양수를 표시하고, 나머지 1/2을 이용하여 음수를 표시합니다. 그런데 unsigned를 int나 long에 붙이면 음수 영역도 양수를 표시하는 데 사용할 수가 있으므로 두 배나 큰 양수를 표시할 수 있습니다.

char형 변수는 영숫자(alphanumeric, 알파벳과 숫자)나 특수 문자 한 개를 표현합니다. 실제로는 1바이트를 차지하는 부호가 있는 정수입니다. 그래서 연산을 하는 용도로 사용할 수도 있습니다. 아두이노에서는 한글 한 글자당 3바이트의 메모리를 차지하므로, char형 변수에 한글 한 글자를 보관할 수는 없습니다. char은 character(문자)에서 온 말입니다.

String은 C++의 변수형은 아니고, 입문자들이 문자열을 다루기 쉽도록 하기 위해 아두이노에서 만든 클래스(class)입니다. 하지만 문자열을 다루는 역할을 하는 클래스이므로 변수형과 함께 분류하여 설명했습니다. 클래스는 특별한 기능을 수행하는 프로그램의 묶음으로, 이 책의 7장에서 살펴볼 것입니다.

변수명

영문자, **숫자**, 그리고 _(밑줄 문자, underscore)를 섞어서 변수명을 만들 수 있습니다. 숫자로 시작하면 안되며, 영문자는 대소문자를 구분합니다. 또한 중간에 빈칸이 있으면 안됩니다. 다음은 변수를 선언하는 예시입니다.

```
int cnt;
int Cnt;    // cnt와 Cnt는 서로 다른 변수명
int cnt23;
int cnt_no;
int _cnt;  // _로 시작 가능
int 2cnt;     // 오류. 숫자로 시작
int cnt no;  // 오류. 중간에 빈칸이 있음
```

여러 단어를 연결하여 변수명을 만들 때는 **낙타등 표기법**(카멜 표기법, camel case)을 사용합니다. 첫 단어는 소문자로 시작하고 이후의 단어는 첫 글자만 대문자로 작성합니다.

```
int totalNoOfCnt;
```

아두이노에서는 관행상 변수에 _를 거의 사용하지 않지만 아두이노 내부 프로그램에서는 _를 변수 앞 글자로 사용하기도 합니다.

여기서 잠깐 **좋은 변수명 만들기**

좋은 변수명을 만드는 것은 좋은 프로그램 코드를 만드는 지름길입니다. 변수명을 만들 때에는 변수의 역할이 명확히 나타나야 합니다. 변수명을 보고 누구나 같은 의미를 연상할 수 있어야 좋은 변수명이라고 할 수 있습니다.

```
int sw;    // 나쁜 변수명. 의미가 명확하지 않음
int isOn;  // 좋은 변수명. on 상태를 나타냄
```

의미 전달이 잘 된다면 변수명은 짧을수록 좋습니다. 변수명이 길면 타이핑 오류가 생길 확률이 높기 때문입니다.

02 변수의 적용 범위

전역 변수

변수를 함수 setup()보다 앞에서 선언하면 프로그램의 모든 지점에서 변수를 불러 쓸 수 있습니다. 이러한 변수를 **전역 변수**(global variable)라고 합니다. 전역 변수는 프로그램이 시작될 때 메모리가 할당되고 끝까지 유지됩니다. 전역 변수의 사용이 많을수록 가용 메모리는 줄어듭니다. 따라서 전역 변수는 가능한 적게 유지하는 것이 좋습니다.

지역 변수

변수가 프로그램의 여러 함수 안에서 사용될 경우에는 전역 변수로 선언합니다. 그러나 대부분의 변수는 프로그램의 특정 부분(함수)에서만 사용되는 경우가 많습니다. 이런 변수를 지역 변수(local variable)라고 부릅니다.

지역 변수는 그 변수가 선언된 함수 또는 블록 안에서만 통용됩니다. {} 안에 들어 있는 명령어 그룹이 단위 블록이 됩니다.

만약 함수 setup() 안에서 변수가 선언되면 그 변수는 지역 변수이므로, setup이 시작될 때 메모리가 할당이 되었다가 끝나면 해제됩니다. 즉 지역 변수는 필요한 블록 내에서만 메모리를 차지하고 그 블록이 끝나면 메모리를 해제하므로 메모리 활용면에서 유리합니다. 다만 생겼다가 금방 없어지므로 블록이 다시 시작될 때 그 이전 값은 알 수 없습니다.

setup()이나 loop()와 같은 함수 안에서 선언되는 변수가 전형적인 지역 변수이지만, 다음에 배울 if문, while문, for문 등도 블록을 지정하여 그 안에서만 통용되는 지역 변수를 선언할 수 있습니다.

전역 변수는 컴파일할 때 주소나 메모리 내용이 결정되므로 미리 초기화를 하는 데 추가 부담이 없습니

다. 따라서 초기화 값을 지정하지 않아도 숫자형 변수는 0으로 초기화됩니다. 반면에 지역 변수는 해당 함수나 블록이 호출될 때마다 변수의 주소가 달라지므로 초기화하기 위해서는 별도의 추가 루틴이 필요합니다. 지역 변수는 자동으로 초기화가 되지 않으므로 필요하면 명시적으로 초기화를 해야 합니다.

여기서 잠깐 **시리얼 모니터 사용하기**

시리얼 모니터는 PC의 프로그램인데, USB 케이블로 연결된 아두이노 보드와 데이터를 송수신하는 역할을 합니다. 아두이노 IDE에는 시리얼 모니터가 내장되어 있습니다.

시리얼 통신에 대해서는 5장에서 상세하게 다루기로 하고, 여기서는 보드에서 데이터를 보내서 시리얼 모니터에 표시하는 방법만 미리 설명합니다.

보드를 PC에 연결하고 IDE에서 **[툴]-[시리얼 모니터]**를 실행하면 별도 창에 [그림 3-1]과 같은 시리얼 모니터 화면이 나타납니다.

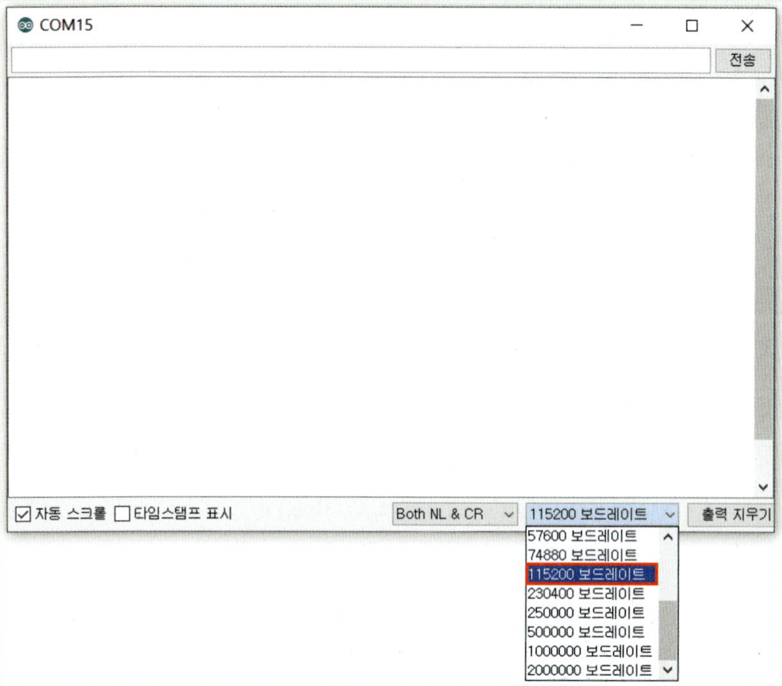

[그림 3-1] 통신 속도 설정하기

시리얼 모니터의 우측 하단에서 통신 속도를 '**115200 보드레이트**'로 선택하면 준비가 끝납니다. 이 통신 속도는 다음의 프로그램에서 나오는 `Serial.begin(115200)`에 대응합니다. 여기서 '보드레이트(baud rate)'라고 표기하고 있지만 baud가 원래 프랑스어이므로 일반적으로 '보 레이트'라고 표기합니다.

다음 프로그램을 작성하고, 미리 시리얼 모니터를 열어 둔 상태에서 **[스케치]-[업로드]**를 실행하여 시리얼 모니터에 출력되는 내용을 살펴봅시다.

프로그램 3-2 var-global-local

```
int i = 3;  // 전역 변수
int j = 4;
void setup() {
  int j = 5; // j(지역 변수)는 함수 setup() 내에서만 유효
  Serial.begin(115200);
  Serial.println();
  if (j > 3) {      // 지역 변수 j: 5
    int i = j + 1;  // i(지역 변수)는 if문 안에서만 유효
    Serial.println(i); // i: 6
  }
  Serial.println(i);   // 전역 변수 i: 3
  Serial.println(j);   // 지역 변수 j: 5
}

void loop() {

}
```

실행 결과

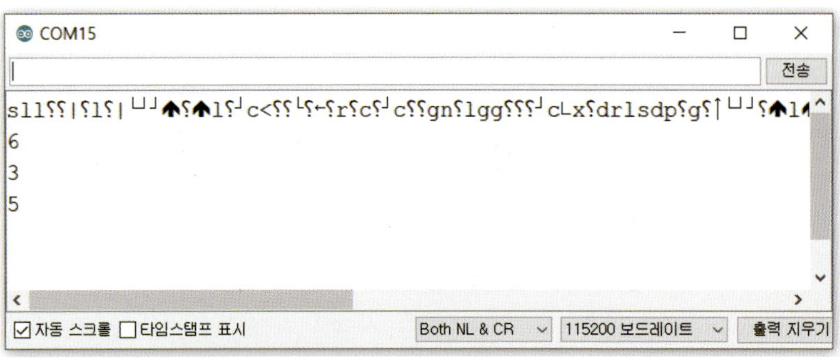

[그림 3-2] 시리얼 모니터에 출력된 값

- **같은 이름을 가진 전역 변수와 지역 변수**

  변수 j는 같은 이름으로 전역 변수와 함수 안의 지역 변수로 선언되어 있습니다. 이 경우 지역 변수가 사용됩니다.

- **{} 블록 안에서만 유효한 지역 변수**

  if 문의 { } 블록 안에서 선언된 변수 i는 지역 변수이며 블록을 벗어나면 없어집니다. 그래서 블록을 벗어난 후에는 전역 변수 i가 사용됩니다.

여기서 잠깐 **프로그램 함수 미리 보기**

• Serial 명령어 사용하기

[프로그램 3-2]에서 사용한 Serial 명령어는 보드에서 출력하여 PC의 시리얼 모니터 화면에 문자를 표시할 때 사용합니다. 여기서는 꼭 필요한 명령어만 설명하고, 자세한 내용은 5장에서 다룹니다.

메소드	기능
Serial.begin(115200)	시리얼 사용을 초기화. 속도는 115200 baud(보)
Serial.println(i)	시리얼 모니터에서 줄을 바꿈
Serial.println(값)	값을 시리얼 모니터에서 출력하고 줄을 바꿈

• if와 if else 문

4장에서 배울 if문과 if else문에 대하여 미리 중요한 부분만 살펴보겠습니다.

if문은 조건에 맞는 선택을 할 때 사용합니다. 다음과 같이 조건식이 참일 때 실행할 문장을 지정하면 됩니다.

```
if (조건식) {
  // 조건식이 참일 때 수행할 문장
}
```

if else문은 조건식이 참 또는 거짓일 때 실행할 문장을 지정할 수 있습니다.

```
if (조건식) {
  // 조건식이 참일 때 수행할 문장
}
else {
  // 조건식이 거짓일 때 수행할 문장
}
```

03 변수 속성 지정하기

const

변수를 선언할 때 초깃값을 주고 그 값이 중간에 바뀌지 않는다면, 변수형 앞에 const를 붙이는 게 좋습니다. const는 constant(변함 없는)에서 온 말입니다.

```
const int pinNo = 2;
pinNo = 2;    // 오류. 상수형 변수의 값은 변경할 수 없음
```

static

함수 안에서 선언한 변수는 지역 변수여서 함수가 종료되면 값이 없어지므로 그 함수가 다시 실행되면 이전 값은 유지되지 않습니다. 하지만 함수 안에서 선언된 지역 변수일지라도 프로그램의 논리 전개상 그 값이 유지되어야 하는 경우가 있습니다. 이때에는 static을 붙여서 변수를 선언하면 됩니다. static(고정된)은 값이 정해지면 계속 유지된다는 뜻입니다. static으로 지정된 변수는 값을 바꿀 수 있습니다.

실제로 static으로 선언된 변수는 전역 변수처럼 메모리가 관리되고, 그 이름만 선언된 블록 안에 알려집니다. 다음 예시에서는 함수 displayOled()가 반복적으로 호출되더라도 static으로 선언된 변수 first의 값은 계속 유지됩니다. static으로 선언된 변수의 초기화는 최초에 한 번만 수행됩니다.

```
void displayOled() {
  static bool first = true;
  if (first) {
    first = false;
    Serial.println("first entry!");
  }
  else {
    Serial.println("repeat entry!");
  }
}
```

- **첫 번째 수행할 때**

  변수 first의 초기값이 한 번만 true로 됩니다. 그래서 if(first)는 참이 되고 first는 false로 지정됩니다.

- **두 번째 수행부터**

  변수 first의 초기화는 건너뜁니다. 변수 first의 값은 이전의 false입니다.

SECTION 02

숫자형 변수

01 bool

bool 또는 boolean은 참(true, 1)과 거짓(false, 0)의 두 가지 상태만 보관하기 위한 특수한 숫자형 변수입니다. bool형 변수는 기본적으로 1바이트를 차지하는 정수이기 때문에 내부적으로는 0이나 1의 값을 갖습니다.

0은 거짓을 나타내고 1은 참을 나타내는 것으로 약속이 되어 있습니다. true나 false는 C++에서 정한 예약어로 각각 1과 0을 나타냅니다. 또한 아두이노에서는 추가로 HIGH와 LOW를 1과 0으로 지정하고 있습니다.

```
bool ledOn = LOW;   // LOW는 0이므로 ledOn은 거짓(0)
bool ledOn = false; // false도 0이므로 ledOn은 거짓(0)
bool ledOff = HIGH; // HIGH는 1이므로 ledOff는 참(1)
bool ledOff = true; // true도 1이므로 ledOff는 참(1)
bool ledStatus = 3; // 3을 지정해도 값은 1로 되어 참(1)
```

여기서 잠깐 **참과 거짓**

bool은 기본적으로 참(1)과 거짓(0)을 표현하기 위한 변수형입니다. 그러나 다른 정수형 변수도 참과 거짓을 나타내는 데 사용할 수 있습니다. 이때 판정 기준은 **0이면 거짓이고 0이 아닌 모든 수는 참입니다.** 그래서 1도 참이고 100이나 −1도 참입니다.

02 int

int는 마이크로컨트롤러가 가장 간단히 처리할 수 있는 정수형입니다.

```
int onMil = 1500;
int offMil = 500;
```

아두이노 우노에서는 int가 2바이트(16비트)로 이루어진 정수를 표현하고, ESP8266에서는 4바이트(32비트)로 이루어진 정수를 나타냅니다. 아두이노 우노에는 16비트 마이크로컨트롤러가 장착되어 있고, ESP826에는 32비트 마이크로컨트롤러가 장착되어 있어 두 마이크로컨트롤러가 표현할 수 있는 int형 변수의 범위가 크게 차이가 납니다.

[표 3-2] int형 변수 범위 비교

구분	메모리	정수 범위
아두이노 우노	2바이트	−32,768(−2^{15}) ~ 32,767(2^{15}−1)
ESP8266	4바이트	−2,147,483,648(−2^{31}) ~ 2,147,483,647 (2^{31}−1)

정수형에는 unsigned를 붙여서 0과 양수만을 표시하게 할 수 있습니다. 따라서 unsigned int형은 음수는 표시하지 않으므로 우노에서는 0에서 65,535(2^{16}−1)까지 나타낼 수 있고 ESP8266에서는 0에서 4,294,967,295(2^{32}−1)까지 나타낼 수 있습니다.

03 unsigned long

long은 4바이트로 정수를 표현하는 변수형입니다. 그러므로 unsigned long은 **4**바이트(32비트)로 부호 없이 정수를 표현하는 변수형으로 표현 범위는 **0**에서 약 **42억**(2^{32}−1=4,294,967,295)까지입니다. ESP8266에서는 int와 long이 각각 4바이트 정수형으로 같은 의미입니다.

unsigned long형은 아두이노에서 가장 큰 숫자를 표현할 수 있는 정수형입니다. 주로 밀리초(millisecond) 단위의 시간을 보관하는 변수로 사용합니다. 아래의 millis() 함수는 밀리초를 돌려주는 아두이노 내장 함수입니다.

```
unsigned long nextMil = millis();
```

여기서 잠깐 **unsigned long으로 표현할 수 있는 기간**

unsigned long형의 변수로는 약 48일간의 밀리초를 보관할 수 있습니다. 약 48일이 지나면 다시 0부터 시작합니다. 이러한 현상은 millis() 함수가 돌려주는 값의 정수 넘침(integer overflow) 때문에 나타납니다. 만약 millis() 함수가 돌려주는 값이 이전보다 작아지면 millis()가 0부터 다시 시작된 것입니다.

04 float

소수점이 있는 숫자를 표시하는 변수형입니다. 내부적으로는 4바이트의 메모리에 숫자의 부호, 유효숫자, 지수를 분리하여 표현하는 방식입니다.

```
float temp  = 25.5;
```

아주 크거나 작은 숫자를 표시할 수 있지만, **유효숫자**는 10진수로는 6자리 정도이므로 100만이 넘는 큰 숫자는 정밀하게 나타내지 못합니다. 따라서 float형은 숫자를 세는 용도로는 적절하지 않습니다. 아두이노에서는 이 변수형을 처리하기 위해서 부가적인 루틴을 거쳐야 하므로 꼭 필요할 때만 사용합니다.

float보다 더 정밀하고 큰 숫자를 사용하고 싶으면 **double**을 사용하면 됩니다. 아두이노 우노에서는 double형을 지정해도 그냥 float형으로 취급합니다.

05 간혹 사용되는 정수형

정수형 변수는 일반적으로는 **int**를 사용하고 시간(millis())을 보관하기 위한 큰 수가 필요하면 **unsigned long**을 사용합니다. 그러나 다른 사람이 만든 라이브러리를 이용해야 할 때도 있으므로 정수를 표현하는 다른 형식도 알아두어야 합니다.

byte

1바이트(8비트)로 부호 없이 정수를 표현하는 변수형입니다. 8비트로 표현할 수 있는 부호 없는 정수의 범위는 0에서 255(2^8-1)입니다. 이 변수형은 범위가 정해져 있는 핀 번호 등을 1바이트로 표현할 수 있으므로 int형보다 메모리를 절약할 수 있습니다. unsigned char과 같은 의미입니다.

```
byte ledPin = 2;
```

uint8_t

typedef라는 지시어를 이용해서 정의한 데이터형으로, unsigned int 8bit type이란 뜻입니다. byte나 unsigned char와 같은 데이터형입니다.

```
uint8_t ledPin = 2;
```

여기서 잠깐 **typedef로 정의된 데이터형**

int형 변수가 차지하는 메모리 크기는 마이크로컨트롤러에 따라 16비트 또는 32비트로 달라집니다. 소스 코드가 여러 마이크로컨트롤러에서 동일한 의미를 갖도록 하기 위해 typedef라는 명령어를 사용하여 정수를 명확히 표현하는 방법을 사용합니다. 아두이노의 내부 코드에는 이 형식의 변수형이 사용되는 경우가 많습니다. 아두이노에서 사용할 수 있도록 typedef로 정의된 변수 타입은 아래 표와 같습니다.

[표 3-3] 정수형 타입

타입	정수형 선언(우노)	정수형 선언(ESP8266)	범위	메모리
uint32_t	unsigned long	unsigned long, unsigned int	0~42억	4
int32_t	long	long, int	−21억~21억	4
uint16_t	unsigned int	unsigned short	0~65,535	2
int16_t	int	short	−32,768~32,767	2
uint8_t	byte, unsigned char	byte, unsigned char	0~255	1
int8_t	char	char	−128~127	1

정수형을 작은 크기 순으로 나열하면 char, short, int, long이지만 마이크로컨트롤러에 따라 그 크기가 다릅니다. 문자형 변수형인 char도 실제로는 1바이트로 된 정수입니다.

여기서 잠깐 **정수형 숫자 표현**

• **정수의 signed와 unsigned**

1바이트(8비트)로 정수형 숫자를 표현해보겠습니다. 8비트를 0과 1로 표시하고 그 값을 signed와 unsigned로 표시하면 다음과 같습니다.

비트 표시	값(unsigned)	값(signed)
0000 0000	0	0
0000 0001	1	1
0000 0010	2	2
…	…	…

비트 표시	값(unsigned)	값(signed)
0111 1110	126	126
0111 1111	127	$127 = 2^{8-1}-1$
1000 0000	128	$-128 = -2^{8-1}$
1000 0001	129	−127
…	…	…
1111 1110	254	−2
1111 1111	$255 = 2^{8}-1$	−1

그러므로 n비트로 표현할 수 있는 수의 범위는 다음과 같습니다.

unsigned	$0 \sim 2^{n}-1$
signed	$-2^{n-1} \sim 2^{n-1}-1$

- **정수 넘침**

다음은 정수형 변수에 1을 더하는 코드입니다. 우리가 실생활에서 사용하는 연산 결과와는 다르므로 주의 깊게 살펴봅시다. 정수형 변수에서 연산을 할 때는 메모리상의 비트 값 기준으로 처리합니다. 그리고 1111 1111 에 1을 더하면 값은 0000 0000이 됩니다. 이처럼 가장 큰 비트 값을 가진 수의 다음 수가 가장 작은 비트 값이 되는 현상은 **정수 넘침**(integer overflow)때문에 나타납니다. 이 현상을 이용하여 함수 `millis()`의 값이 넘치는 때를 모니터링하기도 합니다.

```
unsigned char  uCnt;
signed char  sCnt;

uCnt = 255;
uCnt = uCnt + 1;  // uCnt: 0, 정수 넘침

sCnt = -1;
sCnt = sCnt + 1;  // sCnt: 0, 정수 넘침
```

06 산술연산자

숫자형 변수나 상수를 이용하여 산술식을 만드는 데 사용하는 연산자를 **산술연산자**라고 합니다. 변수 a와 b를 이용하여 산술연산자를 표현하면 다음과 같습니다.

[표 3-4] 산술연산자

산술연산자	의미
a = b	오른쪽 값을 왼쪽 변수로 복사
a + b	덧셈
a - b	뺄셈
a * b	곱셈
a += b	a = a + b
a / b	나눗셈
a % b	나머지
a++	값 사용 후 증가
++a	증가 후 값 사용
a--	값 사용 후 감소
--a	감소 후 값 사용

a++와 ++a는 단독 명령어로 사용되면 같은 의미지만 다른 명령어의 일부로 사용될 때는 a값이 다르게 반환되므로 주의합니다. a--와 --a도 같은 방식으로 작동됩니다.

연산자 우선순위

연산식은 ( ) 안부터 먼저 처리합니다. 연산자가 섞여서 사용될 때 처리되는 우선순위는 다음과 같습니다.

[표 3-5] 산술연산자의 우선순위

우선순위	연산자
1	a++, a− −
2	− −a, ++a
3	*, /, %
4	+, −

곱셈이나 나눗셈이 덧셈이나 뺄셈보다 우선입니다. 연산자의 우선순위가 명쾌하지 않으면 ()를 사용해 순위를 명확하게 표시하면 됩니다. ()는 연산식의 가독성을 높이기 위해 사용해도 좋습니다.

```
int cnt = 5;
int no = 10;
int result;

result = 2 * (cnt + no); //result:30, 2 * 15
```

나눗셈할 때 주의할 점

정수형끼리 나눗셈을 하면 그 결과도 정수가 됩니다. 나눗셈을 한 값이 0.5라면 결과는 정수형으로 처리되어 0이 됩니다. 반면에 소수점이 있는 상수(예 : 8.0)의 연산 결과는 float형이 됩니다. 연산식의 값에 (float)나 (int) 등을 붙여 형을 바꿀 수 있습니다. 다음 코드를 보고 연산의 결과를 예측해봅시다. 0으로 나누면 실행 중인 프로그램이 비정상적으로 종료되므로 주의합니다.

```
int i4 = 4;
int i8 = 8;

int r1 = 500 * (4/8);   //r1:0, 500 * 0
int r2 = 500 * (4/8.0); //r2:250, 500 * 0.5
int r3 = 500 * (4.0/8); //r3:250, 500 * 0.5

int r4 = 500 * (i4/i8); //r4:0, 500 * 0
int r5 = 500 * ((float)i4/i8); //r5:250, 500 * 0.5
int r6 = 500 / (i4/i8); //컴파일 OK, 실행 시 오류, 0으로 나눔
```

=(복사)와 ==(비교)

=는 **같다**는 뜻이 아니고 오른쪽 값을 왼쪽 변수로 **복사**한다는 의미입니다. 나중에 나올 비교연산자인 ==는 값이 같은지를 비교할 때 사용됩니다.

```
int cnt = 5;  // 왼쪽으로 복사

if (cnt == 6) {  // cnt가 6과 같은지 비교
  Serial.println("cnt == 6: true");
}
else {
  Serial.println("cnt == 6: false");  // cnt는 5이므로 이것이 출력됨
}
```

여기서 잠깐 **=와 ==를 혼동하여 생기는 오류**

두 값을 비교할 때는 ==를 사용해야 하지만, 잘못하여 =를 사용할 수도 있습니다. 그러나 이때에 컴파일러는 오류를 내보내지 않습니다. 왜냐하면 이것도 올바른 C++ 문법이기 때문입니다. 경력이 많은 프로그래머도 =와 ==를 잘못 사용하여 오류를 범하는 경우가 종종 있습니다. 조심하는 수밖에 없습니다.

아래 코드에서는 변수 cnt에 6을 복사했으므로 cnt는 6이 되어 참으로 취급됩니다.

```
int cnt = 5;

if (cnt = 6) {  // 원래 의도는 cnt == 6
  Serial.println("cnt = 6: true");  // 이것이 출력됨
}
else {
  Serial.println("cnt = 6: false");
}
```

SECTION 03

배열

변수에 개수를 지정한 것을 배열이라고 합니다. 23.5, 34.5, 34.2라고 주어진 3개의 온도(temp)를 이용한 다음 예제를 살펴보며 배열에 대해 학습해봅시다.

01 변수명을 숫자로 구분하기

앞에서 주어진 3개의 온도를 보관하기 위해 3개의 변수가 필요합니다. 여기서 변수명은 숫자로 구분했습니다. 세 온도를 모두 더하고 온도의 평균값을 구해보았습니다.

```
// 3개의 변수를 각각 선언하고 초기화
float temp0 = 23.5;
float temp1 = 34.5;
float temp2 = 34.2;

// 합계 변수를 선언하고 초기화
float sum = 0;

// 3번 덧셈
sum = sum + temp0;
sum = sum + temp1;
sum = sum + temp2;

// 평균을 냄
float ave = sum / 3; // sum: 92.20, ave:30.73
```

02 배열로 선언하기

같은 속성을 갖는 연속적인 변수는 개수를 지정하여 선언할 수도 있습니다.

```
// 배열을 선언하고 각 요소(element)에 값을 입력
float temp[3];
temp[0] = 23.5;
temp[1] = 34.5;
temp[2] = 34.2;

// 합계 변수를 선언하고 초기화
float sum = 0;

// 3번 덧셈
sum = sum + temp[0];
sum = sum + temp[1];
sum = sum + temp[2];

// 평균을 냄
float ave = sum /3; // sum: 92.20, ave: 30.73
```

배열은 다음과 같은 형식으로 지정합니다.

```
변수형 배열명[개수];
```

만약 다음과 같이 선언하면 3개의 요소로 된 temp라고 하는 배열이 선언됩니다.

```
float temp[3];
```

배열 temp의 요소(element)는 temp[0], temp[1], temp[2]입니다. 이처럼 배열을 사용할 때는 배열명에 첨자(index)를 [ ] 안에 지정하여 사용합니다. 이때 첫 번째 요소의 첨자는 1이 아니라 0입니다.

03 배열을 초기화하고 한꺼번에 다루기

배열은 선언할 때 초깃값을 지정할 수도 있고, 배열의 요소를 한꺼번에 다룰 수도 있습니다.

```
// 배열을 선언하고 초기화
float temp[3] = {23.5,34.5,34.2};

// 합계 변수를 선언하고 초기화
float sum = 0;

// 배열 전체의 합을 구함
for (int i = 0; i < 3; i++) {
  sum = sum + temp[i];
}

// 평균을 냄
float ave = sum / 3; // sum: 92.20, ave: 30.73
```

배열 초깃값 지정하기

배열을 선언하면서 초깃값을 지정할 수 있습니다. 여기서 n은 배열의 개수입니다.

```
변수형 배열명[n] = {초깃값0, 초깃값1, … 초깃값n-1};
```

예제에서는 배열 temp를 선언하면서 초깃값을 지정하고 있습니다.

```
float temp[3] = {23.5,34.5,34.2};
```

for문으로 모든 배열 요소 다루기

배열 요소를 처음부터 끝까지 처리할 때는 for문을 사용하면 됩니다. for문은 난이도가 높아서 아직은 어려울 수 있습니다. 지금은 이 부분을 건너 뛰었다가, 이 책의 4장에서 for문을 학습한 다음 복습해도 됩니다.

```
for ( 변수 선언문 ; 조건식; 매회 마지막 명령어 ) {
   // 명령어 그룹
}
```

맨 처음에만 **변수 선언문**을 실행합니다. **조건식**이 참이면 명령어 그룹을 실행하고, **매회 마지막 명령어**를 실행한 후 다시 조건식 테스트를 반복합니다. 조건식이 거짓이면 수행을 마칩니다.

```
for (int i = 0; i < 3; i++) {
  sum = sum + temp[i];
}
```

앞의 문장은 다음과 같이 수행됩니다.

```
sum = sum + temp[0];
sum = sum + temp[1];
sum = sum + temp[2];
```

배열을 모두 0으로 초기화하는 방법

배열 temp의 모든 요소를 0으로 초기화할 때는 다음과 같이 지정합니다.

```
float temp[3] = {};
```

SECTION 04

문자형 변수

01 char

C++에서 문자를 나타내는 변수형은 char입니다. char로 선언한 변수는 키보드에 있는 영숫자나 특수 문자를 보관하는 용도입니다. 문자는 'a'와 같이 작은 따옴표(')로 묶으면 됩니다. 단, 아두이노에서 한글은 한 글자의 크기가 3바이트이므로 char로 선언된 변수에 보관할 수 없습니다.

```
char c = 'a';
```

아스키(ASCII) 코드

char형 변수는 1바이트(8비트) 크기의 부호가 있는(signed) 정수이므로 −128~127의 값을 갖습니다. 이 중에서 0~127 범위의 숫자는 문자를 표시하는 용도로 사용합니다.

문자를 표현하기 위해서 제어 문자, 영숫자 그리고 특수 문자에 숫자를 코드로 부여하고 있는데, 이 코드 체계를 아스키(ASCII, American Standard Code For Information Interchange) 코드라고 합니다.

[표 3-6] 주요 아스키 코드 영역

코드 범위(10진수)	용도	설명
0 ~ 31, 127	제어문자	특수한 제어 기능을 하며 눈에 보이지 않음
32~126	인쇄 가능 문자	프린터나 디스플레이 장치에 출력할 수 있는 눈에 보이는 문자
48~57	숫자	0~9
65~90	알파벳 대문자	A~Z
97~121	알파벳 소문자	a~z

웹 페이지 **아스키(ASCII) 코드**

다음 웹 페이지에서 전체 아스키 코드를 확인할 수 있습니다.

https://iotmaker.kr/iotbook-ascii

아스키 코드표의 제어 문자나 특별한 문자(', ", \)를 프로그램 코드에서 표현할 때는 앞에 역슬래시(\)를 붙여 '\0'과 같은 방식으로 표현합니다. 자주 사용하는 입력 형식은 다음과 같습니다.

[표 3-7] 제어 문자 표기법

표기	코드(10진수)	코드(16진수)	설명
\'	39	27	작은 따옴표
\"	34	22	큰 따옴표
\\	92	5c	역슬래시
\0	0	00	널(null) 문자, 문자열의 끝
\n	10	0a	새 줄(new line)
\r	13	0d	캐리지 리턴(carriage return)[1]
\t	9	09	수평 탭

다음 코드에서 변수 c1과 c2, d1과 d2, e1과 e2는 각각 같은 값을 갖고 있습니다.

```
char c1,c2,d1,d2,e1,e2;

c1 = '\0';
c2 = 0;

d1 = '\n';
d2 = 10;

e1 = 'a';
e2 = 97;
```

char의 정수 범위

다음 코드는 char의 다양한 사용 사례를 보여주고 있습니다.

```
char c = 'a'; // 초깃값, 아스키 97
c = 'b'; // 값 복사, 아스키 98
c = c + 2; // c : 'd', 연산,아스키 100
```

1 텔레타이프(모니터)의 출력 위치를 첫 칸으로 옮기는 것을 말합니다.

```
Serial.println(c); // d가 출력됨
Serial.println((int)c); // int형으로 변환. 100이 출력됨
```

char 변수형은 문자 하나를 표현하는 용도이지만, 속성상 1바이트(8비트)로 된 부호가 있는(signed) 정수이므로 $-128(=-2^7)\sim127(=2^7-1)$ 범위의 값을 갖습니다. 그래서 char형의 변수는 연산이 가능합니다. Serial.println()에서 char형의 변수인 c는 문자로 출력되기 때문에 정수로 바꿔서 출력하고 싶으면 (int)c와 같이 형 변환 표시를 해야 합니다.

char형과 같은 범위의 정수를 표현하는 변수형은 int8_t입니다. 그러나 이 변수형은 출력하면 정수로 표시됩니다. 문자로 출력하고 싶으면 반드시 char형으로 선언해야 합니다. int8_t형으로 선언된 c를 문자로 바꿔서 출력하고 싶으면 (char)c와 같이 형 변환 표시를 하면 됩니다.

```
int8_t c = 'a'; // 초깃값,아스키 97
c = c + 1;    //
Serial.println(c); // 숫자 98이 출력됨
Serial.println((char)c); // 문자 b가 출력됨
```

16진수

char 한 개의 메모리를 2진수로 표현하면 8자리나 되어서 불편합니다. 그래서 4비트씩 잘라서 16진수 2자리로 표현하는 방법을 사용합니다. 16진수를 표기하기 위해서는 16개의 기호가 필요합니다. 그래서 10에서 15까지의 값에는 a에서 f까지의 문자를 빌려서 사용합니다. 다음은 10진수와 2진수를 16진수로 표현한 표입니다.

[표 3-8] 16진수표

10진수	2진수	16진수	10진수	2진수	16진수
0	0000	0	8	1000	8
1	0001	1	9	1001	9
2	0010	2	10	1010	a
3	0011	3	11	1011	b
4	0100	4	12	1100	c
5	0101	5	13	1101	d
6	0110	6	14	1110	e
7	0111	7	15	1111	f

문자 a의 아스키 코드는 97인데 2진수로는 01100001이고 16진수로는 61이 됩니다. 이것을 프로그램에서는 다음과 같이 적을 수 있습니다.

```
char c1,c2,c3,c4;

c1 = 'a';
c2 = 97;
c3 = 0b01100001;
c4 = 0x61;
```

변수 c1, c2, c3, c4에 들어있는 내용은 동일합니다. 2진수앞에는 0b를 붙이고, 16진수 앞에는 0x를 붙여서 표기하면 됩니다.

02 char 배열

C++에는 문자열을 직접 표현하는 변수형은 없습니다. 따라서 문자 한 개를 표시하는 **char 변수의 배열**(array) 또는 **char 포인터**(pointer)를 사용해서 문자열을 표시합니다.

특히 포인터는 초보자에게는 어려운 개념이어서 C++을 어렵게 만드는 원흉이기도 합니다. 또한 C++ 문자열을 다루기 위해서는 여러 함수의 도움을 받아야 하므로 난이도가 높은 편입니다. 이 책에서는 C++ 문자열 표현 방식은 피하고, 주로 String을 사용하여 문자열을 다루게 됩니다. 왜냐하면 이 방법이 직관적이고 익히기가 쉽기 때문입니다. 그러나 이미 만들어져 있는 외부 프로그램을 활용하기 위해서는 C++형의 char 배열을 사용해야 할 경우가 있습니다.

우선 C++ 문자열의 개념만 익히고, C++의 char 배열과 String을 서로 변환하는 방법만 알아도 대부분의 문제는 해결할 수 있습니다. 그 변환 방법은 이 장의 뒷부분에서 다룹니다.

문자열을 char형으로 표현하는 방법은 두 가지가 있습니다.

[표 3-9] 문자열을 표현하는 C++ 형식

선언 방법	용도
char 배열명[배열 크기]	char형 배열에 문자열을 직접 보관
char * 변수명	임의의 메모리에 문자열을 보관하고 문자열의 주소를 char * (char 포인터) 변수명에 지정함

배열을 만드는 방법

변수형 뒤에 nm[8]과 같이 변수의 개수를 지정할 수 있는데, 이처럼 연속되는 변수의 묶음을 배열이라 합니다.

```
char nm[8] = "gildong";
```

char 배열 nm은 8개의 요소(element)로 이루어져 있고, 각 요소는 nm[0]부터 nm[7]까지 8개입니다. 이때 요소의 위치를 나타내는 0에서 7을 첨자(index)라고 합니다. 첨자는 0부터 시작하므로 마지막 요소의 첨자는 배열 크기보다 1이 작습니다.

배열 nm은 8개의 요소로 이루어져 있으므로 최대 8개의 문자를 보관할 수 있습니다. 그런데 보관하는 문자의 개수가 달라질 수도 있으므로 마지막 문자 다음에 문자 '\0'를 삽입하여 문자열의 끝을 표시하기로 했습니다. 결국 배열 nm에는 문자열의 끝을 나타내는 제어 문자 '\0'를 포함해야 하므로 실질적으로는 7문자를 보관할 수 있습니다. '\0'는 **널(null)**이라고 부르기도 하고 정수로는 0입니다.

다음 코드에서 배열 nm과 nm1은 같은 값을 가집니다.

```
char nm[8]= "gildong";
char nm1[8]= {'g','i','l','d','o','n','g','\0'};
```

원래 배열에 초깃값을 줄 때는 요소마다 값을 줘야 하지만, 배열 nm1처럼 배열 요소 각각에 초깃값을 주기는 너무 번거로우므로 배열 nm처럼 문자열 형식으로 초깃값을 주면 됩니다. 실제로 char 배열에 "gildong"과 같이 초깃값을 주면 배열 요소에 처음부터 한 글자씩 할당하고 마지막으로 '\0'을 컴파일러가 알아서 추가해줍니다.

[그림 3-3]은 char 배열 nm이 메모리에서 어떻게 표현되는지 보여줍니다. 여기서 주소는 임의로 적은 값입니다.

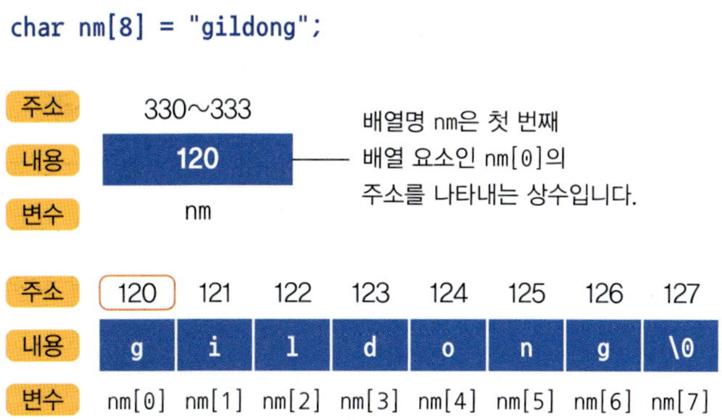

[그림 3-3] 문자 배열 표현 방법

배열 이름은 단독으로 사용되면, 배열의 첫번째 요소의 주소(포인터)를 나타내는 특별한 변수로 취급됩니다. 그래서 출력할 때 배열 이름을 지정하면 첫 요소부터 출력이 시작되고 '\0'이 나타나면 출력을 멈추게 됩니다. 즉 문자열을 다룰 때에는 char 배열 이름을 사용하면 됩니다.

```
char nm[8]= "gildong";
char nm1[8]= {'g','i','l','d','o','n','g','\0'};

Serial.println(nm);  // gildong이 출력됨
Serial.println(nm1); // gildong이 출력됨
```

char 배열에서 첨자를 지정하여 한 글자씩 다룰 수 있습니다. 이때 첨자는 1이 아니라 0부터 시작합니다. 예를 들면 nm[3]은 네 번째 문자인 'd'를 나타냅니다.

```
char nm[8] = "gildong";
char one = nm[3];  // 'd'
```

다음 코드의 결과를 예상해봅시다.

```
char nm[8] = "gildong";
nm[3] = '\0';
Serial.println(nm);  // gil이 출력됨 nm[]: gil\0ong
```

여기서는 문자 'd'가 '\0'로 바뀌어서 문자열이 끝나게 됩니다. 그 뒤에 오는 문자는 무시됩니다. 그래서 nm[8]의 유효한 문자열은 "gil"입니다.

char 배열을 다루는 함수

다음 표는 문자열을 다루는 기본적인 함수를 소개하고 있습니다. 표에서 '|'은 '또는'이란 뜻입니다. cpy, cat, len, cmp는 각각 copy(복사), concate(연결), length(길이), compare(비교)에서 온 말입니다.

[표 3-10] 기본적인 문자열 함수

용도	함수 사용	설명
복사	**strcpy**(char배열, char배열|char포인터)	첫 인수에 두 번째 인수의 값을 복사함 (첫 인수에 원래 있던 값은 없어짐)
연결	**strcat**(char배열, char배열|char포인터)	첫 인수에 두 번째 인수의 값을 덧붙임
길이	**strlen**(char배열|char포인터)	인수의 문자 개수를 돌려줌
비교	**strcmp**(char배열|char포인터, char배열|char포인터)	1, 0, −1의 숫자를 돌려줌 • 1 : 첫 인수가 클 때 • 0 : 두 인수가 같을 때 • −1 : 첫 인수가 작을 때

[프로그램 3-3]에서는 char 배열을 다루는 기본적인 함수의 사용법을 보여주고 있습니다. 우선은 이 프로그램에 나오는 함수의 용도만 알고 있으면 됩니다. 이 책에서는 이러한 함수를 사용하기보다는 앞으로 배울 String 클래스를 사용하여 문자열을 처리합니다.

IDE에서 **[스케치]-[업로드]**를 선택한 후, **[툴]-[시리얼 모니터]**를 선택하면 시리얼 모니터 화면이 열립니다. 다음 프로그램을 업로드해보고 시리얼 모니터에 나타나는 결과를 확인합시다.

프로그램 3-3 char-array-functions

```
void setup() {
  Serial.begin(115200);
  Serial.println();

  char family[] = "Hong";
  char name[]  = "Gildong";
  char fullName[16];
  int len;

  //fullName = family; // 오류. 배열명은 상수임
  strcpy(fullName,family); // "Hong"
  strcat(fullName," ");    // "Hong "
  strcat(fullName,name);   // "Hong Gildong"
  len = strlen(fullName);  // len: 12

  Serial.println(fullName);
  Serial.println(len);

  //if (family == "hong" ) { // 오류
  // strcmp()=>1:첫문자열이 큼,0:같음,-1:작음
  if (strcmp(family,"Hong") == 0 ) {
    Serial.println("Value of family is equal to 'Hong'");
  }
```

```
  else {
    Serial.println("Value family is not equal to 'Hong'");
  }
}

void loop() {

}
```

실행 결과

```
Hong Gildong
12
Value of family is equal to 'Hong'
```

03 char 포인터

포인터란 메모리 상의 특정 주소를 나타냅니다. char *와 같이 변수형 다음에 *를 붙이면 그 변수형의 포인터 변수라는 의미입니다. 따라서 char *는 메모리 어딘가에 있는 문자열(즉 문자 배열)의 주소를 보관하게 됩니다. char 포인터 변수와 char 배열명은 속성상 둘 다 포인터를 표시합니다. 다만 char 배열명은 상수로 취급되어 중간에 값을 바꿀 수 없지만, char 포인터는 그 값을 바꿀 수 있습니다.

```
char nm[8] = "Gildong";
char * family = "Hong";
char * fullName;
fullName = nm;              // fullName : Gildong
fullName = family;          // fullName : Hong
fullName = "Hong Gildong"; // fullName : Hong Gildong
nm = "Hong Gildong";  // 오류. nm은 상수라서 변경 불가
```

C++에서 "Gildong"와 같은 문자열 상수는 널(null,'\0')로 끝나는 문자열의 포인터를 의미합니다. 즉 메모리 어디엔가 'G','i','l','d','o','n','g','\0'이라는 8개의 문자를 보관하고 첫 글자인 'G'의 포인터를 마치 문자열 상수인 것처럼 사용하게 됩니다. 그래서 문자열을 전달받는 변수의 속성은 char *로 선언되어 있어야 합니다.

```
char * family;
family = "hong";
```

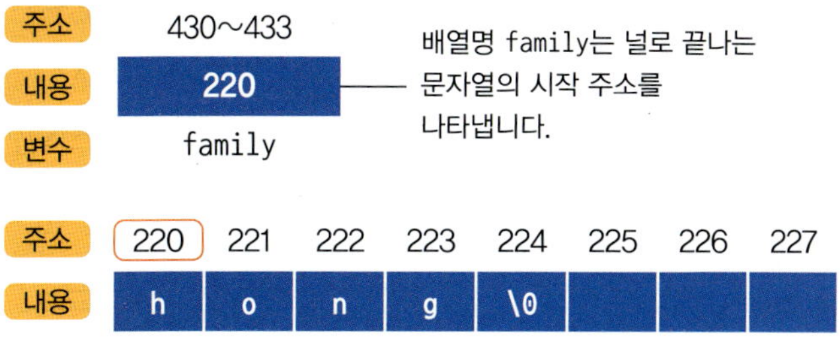

[그림 3-4] 문자 포인터 표현 방법

여기서 잠깐 **널(null)로 끝나는 문자열**

C++에는 문자열을 나타내는 변수형이 없습니다. 그러므로 문자 한 개를 표시하는 변수형인 char의 **'배열'** 또는 **'포인터'**를 응용해서 문자열을 표현합니다.

문자열은 문자의 연속으로, 시작과 끝이 있어야만 합니다. 시작점은 메모리상의 주소로 표현하고 끝은 널(null, '\0') 문자로 표시하면 문자열을 지정할 수 있습니다.

이처럼 시작 주소와 끝의 널 문자를 이용하여 **널로 끝나는 문자열**을 정의할 수 있습니다.

처음 C++을 공부하는 이에게는 어려운 개념이긴 하지만, char 배열명이나 char * 변수명은 모두 주소를 나타냅니다. 그래서 배열명이나 포인터 변수명으로 문자열을 나타낼 수가 있습니다.

C++에서 특별한 수식어 없이 '문자열'이라고 하면 **널로 끝나는 문자열**을 말합니다.

04 char 배열과 char 포인터의 사용 사례

초깃값을 갖는 문자열로 사용할 때

외부 라이브러리를 사용하는 경우 C++형의 문자열을 요구하는 경우가 있습니다. 이때는 다음과 같이 char 배열로 지정하면 됩니다. 여기에서 배열의 크기는 지정하지 않아도 컴파일러가 자동으로 처리해 줍니다.

```
char ssid[] = "mySsid";     // ssid[7] = "mySsid"
char pass[] = "myStrongPassword";  // pass[17] = "myStrongPassword"
```

다음과 같이 char 포인터로 지정해도 결과는 같습니다.

```
char * ssid = "mySsid";
char * pass = "myStrongPassword";
```

값을 변경하지 않는 상수의 용도로 char 배열이나 char 포인터를 정의할 때는 맨 앞에 const를 붙이는 것이 좋습니다.

다른 함수에서 사용할 버퍼를 정의할 때

다른 함수에서 사용할 char 배열을 정의해야만 할 경우도 있습니다. 다음은 뒤에서 나오는 String 오브젝트에서 사용할 char 배열의 크기를 정하는 예입니다.

```
char buf[16];
String nmStr = "Gildong";
nmStr.toCharArray(buf,16);
```

char buf[16]의 형식으로 16개의 요소를 갖는 문자 배열을 선언하고 있습니다. toCharArray()에 대해서는 뒤에서 다시 설명합니다.

여기서 잠깐 **char 배열 사용하기**

처음으로 C++를 공부하는 사람이 char 배열이나 char 포인터를 사용하여 문자열을 다루기는 쉽지 않습니다. strcpy(), strcat(), strcmp() 그리고 strlen() 등의 함수를 사용해야 할 뿐만 아니라, 추가적인 함수의 사용이 필요할 수도 있습니다.

또한 char 배열을 다루면서 첨자를 잘못 사용해서 프로그램 오류를 일으킬 확률도 높습니다. 그래서 특별한 이유가 아니면 char 배열이나 char 포인터 대신 String 오브젝트를 사용하기를 권합니다. String 오브젝트에 대해서는 다음 절에서 자세히 설명하겠습니다.

char 배열과 포인터의 개념이 완전히 이해되지 않는다고 고민할 필요는 없습니다. 우선 기본 원리만 이해하고 있으면 됩니다. C++에 익숙해질 때 좀 더 깊이 있게 공부를 하면 됩니다.

SECTION 05

String 클래스

C++의 기본 변수형을 이용하여 초보자가 문자열을 다루기는 어렵습니다. 아두이노에서는 이러한 문제를 해결하기 위해 String이라는 클래스를 만들었습니다. String 클래스는 문자열을 다루는 여러 기능을 함께 모아 둔 프로그램 묶음입니다.

여기서 잠깐 **String에 대한 오해**

초기 버전의 아두이노에서는 String 클래스가 메모리를 조금씩 잠식해서 메모리 부족 문제를 일으킨 적이 있었습니다. 그래서 아두이노에서는 String 클래스를 사용하면 안된다는 견해가 지금도 인터넷 상에 떠돌고 있습니다. 아마도 아두이노 우노에서는 프로그램의 전역 변수 영역이 2킬로바이트밖에 되지 않고, 게다가 String 클래스의 로직에 일부 오류가 있었기 때문에 야기된 문제였다고 생각됩니다.

현재는 String 클래스의 로직 오류 문제는 해결되었고, ESP8266의 경우에는 프로그램 수행에 사용되는 메모리가 80킬로바이트나 되기 때문에 String 클래스를 사용하는 데 별문제가 없습니다.

01 String 오브젝트 만들기

String 클래스는 그대로 사용할 수는 없고, 변수를 선언하듯이 필요할 때마다 오브젝트를 만들어서 사용하면 됩니다. 오브젝트를 만들 때 초깃값을 지정할 수도 있습니다.

```
String 오브젝트1;
String 오브젝트2 = "초깃값";
```

다음은 String 클래스를 사용해서 오브젝트를 만드는 예제입니다. 여기서는 fullName, name, family라는 3개의 오브젝트를 만들었습니다.

```
String fullName;
String name = "Gildong";
String family = "Hong";

fullName = family + " " + name; // Hong Gildong
fullName = String("Hong") + " " + "Gildong"; // hong gildong
fullName = "Hong" + " " + "Gildong"; // 오류
```

String 오브젝트에는 하나의 문자열은 직접 할당할 수 있습니다. 또한 +로 String 오브젝트를 몇 개든지 연결할 수 있습니다. 그러나 연결할 대상 중에 적어도 하나는 String 오브젝트 속성을 가지고 있어야 합니다. 모두 문자열 속성만 가지고 있으면 오류가 됩니다.

String은 클래스이고 fullName, name, family는 오브젝트입니다. String은 문자열을 표현하는 변수형이고 fullName, name, family는 문자열을 보관하는 변수와 같다고 생각해도 됩니다. 그러나 실제로는 변수가 아니라 오브젝트이기 때문에 오브젝트를 다루는 다양한 함수(메소드)를 사용할 수 있습니다.

여기서 잠깐 **문자열과 스트링**

앞으로는 이 책에서 한글로 '**스트링**'이라고 하면 String 클래스의 오브젝트를 말합니다. 또한 '**문자열**'이라고 하면 "Hong"처럼 표기한 **상수**나 char형의 배열 또는 char*로 선언된 **변수**를 말합니다.

02 다른 변수형을 스트링으로 변환하기

상수나 변수를 String으로 감싸주기만 해도 스트링으로 변환이 됩니다.

```
String(문자 또는 문자열)
String(숫자)
String(변수)
String(float형 변수 또는 상수, 소수점 이하 자릿수)
```

String을 이용해서 다양한 변수형을 스트링으로 바꿔봅시다. 스트링은 + 연산자로 연결할 수 있습니다.

프로그램 3-4 String-concat

```
001 void setup() {
002   Serial.begin(115200);
003   Serial.println();
004 
005   int h = 9;
006   String hStr = String(h);  // "9"
007 
008   int m = 8;
009   String mStr = String(m);  // "8"
010   if (mStr.length() == 1) {
011     mStr = '0' + mStr;      // "08"
012   }
013 
014   int s = 35;
015   String sStr = String(s);  // "35"
016 
017   float t = 27.56;
018   String tStr = String(t,1); // "27.6" (반올림)
019 
020   String longStr = hStr + ":" + mStr + ":" + sStr
021                    + "," + tStr;
022   Serial.println(longStr); // "9:08:35,27.6"
023 }
024 
025 void loop() {
026 
027 }
```

실행 결과

```
9:08:35,27.6
```

❶ **8~12행** : 스트링에 .length()를 붙이면 길이를 알려줍니다. 여기서는 한 글자로 된 스트링 앞에 0을 붙여서 두 글자로 된 스트링으로 만들고 있습니다.

```
길이 = 스트링.length();
```

❷ **17~18행** : `String()`의 두 번째 인수로 소수점 이하 자릿수를 지정할 수 있는데, 변환할 때 반올림됩니다. 생략하면 소수점 2자리까지 반올림하여 표시합니다.

```
스트링 = String(값, 소수점 이하 자릿수);
```

여기서 잠깐 **스트링.메소드( )**

스트링에는 다양한 함수를 붙여서 사용할 수가 있습니다. 오브젝트에 속한 함수를 특별히 메소드(method)라고 부릅니다. 메소드는 기본적으로 함수이기 때문에 ( ) 안에 인수(argument)를 지정할 수 있습니다. 인수가 없더라도 ( )는 있어야 합니다.

`mStr.length()` 에서 `length()`는 스트링 `mStr`의 길이를 나타내는 메소드입니다.

03 스트링에서 값 골라내기

다음은 "hh:mm:ss,nn.n" 형식으로 저장된 스트링에서 시간, 분, 초 그리고 온도를 골라내는 예제입니다.

프로그램 3-5 String-substring-val

```
void setup() {
  Serial.begin(115200); // IDE 시리얼 모니터 맨 아래에서 속도 선택
  Serial.println();     // 이상한 글자 회피하기 위해 자동 줄바꿈

  String longStr = "9:08:35,27.6"; // "hh:mm:ss,nn.n"

  int p1 = longStr.indexOf(":");        // 처음부터
  int p2 = longStr.indexOf(":",p1+1);   // p1+1부터
  int p3 = longStr.indexOf(",");        // 처음부터

  String hStr = longStr.substring(0,p1);    // p1 앞 글자까지
  String mStr = longStr.substring(p1+1,p2); // p2 앞 글자까지
  String sStr = longStr.substring(p2+1,p3); // p3 앞 글자까지
  String tStr = longStr.substring(p3+1);    // p3+1부터 끝까지
```

```
016     int h = hStr.toInt(); // 정수형으로 변환
017     int m = mStr.toInt(); // 정수형으로 변환
018     int s = sStr.toInt(); // 정수형으로 변환
019     float t = tStr.toFloat(); // float형으로 변환
020
021     Serial.println(h);
022     Serial.println(m);
023     Serial.println(s);
024     Serial.println(t);
025   }
026
027   void loop() {
028
029   }
```

실행 결과

```
9
8
35
27.60
```

❶ **5~9행** : indexOf()는 스트링에서 첫 번째 인수로 지정한 문자열이 있는 곳의 위치를 알려줍니다. 두 번째 인수는 찾기 시작하는 위치인데, 생략하면 처음부터 찾습니다. 만약 찾는 문자열이 첫 번째 글자이면 0을 돌려주고 없으면 −1을 돌려줍니다.

```
위치 = 스트링.indexOf(찾을 문자열);          // 처음부터 찾음
위치 = 스트링.indexOf(찾을 문자열, 찾기 시작하는 위치);
```

❷ **11~14행** : substring()은 정해진 범위의 문자열을 잘라서 돌려줍니다. 첫 인수 위치에서 시작하여 두 번째 인수 앞 글자까지 잘라냅니다. 두 번째 인수가 생략되면 마지막까지 자릅니다.

```
잘라낸 스트링 = 스트링.substring(시작 위치)  // 끝까지 자름
잘라낸 스트링 = 스트링.substring(시작 위치, 이 숫자 앞까지 자름)
```

❸ **16~19행** : toInt()와 toFloat()는 스트링을 int형과 float형의 값으로 돌려줍니다. 만약 온전한 숫자로 변환되지 못하면 0을 돌려줍니다.

```
int로 선언된 변수 = 스트링.toInt();
float로 선언된 변수 = 스트링.toFloat();
```

04 스트링을 문자열로 바꾸기

스트링 오브젝트의 다양한 메소드를 사용하면 대부분의 문자열 처리가 가능합니다. 그러나 그 결과를 문자열로 바꿔야 하는 경우가 생깁니다. 다음은 스트링을 char 배열로 바꾸는 프로그램입니다. 여기서는 스트링에서 바꾼 char 배열을 출력하고 있지만, 실제 상황에서는 다른 함수에 인수로 넘겨 줘야하는 경우가 대부분입니다.

프로그램 3-6 String-to-char-array

```
void setup() {
  Serial.begin(115200);
  Serial.println();

  String nameStr = "gildong";
  char buf1[10];
  char buf2[10];
  char buf3[10];

  nameStr.toCharArray(buf1,sizeof(buf1)); // sizeof(buf1): 10
  strcpy(buf2,buf1);
  strcpy(buf3,nameStr.c_str());

  Serial.println(buf1);
  Serial.println(buf2);
  Serial.println(buf3);
}

void loop() {

}
```

실행 결과

```
gildong
gildong
gildong
```

❶ **10행** : 메소드 toCharArray()는 스트링 nameStr을 문자열로 바꿔 char 배열인 buf1에 넣어줍니다. 두 번째 인수는 첫 번째 인수인 buf1의 크기입니다. sizeof(buf1)는 buf1의 길이를 나타내는데 여기서는 10입니다. 두 번째 인수를 지정하면 할당된 크기를 넘어서 문자가 복사되는 것을 방지할 수 있습니다.

```
스트링.toCharArray(바뀐 문자열이 들어갈 char 배열, char 배열의 크기);
```

여기서 잠깐 **sizeof 연산자에 대하여**

sizeof는 함수가 아니라 함수의 모양을 한 C++ 명령어(예약어)입니다. 이것은 지정한 배열이나 변수가 차지한 메모리의 크기를 나타냅니다.

❷ **11~12행** : 함수 strcpy()는 두 번째 인수인 char 배열을 첫 번째 인수인 char 배열로 복사합니다. 메소드 c_str()는 스트링을 (널로 끝나는) char 배열 형식으로 바꿔 돌려줍니다. c_str()은 스트링을 변환하여 바로 사용합니다.

```
strcpy(복사 받을 char 배열, 복사할 char 배열);
strcpy(복사 받을 char 배열, 복사할 스트링.c_str());
```

웹 페이지 **String의 메소드(함수) 사용법**

String 클래스에는 다양한 메소드(함수)가 있습니다. 이 메소드를 사용하는 방법을 안내합니다.

https://iotmaker.kr/iotbook-string

05 String을 활용한 추가 함수 AIM

Aim으로 시작하는 함수나 클래스는 저자가 만든 것입니다. 함수 AimSplit는 주어진 스트링을 구분 스트링 기준으로 잘라서 스트링 리스트 또는 스트링 배열에 넣어 줍니다. 스트링 리스트는 2개부터 5개까지 올 수 있습니다.

```
AimSplit(스트링, 구분 스트링, 스트링 리스트 …);
AimSplit(스트링, 구분 스트링, 스트링 배열, 스트링 배열 크기);
```

다음 프로그램은 앞에서 나온 [프로그램 3-5] String-substring-val을 함수 AimSplit를 사용해서 다시 쓴 것입니다. 두 프로그램을 직접 실행하여 비교해보시기 바랍니다.

프로그램 3-7 AimSplit

```
#include <AimSplit.h>
void setup() {
  Serial.begin(115200);
  Serial.println();

  String longStr = "9:08:35,27.6"; // "hh:mm:ss,nn.n"

  String timeStr;
  String hStr;
  String mStr;
  String sStr;
  String tStr;

  AimSplit(longStr,",",timeStr,tStr);
  AimSplit(timeStr,":",hStr,mStr,sStr);

  int h = hStr.toInt(); // 정수형으로 변환
  int m = mStr.toInt(); // 정수형으로 변환
  int s = sStr.toInt(); // 정수형으로 변환
  float t = tStr.toFloat(); // float형으로 변환

  Serial.println(h);
  Serial.println(m);
  Serial.println(s);
  Serial.println(t);
}
```

```

void loop() {

}
```

실행 결과

```
9
8
35
27.60
```

CHAPTER

03 연습문제

3.1 다음 코드에서 잘못 지정된 변수명을 모두 고르고, 잘못된 이유를 설명하세요.

```
bool isOn;
int Cnt;
int _newVal;
int prev_val;
int 2no;
int no2;
int no-2;
```

3.2 밑줄 친 부분을 바르게 수정하세요. Arduino\iotbook\chapter03\variable-exam에는 수정할 부분이 ###으로 표시되어 있습니다. 이 예제를 수정해서 예제 프로그램의 -exam을 -answer로 바꿔 저장하세요. 이후의 모든 연습문제의 프로그램은 이와 같은 형식으로 제공됩니다.

프로그램 3-8 variable-exam

```
int i;
void setup() {
  int j ___ ___;

  Serial.begin(115200);
  Serial.println();

  j++;
  i = j + i + 1;
  Serial.println(i);
}

void loop() {

}
```

3.3 다음 코드에서는 변수 d2에 소문자 'd'를 복사하려고 합니다. 코드에 제시된 변수를 이용하여 밑줄 친 부분을 채워서 연산식을 완성하세요.

프로그램 3-9 alpha-exam

```
char a1 = 'A';
char a2 = 'a';
char d1 = 'D';
char d2;  // 'd'

void setup() {
  Serial.begin(115200);
  Serial.println();

  d2 = __________;

  Serial.println(d2);
}

void loop() {

}
```

3.4 다음 프로그램은 스트링에서 2개의 숫자를 분리해서 출력합니다. 밑줄 친 부분을 채워서 코드를 완성하세요.

프로그램 3-10 substring-exam

```
String longStr = "12.5,323";
int commaPos;

String numStr1;
String numStr2;

float num1;
int num2;

void setup() {
  Serial.begin(115200);
  Serial.println();

```

```
  commaPos = longStr. ____(",");
  numStr1 = longStr.substring(0,________);
  numStr2 = longStr.substring(__________);

  num1 = numStr1._____();
  num2 = numStr2.toInt();

  Serial.println(num1);
  Serial.println(num2);
}

void loop() {

}
```

CHAPTER

04

선택문과 반복문 다루기

학습목표

- 조건문을 이해합니다.
- 관계연산자를 살펴봅니다.
- if … else if … else, for, while문을 이해합니다.

이 장의 실습 준비물

부품 이름	대체품	수량	용도
LOLIN(WEMOS) D1 mini	ESP8266 계열의 보드	1	마이크로컨트롤러
USB 마이크로 5핀 케이블		1	보드와 PC 연결

PREVIEW

대부분의 프로그램은 변수에 값을 복사하고, 변수의 값을 비교하여 논리 흐름의 순서를 바꾸거나 반복하는 기능으로 되어 있습니다.

논리의 기본은 조건문을 만들고 조건문에 포함된 조건식의 참과 거짓을 판별하는 데서 시작합니다. 이 장에서는 비교연산자와 논리연산자를 이용해서 참과 거짓을 판단하는 방법을 학습합니다.

가장 기본적인 선택문은 if문입니다. 그 확장인 if… else와 if… else if… else문을 사용하면 좀 더 정교한 선택을 할 수 있습니다. 숫자 하나를 기준으로 논리의 흐름을 가르는 경우에 대비하여 switch문도 익혀보겠습니다. 또한 배열을 사용하는 경우에는 for문을 이용하여 논리를 구성하는 경우가 많으므로 for문을 활용하는 전형적인 방법도 배워보겠습니다.

이 장을 마치면 프로그램에서 논리 흐름을 제어하는 대부분의 방법을 익히게 되어, 본인의 의사대로 프로그램 흐름을 제어하는 것이 가능해질 것입니다.

SECTION 01 조건문

01 참과 거짓

참인 경우만 실행하는 조건문

프로그램의 과정은 대부분 변수에 값을 넣고 그 값을 다른 값과 비교하여, 명령어의 실행 순서를 바꾸거나 반복합니다. 프로그램 실행 조건을 다루는 가장 기초적인 명령어는 **if문**입니다.

```
if (조건식) {
    // 참일 때 수행할 명령어가 옴
    // 명령어는 {}으로 묶음
}
```

if문 다음에 오는 조건식은 항상 ()로 묶습니다. if문은 조건식이 참일 때 {}로 묶은 명령어 그룹을 수행합니다. 변수형이 bool이면 그 값이 0, 1 두 가지만 있으므로 참 거짓이 명확합니다. 변수형이 int라면 0만 거짓이고 그 외의 모든 수는 참입니다. 즉 조건식이 숫자라면 그 값이 0이면 거짓이고, 그 외의 모든 값은 참입니다.

참과 거짓으로 나누어서 실행하는 조건문

조건식이 거짓인 경우에도 실행하기 위해서는 if문에 else문을 추가합니다.

```
if (조건식) {
    // 참일 때 수행할 명령어가 옴
    // 명령어는 {}으로 묶음
}
else {
    // 거짓일 때 수행할 명령어가 옴
    // 명령어는 {}으로 묶음
}
```

if문과 else문을 비롯한 선택문에 대해서는 2절에서 자세히 다룹니다.

02 비교연산자

조건식은 비교연산자로 표현되는 경우가 많습니다. 다음은 a, b 두 변수와 비교연산자를 이용해서 조건식을 만드는 예시입니다.

[표 4-1] 비교연산자

비교연산자	의미
a == b	a와 b가 같다
a != b	a와 b가 같지 않다
a > b	a가 b보다 크다
a >= b	a가 b보다 크거나 같다
a < b	a가 b보다 작다
a <= b	a가 b보다 작거나 같다

여기서 특히 주의해야 하는 연산자는 ==입니다. =와 혼동하면 안됩니다. 프로그램에 익숙한 사람도 ==와 =를 잘못 사용하는 실수를 하는 경우가 종종 있으므로 주의해야 합니다.

```
int a = 5;
int b = 5;
if (a == b)
  Serial.println("a equal to b");
}
```

a와 b는 같으므로 조건식은 참이 되어 "a equal to b"가 출력됩니다.

만약 실수로 다음과 같이 조건식을 적으면 수행 결과가 어떻게 될까요?

```
int a = 3;
int b = 5;
if (a = b) {
   Serial.println("a equal to b");
}
```

먼저 조건문 안의 a = b를 수행하면 a의 값이 5가 되고, 이 값은 참입니다. 그래서 조건식은 참이 되어 "a equal to b"가 출력됩니다. 만약 b의 값이 0이었다면 조건식은 거짓입니다.

앞의 예와 같이 ==를 =로 잘못 적는 실수를 범해도 컴파일러는 아무런 오류 메시지를 내지 않습니다.

03 논리연산자

앞에 나온 비교연산자는 두 값을 비교해서 참이나 거짓을 골라내는 연산자입니다. 반면에 논리연산자는 참 또는 거짓인 두 값을 이용해서 새로운 참이나 거짓을 찾아내는 연산자입니다. 논리연산자는 복합조건문을 만들 때 사용합니다. a와 b가 참 또는 거짓의 값을 가진 조건이라고 할 때 논리연산자로 표현하면 다음과 같습니다.

[표 4-2] 논리연산자

논리연산자	의미	설명
!a	논리 부정(NOT)	참과 거짓을 서로 바꿈
a && b	논리적 AND	둘 다 참일 때 참
a || b	논리적 OR	둘 중 하나가 참이면 참

[표 4-2]에서 특히 주의해야 할 점은 &와 |을 두 개씩 겹쳐서 사용한다는 점입니다. 하나씩 사용하면 비트연산자가 되는데, 논리연산자와는 완전히 다른 결과가 나오므로 주의합니다.

다음 프로그램을 올리고 결과를 확인해봅시다.

프로그램 4-1 rel-operator

```
void setup() {
  Serial.begin(115200);
  Serial.println();

  int a = 2;
  int b = 5;

  if (a  > 3 && b > 3) {
    Serial.println("[&&]it is true.");
  }
  else {
    Serial.println("[&&]it is false.");
  }

  if (a  > 3 || b > 3) {
    Serial.println("[||]it is true.");
  }
  else {
    Serial.println("[||]it is false.");
```

```
  }
}

void loop() {

}
```

실행 결과

```
[&&]it is false.
[||]it is true.
```

'a > 3'은 거짓이고 'b > 3' 은 참이므로 '거짓 && 참'은 거짓이고 '거짓 || 참'은 참입니다.

04 중첩된 조건문

선택이나 반복을 위한 논리식 안에 새로운 논리식을 제한 없이 중첩하여 사용할 수 있습니다. 이를 사용해서 복잡한 논리도 전개할 수 있습니다.

```
if (조건식) {
  // 참일 때 수행할 명령어 그룹
  if (조건식) {
    // 참일 때 수행할 명령어 그룹
  }
  else {
    // 거짓일 때 수행할 명령어 그룹
  }
}
else {
  // 거짓일 때 수행할 명령어 그룹
  if (조건식) {
    // 참일 때 수행할 명령어 그룹
  }
  else {
    // 거짓일 때 수행할 명령어 그룹
  }
}
```

SECTION 02 선택문

이 장의 첫 부분에서 잠시 살펴본 if문과 else문을 이용하면 복잡한 로직의 프로그램을 만들 수 있습니다. 하나의 변숫값을 기준으로 선택을 할 경우에는 switch문도 좋은 대안이 될 수 있습니다.

01 if문

```
if (조건식) {
  // 참일 때 수행할 명령어 그룹
}
```

조건식이 참일 때만 {} 안의 프로그램 그룹을 수행합니다. 조건에 맞는 명령어가 하나라면 {}을 지정하지 않아도 되지만 오류를 피하기 위해 항상 {}을 사용하는 경우가 많습니다.

다음은 시리얼 모니터에서 입력이 있는지를 확인하는 조건문입니다. 메소드 Serial.available()은 시리얼 통신용 입력 버퍼에 도착한 문자 수를 정숫값으로 알려줍니다. Serial.read()는 시리얼 통신용 입력 버퍼에서 한 글자를 읽어서 돌려줍니다. 한 글자를 읽으면 Serial.available()의 값도 1만큼 줄어듭니다.

```
if (Serial.available()) {
   char c = Serial.read();
   Serial.print(c);
}
```

만약 입력 버퍼에 문자 5개가 도착했다면 메소드 Serial.available()은 5를 돌려주므로 조건식은 참이 되어 {} 안의 명령어를 수행합니다. 결국 메소드 Serial.available()은 버퍼에 문자가 도착해 있으면 참이 됩니다.

02 if…else문

```
if (조건식) {
  // 참일 때 수행할 명령어 그룹
}
else {
  // 거짓일 때 수행할 명령어 그룹
}
```

조건식이 참일 때와 거짓일 때를 구분하여 {} 안의 프로그램 그룹을 수행합니다.

03 if…else if문

```
if (조건식) {
  //  조건식이 참일 때 수행할 명령어 그룹
}
else if (조건식n) {
   //  조건식n이 참일 때 수행할 명령어 그룹
}
```

여러 개의 조건식을 차례로 테스트하여 참일 때 {} 안의 프로그램 그룹을 수행합니다. else if문은 반복하여 나타날 수 있습니다.

04 if…else if…else문

```
if (조건식) {
  //  조건식이 참일 때 수행할 명령어 그룹
}
else if (조건식n) {
   //  조건식n이 참일 때 수행할 명령어 그룹
}
else {
  // 위의 모든 조건식이 거짓일 때 수행할 명령어 그룹
}
```

여러 개의 조건식을 차례로 테스트하여 참일 때 {} 안의 프로그램 그룹을 수행하고, 모든 조건식이 거짓이면 else문에 속한 {} 안의 프로그램 그룹을 수행합니다. else if문은 반복하여 사용할 수 있습니다.

05 | switch문

```
switch(정수형 변수) {
  case 값1 :
     // 변수가 값1과 같을 경우 수행할 명령어 그룹
     break;
  case 값n :
     // 변수가 값n과 같을 경우 수행할 명령어 그룹
     break;
  default:
     // 변수와 일치하는 값이 위에서는 없을 경우 수행할 명령어 그룹
}
```

switch문은 하나의 정수형 변숫값을 비교하여 여러 값으로 나누어서 수행할 때 사용하면 됩니다. if… else if …else문을 사용하는 것보다 프로그램 읽기가 쉽습니다.

case문은 여러 개 나타날 수 있습니다. case문 다음에 비교할 값이 오고 다음에 :이 옵니다. 이때 : 다음에 명령어의 첫 머리를 맞추면 읽기가 편합니다. 적절한 들여쓰기는 프로그램의 가독성을 높입니다.

case문은 break문으로 끝냅니다. break문이 없으면 그 다음 문장을 계속해서 수행하므로 주의해야 합니다.

switch문의 () 안에는 정수형 변수를 지정합니다. char 변수는 기본적으로 정수형이므로 지정할 수 있습니다. [프로그램 4-2]는 switch문을 사용하여 작성한 프로그램 예시입니다.

프로그램 4-2 switch

```
void setup() {
  Serial.begin(115200);
  Serial.println();

  char c = 'b';
  switch (c) {
    case 'a' : Serial.println("c='a'");
               break;
    case 98  : Serial.println("c='b'"); // 'b' = 98
               break;
    default  : Serial.println("default");
  }
}

void loop() {

}
```

실행 결과

```
c='b'
```

06 삼항 연산자(? :)

여러 줄로 표현되는 조건식을 한 줄로 표현할 때 ? :문을 사용할 수 있습니다.

```
변수 = 조건식 ? 참일 때 값 : 거짓일 때  값 ;
```

앞의 문장은 다음과 같은 의미입니다.

```
if (조건식)
  변수 = 참일 때 값;
else
  변수 = 거짓일 때 값;
```

다음 프로그램을 수행할 때 value의 값은 얼마일까요?

```
boolean status = true;
int value;
value = status ? LOW : HIGH;
digitalWrite(LED_BUITIN,value);
```

status는 참이므로 ? 다음에 오는 LOW가 value에 전달됩니다. 이는 다음과 같이 쓸 수도 있습니다.

```
boolean status = true;
int value;
if (status)
  value = LOW;
else
  value = HIGH;
digitalWrite(LED_BUITIN,value);
```

SECTION 03

반복문

프로그램의 일정 부분을 반복해서 수행하게 할 때는 while문과 for문을 사용하면 됩니다.

01 while문

```
while (조건식) {
   // 참일 때 수행할 명령어 그룹
}
```

조건식이 참일 때 {} 안의 프로그램 그룹을 수행하고, 조건식을 테스트해서 참이면 다시 수행하는 과정을 반복합니다. 중간에 벗어나고 싶으면 break문을 사용합니다. 중간에 나머지 코드를 무시하고 다시 반복하고 싶으면 continue문을 써도 됩니다.

다음은 0에서 10까지의 합계를 구하여 출력하는 프로그램입니다.

프로그램 4-3 sum-while

```
void setup() {
  Serial.begin(115200);
  Serial.println();

  int sum = 0;

  int i = 0;
  while(i<=10) {
    sum = sum + i;
    i++;
  }

  Serial.println(sum);
}

```

```
void loop() {

}
```

실행 결과

```
55
```

[프로그램 4-4]는 [프로그램 4-3]을 break문을 사용해서 다시 구현한 것입니다. 이 프로그램은 break문의 예를 들기 위해서 억지로 만든 것이며, [프로그램 4-3]의 로직이 일반적입니다.

프로그램 4-4 sum-while-break

```
void setup() {
  Serial.begin(115200);
  Serial.println();

  int sum = 0;

  int i = 0;
  while(1) {
    if (i <= 10) {
      sum = sum + i;
      i++;
    }
    else {
      break;
    }
  }

  Serial.println(sum);
}

void loop() {

}
```

실행 결과

```
55
```

while(1) 의 조건문은 항상 참이므로 {} 블록 안에서 break문으로 빠져 나오지 않으면 영원히 반복됩니다.

02 do while문

```
do {
  // 이 명령어 그룹은 먼저 한 번 수행되고,
  // 조건식이 참이면 계속 수행됨
} while(조건식) ;
```

조건식을 마지막 while문에서 테스트하므로 {} 안의 프로그램 그룹은 최소한 한 번은 수행됩니다. while문 다음에는 ;이 있어야 합니다. break문과 continue문을 사용할 수 있습니다.

03 for문

```
for ( 변수 선언문 ; 조건식; 매회 마지막 명령어 ) {
   // 명령어 그룹
 }
```

맨 처음에만 **변수 선언문**을 실행합니다. **조건식**이 참이면 명령어 그룹을 실행하고, **매회 마지막 명령어**를 실행한 후 다시 조건식 테스트를 반복합니다. 조건식이 거짓이면 수행을 마칩니다. 만약 **변수 선언문**이 없으면 비워 두고 ;으로 조건식과 구분합니다.

다음은 문자열을 복사하는 프로그램입니다.

```
char in[11] = "input data";
char out[11];
int size = 11;
for ( int i = 0; i < size; i++ ) {
   out[i] = in[i];
}
```

여기서 for문의 변수 선언문인 'int i = 0;'으로 선언된 변수 i는 for문의 {} 안에서만 유효한 지역 변수입니다. for문을 벗어나서 변수 i를 사용하면 오류입니다. 지역 변수는 선언된 {} 안에서만 유효합니다.

다음은 for문을 사용하여 0부터 10까지의 합계를 출력하는 프로그램입니다. 앞에서 나온 두 개의 프로그램과 비교해 보면 for문의 사용법을 명확히 알 수 있습니다.

프로그램 4-5 sum-for

```
void setup() {
  Serial.begin(115200);
  Serial.println();

  int sum = 0;

  for (int i = 0; i <= 10; i++) {
    sum = sum + i;
  }

  Serial.println(sum);
}

void loop() {

}
```

실행 결과

```
55
```

CHAPTER 04 연습문제

4.1 다음은 0에서 50까지의 숫자 중에서 짝수의 합을 구하는 프로그램입니다. 밑줄 친 부분을 채워서 완전한 프로그램으로 만드세요.

프로그램 4-6 sum-even-exam

```
void setup() {
  Serial.begin(115200);
  Serial.println();

  int sum = _____;
  const int maxNum = _____;

  for (int i = 0; i _____ maxNum; i++)
    if (i #### 2 == 0) {
      sum = sum + i;
    }
  }
  Serial.println(sum);
}

void loop() {

}
```

4.2 다음은 함수 random(1,5)을 사용하여 1~4 사이의 임의의 숫자를 발생시켜 num에 복사하는 프로그램입니다. 변수 num을 switch문을 사용하여 구분하고 해당 숫자를 출력합니다. 밑줄 친 부분을 채워서 완전한 명령어로 만드세요.

프로그램 4-7 Switch-random-exam

```
void setup() {
  Serial.begin(115200);
  Serial.println();

  int num = random(1,5); // 1~4,5(x)

  switch (num) {
    ____ 1 :  Serial.println("1");
              ____;
    ____ 2 :  Serial.println("2");
              ____;
    ____   :  Serial.println("etc");
              Serial.println(num);
  }
}

void loop() {

}
```

CHAPTER

05

시리얼 사용하기

학습목표

- 시리얼 통신의 기본 개념을 이해합니다.
- Serial 오브젝트와 시리얼 모니터의 관계를 이해합니다.
- Serial 오브젝트의 사용법을 학습합니다.
- key와 val을 이용한 통신 기법을 익힙니다.

이 장의 실습 준비물

부품 이름	대체품	수량	용도
LOLIN(WEMOS) D1 mini	ESP8266 계열의 보드	1	마이크로컨트롤러
USB 마이크로 5핀 케이블		1	보드와 PC 연결

PREVIEW

시리얼 통신은 정보 처리 기능이 있는 기기들 사이에 정보를 송수신하는 가장 기본적인 통신 방식입니다. 아두이노 보드와 PC는 중간에 USB를 경유하여 시리얼로 통신합니다.

이 장에서는 아두이노 보드에서 시리얼 통신을 담당하는 `Serial` 오브젝트의 사용법을 학습합니다. 특히 포맷된 형식으로 정보를 출력하는 방법을 자세히 다룹니다.

아두이노 보드에는 키보드나 모니터와 같은 주변 장치가 없기 때문에 PC의 시리얼 모니터는 아두이노의 상태를 모니터링하는 유용한 도구입니다. 이 장에서는 시리얼 모니터에서 입력한 데이터를 아두이노에서 적절한 변수형으로 바꿔 처리하는 법을 배웁니다.

SECTION 01

시리얼 통신

01 시리얼 통신이란?

대부분의 정보처리기기는 기본으로 시리얼 통신을 지원합니다. 시리얼 통신은 두 기기 간에 통신 속도를 미리 약속하고, 송수신 전담 회선을 각각 지정하여 데이터를 순차적으로 보내고 받습니다. 두 가닥의 데이터 회선만을 사용하고, 송수신 데이터의 동기화도 필요하지 않기 때문에 회로가 간단하고 경제적입니다.

보드에는 시리얼 통신을 지원하는 하드웨어 장치인 UART(Universal Asynchronous Receiver/Transmitter)가 장착되어 있습니다. UART에는 두 개의 데이터 핀이 있는데, TX(transmission)에서 데이터가 나와서 다른 기기의 RX(reception)로 들어갑니다. 그래서 TX는 다른 기기의 RX와 연결하고 RX는 다른 기기의 TX와 연결해야 합니다. 그리고 GND는 서로 연결해 둡니다.

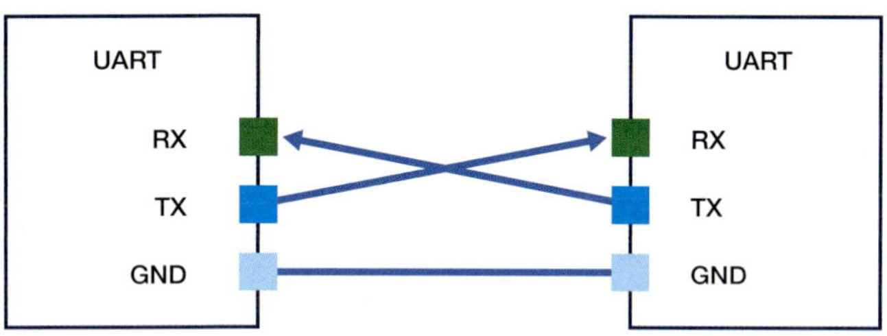

[그림 5-1] 시리얼 통신 개념도

02 아두이노 보드와 PC 간의 시리얼 통신

아두이노 보드와 PC는 모두 USB 모듈이 설치되어 있으므로, 두 기기는 USB 케이블로 연결합니다. 중간에 USB 모듈의 도움을 받기는 하지만 두 기기는 여전히 시리얼 통신을 하고 있습니다. PC에서 보드에 프로그램을 올리거나, 보드와 PC를 연결하여 데이터를 주고받을 때도 시리얼 통신을 이용합니다.

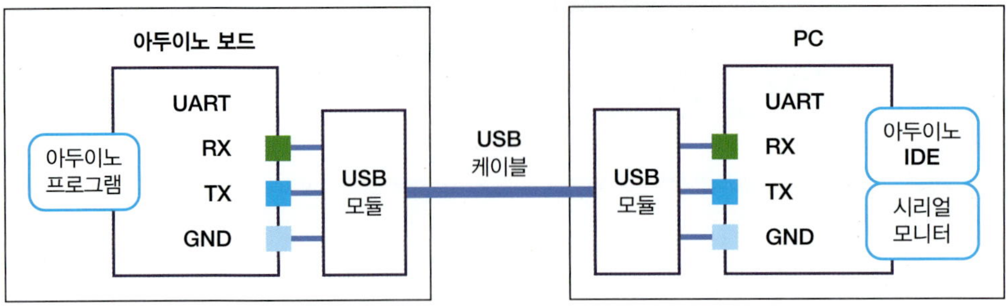

[그림 5-2] 아두이노 보드와 PC 연결 개념도

아두이노에는 시리얼 통신을 담당하는 Serial이라는 오브젝트가 미리 생성되어 있습니다. 따라서 아두이노 우노나 D1 mini에서는 Serial 오브젝트를 이용해서 통신할 수 있습니다. 시리얼 통신 장치(UART)가 여러 개 있는 보드에서는 Serial1, Serial2 등의 오브젝트를 추가로 사용할 수 있습니다.

아두이노 보드가 다른 아두이노 보드에 시리얼로 연결되면 양측은 Serial 오브젝트를 사용해서 통신하게 됩니다.

아두이노에서 PC로 보낸 데이터는 시리얼 모니터에 출력됩니다. 시리얼 모니터에서 데이터를 입력하면 데이터는 아두이노로 전송됩니다. 즉 사용자는 PC의 시리얼 모니터를 통해 아두이노의 Serial 오브젝트와 통신할 수 있습니다.

여기서 잠깐 **다양한 통신 방법**

- **I2C 통신**

I2C는 IIC(Inter-Integrated Circuit)를 다르게 표현한 말입니다. TWI(Two Wire Interface)라고도 합니다. I2C는 전자 제품을 만들 때 여러 부품들을 상호 연결하는 용도로 만든 통신 규약입니다.

마이크로프로세서의 핀에 부품들을 연결하다 보면 핀이 부족한 경우가 생길 수 있습니다. I2C는 이러한 문제를 해결하기 위해서 고안한, 핀에 종속되지 않고 회로를 공유할 수 있는 방식입니다.

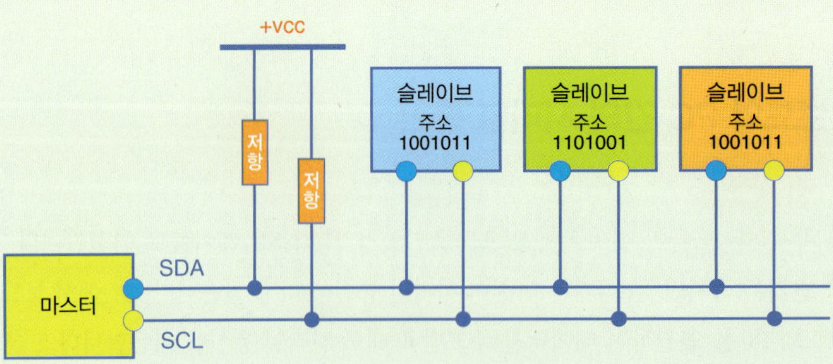

[그림 5-3] I2C 통신 개념도

I2C에서는 정보 전달을 위해 SDA(Serial Data)와 SCL(Serial Clock)이라는 두 개의 회선을 공동으로 사용합니다. 하나의 I2C 통신 버스에는 여러 개의 마스터와 슬레이브가 최대 112개까지 접속될 수 있습니다. 보통의 경우에는 아두이노 보드가 '마스터'가 되고 여기에 연결되는 부품이 '슬레이브'가 됩니다. 슬레이브는 각각의 주소로 구분됩니다. D1 mini에서는 OLED나 DHT12 실드가 I2C 통신 방식으로 접속됩니다.

• SPI 통신

SPI(Serial Peripheral Interface)는 UART나 I2C와 같이 직렬 통신 방식에 속합니다. SPI 통신 방식에서는 4개의 핀을 사용합니다. 이 중에서 SCK, MOSI, MISO핀은 버스 형식으로 공유할 수 있습니다. 슬레이브 선택(SS) 핀은 마스터의 선택(SS) 핀과 각각 별도로 연결되어야 하므로 마스터에는 슬레이브 숫자만큼의 SS핀이 필요합니다.

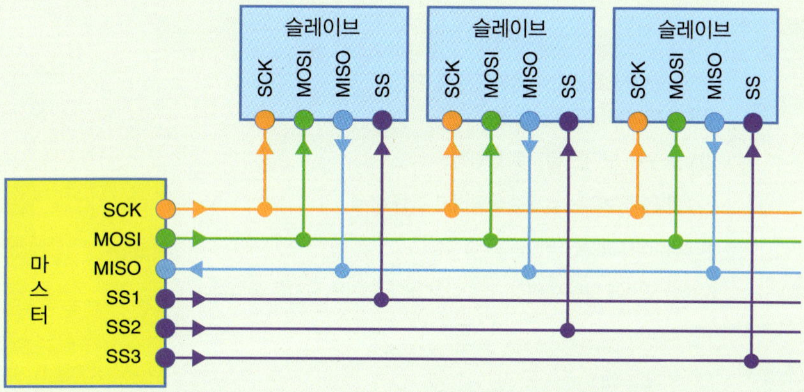

[그림 5-4] SPI 통신 개념도[1]

SPI 통신 방식은 회로가 간단하고 양방향으로 동시에 빠르게 데이터를 송수신할 수 있습니다. I2C 방식에 비하여 속도가 월등히 빠릅니다. 그래서 데이터 전송 속도가 중요한 SD카드, 무선 통신 모듈, 고해상도 디스플레이 등에 사용됩니다.

1 SCK : System Clock, MOSI : Master Out Slave In, MISO : Master IN Slave Out, SS : Slave Select

SECTION 02

시리얼 모니터로 출력하기

아두이노 보드에서 Serial 오브젝트를 이용하여 PC로 데이터를 전송하면, 아두이노 IDE에 포함되어 있는 시리얼 모니터 프로그램은 수신된 내용을 화면에 표시합니다.

[표 5-1] Serial의 출력 메소드

메소드	의미
begin(송수신 비트 수)	초기화하면서 초당 송수신 비트 수를 지정함 주로 115200을 지정하면 됨
print(출력할 값)	인수를 눈에 보이는 글자로 출력함
println(출력할 값)	인수를 눈에 보이는 글자로 출력하고 줄을 바꿈
write(숫자 값)	메모리상의 내용을 1바이트로 출력함
printf(출력 포맷, 값 리스트)	지정한 포맷에 맞춰서 여러 개의 값을 눈에 보이는 글자로 출력함

여기서 잠깐 **오브젝트와 메소드**

클래스(class)는 오브젝트를 만들 수 있는 틀입니다. 클래스를 이용해서 오브젝트를 몇 개든지 만들 수 있습니다. 이렇게 만든 오브젝트는 여러 기능을 수행할 수 있는데 이러한 기능을 메소드(method)라고 합니다. 실제로 메소드는 함수로 구현되어 있으므로 인수를 사용할 수 있습니다. 인수가 없더라도 ( )는 붙여 둬야 합니다. 오브젝트와 메소드는 '.'으로 연결해야 하고, 그 사이에 빈칸이 있으면 안됩니다.

```
오브젝트.메소드(인수 리스트)
```

01 begin()

```
Serial.begin(통신 속도);
```

Serial 오브젝트를 사용하기 위해서는 통신 속도인 '보 레이트(baud rate)'를 지정해야 합니다. D1 mini에서는 115200으로 지정하면 무난합니다.

다음은 시리얼 모니터에 'Hello!!'라는 문자열을 출력하는 프로그램입니다.

프로그램 5-1 serial-hello

```
void setup() {
  Serial.begin(115200); // IDE 시리얼 모니터 맨 아래에서 속도 선택
  Serial.println();  //쓰레기 글자를 회피하기 위한 자동 줄바꿈
  Serial.println("Hello!!");
}

void loop() {

}
```

실행 결과

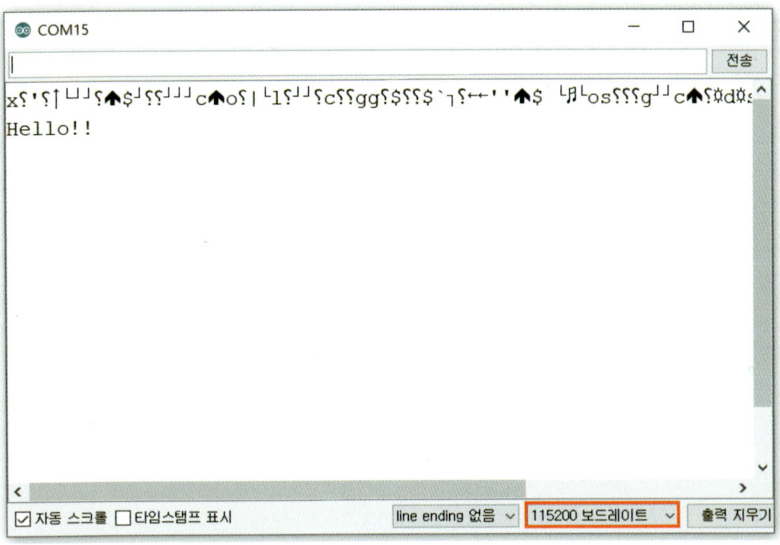

[그림 5-5] serial-hellow 수행 결과

IDE에서 **[툴]-[시리얼 모니터]**를 지정하면 PC에 시리얼 모니터가 열립니다. 시리얼 모니터의 하단에도 `Serial.begin()`에서 정한 통신 속도인 **'115200 보드레이트'**를 선택해야 합니다.

`Serial.begin()`을 실행하면 쓰레기 문자가 출력되는데 원하는 값을 구분하기 위해 `Serial.println()`을 연달아 실행하여 출력 위치를 다음 줄로 바꿔 놓습니다.

02 print()

```
Serial.print(val);
Serial.print(val,format);
Serial.println(val);
Serial.println(val, format);
```

Serial.print()는 값을 문자, 문자열 또는 10진수 숫자 형식으로 출력하지만, format으로 DEC, BIN, OCT, HEX를 지정하면 val의 값을 각각 10진수, 2진수, 8진수, 16진수로 출력합니다. Serial.println()의 인수 지정 방법은 Serial.print()와 같습니다.

다음은 format에 따라 출력값이 어떻게 달라지는지를 보여주는 프로그램입니다.

프로그램 5-2 serial-format

```
void setup() {
  Serial.begin(115200); //IDE 시리얼 모니터 맨 아래에서 속도 선택
  Serial.println();  // 쓰레기 글자를 회피하기 위한 자동 줄바꿈

  char c = 'a';
  Serial.println(c);      // a
  Serial.println(c,DEC);  // 97
  Serial.println(c,BIN);  // 01100001 (출력 시 앞의 0은 생략)
  Serial.println(c,HEX);  // 61

  float f = 35.657;
  Serial.println(f);     // 35.66
  Serial.println(f,1);   // 35.7
  Serial.println(f,0);   // 36

}

void loop() {

}
```

실행 결과

```
a
97
1100001
61
35.66
35.7
36
```

val이 `float`형의 값이면 format으로 소수점 이하 자릿수를 지정할 수 있습니다. 이때 format이 생략되면 2자리로 처리됩니다. `float`형은 자릿수에 맞춰 반올림되어 표시됩니다.

03 write()

```
Serial.write(byte형 val);
Serial.write(문자|문자열);
```

다음은 `Serial.print()`와 `Serial.write()`의 출력 형식을 비교할 수 있는 프로그램입니다.

프로그램 5-3 serial-write

```
void setup() {
  Serial.begin(115200);
  Serial.println();

  Serial.println("-----문자");
  char c = 'a';
  Serial.println(c); // a
  Serial.write(c);   // a

  Serial.println("\n-----문자열");
  char s[] = "abc";
  Serial.println(s); // abc
  Serial.write(s);   // abc

  Serial.println("\n-----byte");
  byte b = 97; // 아스키 값 97 : 'a'
```

```
  Serial.println(b); // 97
  Serial.write(b);   // a
  Serial.println();
}

void loop() {

}
```

실행 결과

```
-----문자
a
a
-----문자열
abc
abc
-----byte
97
a
```

문자, 문자열을 출력하는 경우 Serial.print()와 Serial.write()의 결과가 같습니다.

숫자를 출력하는 경우에는 다음과 같은 차이가 있습니다.

- Serial.print() : 눈에 보이는 숫자로 바꿔서 보여줍니다.
- Serial.write() : 메모리 내용을 그대로 보냅니다. 숫자 97은 아스키 코드로는 'a'를 말합니다.

Serial.write()를 사용하여 숫자를 전송하면 데이터양이 줄어들어서 통신 속도를 올릴 수 있지만 다루기가 까다롭습니다. 그래서 Serial.write()는 꼭 필요할 때만 사용하는 것이 좋습니다.

04 | printf()

```
Serial.printf(format, 값 리스트 …);
```

Serial.printf()의 첫 인수는 출력을 위한 포맷인데, 문자열로 표시합니다. 포맷 중에서 %로 시작하는 형식은 다음에 오는 값 리스트(인자)와 하나씩 대응됩니다. 이 방식은 Serial.print()를 사용하는 것보다 훨씬 직관적입니다. 아두이노 우노에서는 이 메소드가 용량 문제로 구현되어 있지 않습니다.

[표 5-2] 주요 포맷 형식

형식	출력 내용
%c	ASCII 문자
%d	부호 있는(signed) 정수
%nd	최소 n자리 정수, 자리가 남으면 빈칸(n은 숫자)
%0nd	최소 n자리 정수, 자리가 남으면 0으로 채움(n은 숫자)
%u	부호 없는(unsigned) 정수
%x	16진수로 표시
%0nx	최소 n자리 16진수, 자리가 남으면 0으로 채움(n은 숫자)
%f	부동 소수점수, 소수점 이하 6자리(2자리 아님)
%.nf	부동 소수점수, 반올림하여 소수점 이하 n자리(n은 숫자)
%s	문자열(인자로 문자열을 지정하며 스트링을 인자로 사용하려면 스트링.c_str()로 지정해야 함)

다음은 Serial.printf()의 주요 포맷을 사용하여 만든 프로그램입니다.

프로그램 5-4 serial-printf

```
void setup() {
  Serial.begin(115200);
  Serial.println();

  Serial.printf("-----출력 자릿수\n");
  int hh = 5;
  int mm = 9;
  int ss = 25;
  Serial.printf("d  > %d:%d:%d\n",hh,mm,ss);
  Serial.printf("2d > %2d:%2d:%2d\n",hh,mm,ss);
```

```
  Serial.printf("02d> %02d:%02d:%02d\n",hh,mm,ss);

  Serial.printf("-----소수점\n");
  float temp = 35.456;
  Serial.printf("init> 35.456\n");
  Serial.printf("f   > %f\n",temp);
  Serial.printf(".2f > %.2f\n",temp);
  Serial.printf(".0f > %.0f\n",temp);

  Serial.printf("-----진법\n");
  char c = 'a';
  Serial.printf("char[%c],dec[%d],hex:[%02x]\n",c,c,c);

  Serial.printf("-----문자열,스트링\n");
  char family[] = "Hong";
  String name = "Gildong";
  Serial.printf("성은 %s이요,이름은 %s이라\n",family,name.c_str());

  Serial.printf("-----unsigned long\n");
  unsigned long mil = millis();
  Serial.printf("millis()=%u\n",mil);
}

void loop() {

}
```

실행 결과

```
-----출력 자릿수
d  > 5:9:25
2d >  5: 9:25
02d> 05:09:25
-----소수점
init> 35.456
f   > 35.456001
.2f > 35.46
.0f > 35
-----진법
char[a],dec[97],hex:[61]
-----문자열,스트링
성은 Hong이요,이름은 Gildong이라
-----unsigned long
millis()=86
```

- **정수의 자릿수**

  %2d와 같이 지정하면 자리수가 부족할 때 빈칸으로 표시되고 %02d와 같이 지정하면 부족한 자리는 0으로 표시됩니다.

- **소수점 자릿수**

  %f로 지정하면 소수점 이하 6자리까지 표시합니다. 반면에 Serial.print()에서는 소수점 2자리까지 나타냅니다.

- **문자열과 스트링**

  %s는 문자열에 대응합니다. 스트링에는 대응하지 않으므로 스트링.c_str() 형식으로 지정해야 합니다.

- **\n 으로 줄바꾸기**

  포맷에 \n을 지정하여 줄바꿈을 할 수 있습니다. 주로 마지막 부분에 삽입하게 되지만, 처음이나 중간에도 삽입할 수 있습니다.

여기서 잠깐 AimStringf() **함수**

AimStringf() 함수를 사용하면 포맷팅된 결과를 스트링으로 넘겨줄 수 있습니다.
함수를 사용하려면 먼저 라이브러리를 추가합니다.

```
#include <AimStringf.h>
```

포맷팅된 결과는 스트링으로 받을 수 있습니다.

```
int hh = 5,mm = 9, ss = 25;
String timeS = AimStringf("%d:%02d:%02d",hh,mm,ss);
```

SECTION 03

시리얼 모니터에서 입력받기

이 절에서 사용할 Serial의 입력과 관련된 메소드를 간단히 정리하면 다음과 같습니다.

[표 5-3] Serial의 입력 메소드

메소드	의미
begin(송수신 비트 수)	초기화하면서 초당 송수신 비트 수를 지정
available()	입력 버퍼에 도착한 문자의 개수를 반환
read()	입력 버퍼에서 한 글자를 읽어서 반환
parseInt()	입력 버퍼에서 정수가 되는 부분까지 읽은 후 정수로 바꿔서 반환
parseFloat()	입력 버퍼에서 소수점 있는 수가 되는 부분까지 읽은 후 float로 바꿔서 반환
readStringUntil(끝 표시 문자)	끝 문자로 표시된 문자가 나오기 전까지 읽어서 지정한 배열에 삽입

01 입력한 내용을 그대로 출력하기

다음은 시리얼 모니터에서 입력한 내용을 그대로 다시 출력하는 프로그램입니다.

프로그램 5-5 serial-read-echo

```
void setup() {
  Serial.begin(115200);
  Serial.println();
}

void loop() {
  while(Serial.available()) {
    char c = Serial.read();
    Serial.print(c);
  }
}
```

입력된 문자를 처리하는 방법

다음은 입력된 문자를 처리하는 전형적인 루틴입니다.

```
while(Serial.available()) {
  char c = Serial.read();
  // 후속 처리
}
```

시리얼 모니터에서 데이터를 입력하면 보드의 수신 버퍼에 도착하게 됩니다. 이때 프로그램에서는 Serial.available()을 통해 도착된 문자수를 알 수 있습니다. 문자수가 0이 아니면 Serial.read()를 호출하여 한 글자씩 읽어 올 수 있습니다. 그때마다 Serial.available()이 알려주는 숫자는 1씩 줄어드는데 0이 되면 while()을 벗어나게 됩니다.

추가 입력 문자 선택하기

[프로그램 5-5]를 실행한 후 시리얼 모니터를 열어서 **'추가 입력 문자'**를 '새 줄'로 바꿉니다.

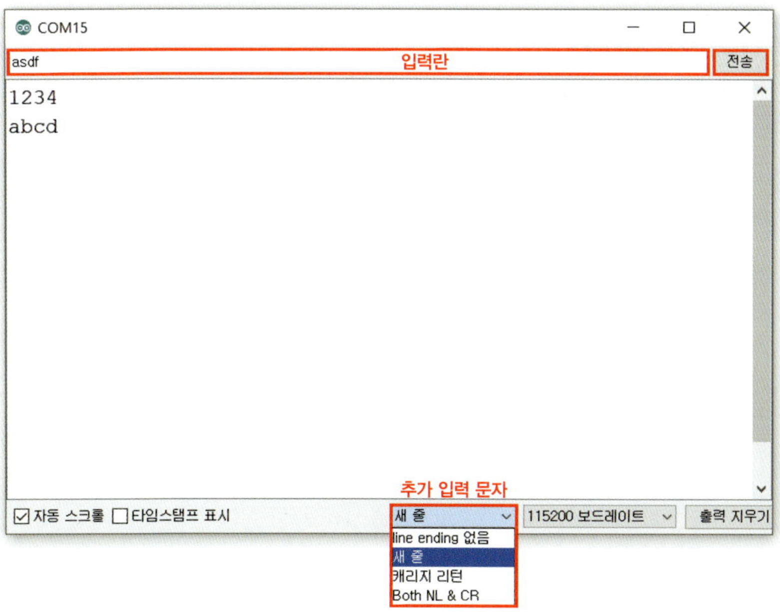

[그림 5-4] 시리얼 모니터에서 추가 입력 문자 선택하기

입력란에 '1234'를 입력한 후 **[전송]** 버튼을 누르고, 'abcd'를 입력한 후에도 **[전송]** 버튼을 누릅니다.

실행 결과

```
1234
abcd
```

'1234'를 입력한 후 **[전송]** 버튼을 누르면 '1234'와 함께 **'새 줄'**을 나타내는 문자(아스키 코드 10)가 연달아 전송됩니다. 그래서 'abcd'는 다음 줄에 출력됩니다.

[표 5-4] 추가 입력 문자

추가 입력 문자	추가로 입력되는 문자
line ending 없음	추가 입력 문자 없음
새 줄	"\n" : New Line, Line Feed, 아스키 코드10
캐리지 리턴	"\r" : Carriage Return, 아스키 코드13
Both NL & CR	"\r\n" : Carriage Return + New Line

추가 입력 문자로 'line ending 없음'을 선택하고 데이터를 입력하면 출력할 때 줄이 바뀌지 않습니다.

02 int, float, 문자열 입력받기

key와 val

시리얼 통신으로 정보를 주고받을 때에는 데이터 형식을 먼저 정해야 합니다. 이때 데이터 이름(key)과 값(val)을 한 쌍으로 주고받으면 편합니다.

c라는 key와 123이라는 val을 한 쌍으로 해서 시리얼 모니터에 입력할 때는 'c123' 또는 'c 123'으로 입력합니다. 즉 key와 val 사이에는 빈칸을 넣어도 됩니다.

[표 5-5]와 같이 송수신 데이터 형식을 설계하고, 시리얼 모니터에서 입력한 데이터를 처리하는 프로그램을 작성해봅시다.

[표 5-5] key, val 데이터 형식 설계

데이터	key	val의 데이터 형식	val의 변수 이름	입력 예
개수	c	int	cnt	c125 또는 c 125
온도	t	float	temp	t26.6 또는 t 26.6
이름	n	String, 문자 끝에 ;	name	ngildong;

프로그램 5-6 serial-read-key-val

```
int cnt;
float temp;
String name;

void setup() {
  Serial.begin(115200);
  Serial.println();
}

void loop() {
  while(Serial.available()) {
    char c = Serial.read();
    if (c == 'c') {
      cnt = Serial.parseInt();
      Serial.printf("count=%d\n",cnt);
    }
    else if (c == 't') {
      temp = Serial.parseFloat();
      Serial.printf("temp=%f\n",temp);
    }
    else if (c == 'n') {
      name = Serial.readStringUntil(';');
      Serial.printf("name=%s\n",name.c_str());
    }
  }
}
```

[표 5-5]의 '입력 예'에 따라 입력한 후 출력 결과를 살펴봅시다.

실행 결과

```
count=125
temp=26.600000
name=gildong
```

먼저 한 글자를 읽어서 key를 알아내고, val의 데이터 형식에 맞는 메소드를 선택해서 읽으면 됩니다.

03 시리얼 모니터에서 LED 제어하기

다음은 시리얼 모니터에서 명령어를 입력하여 내장 LED를 ON/OFF하는 프로그램입니다.

프로그램을 실행하고 시리얼 모니터에서 'm 1' 또는 'm 0'을 입력한 후 LED의 변화를 살펴봅시다.

프로그램 5-7 serial-led-onoff

```
#define LED_PIN LED_BUILTIN
#define LED_ON  LOW
#define LED_OFF HIGH

int ledVal;

void setup() {
  Serial.begin(115200);
  Serial.println();
  pinMode(LED_PIN,OUTPUT);
}

void loop() {
  while(Serial.available()) {
    char c = Serial.read();
    if (c == 'm') {
      int val = Serial.parseInt();
      /*
      if (val == 1) {
        ledVal = LED_ON;
      }
      else {
        ledVal = LED_OFF;
      }
      */
      ledVal = val ? LED_ON : LED_OFF;
      digitalWrite(LED_PIN,ledVal);
    }
  }
}
```

이 프로그램을 실행하면 LED가 켜집니다. 왜냐하면 pinMode(핀,OUTPUT)을 지정하면 핀에 LOW값이 출력되고, 전원 싱킹 방식으로 연결된 LED가 켜지기 때문입니다. 따라서 LED를 꺼 두고 싶으면 다음과 같이 명확히 지정해야 합니다.

```
pinMode(LED_PIN,OUTPUT);
digitalWrite(LED_PIN,LED_OFF);
```

삼항 연산자

```
받은 값 = 조건식 ? 참일 때의 값 : 거짓일 때의 값;
```

삼항 연산자는 ?와 :입니다. 세 항목으로 된 연산식을 만들 수 있기 때문에 삼항 연산자라고 합니다.

여러 줄에 걸친 코드를 한 줄에 적을 수 있어서 간결하게 보이지만, 조건식이 복잡하면 오히려 난해한 코드가 될 수도 있습니다. 뒤에서 배울 Node-RED의 스크립트를 작성할 때 삼항 연산자를 꼭 써야 하는 경우도 있습니다.

```
ledVal = val ? LED_ON : LED_OFF;
```

위 코드를 다음과 같이 바꿀 수 있습니다.

```
if (val == 1) {
  ledVal = LED_ON;
}
else {
 ledVal = LED_OFF;
}
```

여기서 잠깐 **AimSerial 클래스**

[프로그램 5-7]은 시리얼 모니터에서 아두이노 보드로 정보를 전송하는 좋은 예입니다. 그러나 실제 업무에 적용할 때는 이 책에서 제공하는 AimSerial 클래스를 이용하면 훨씬 융통성 있게 key와 val을 입력받을 수 있습니다. AimSerial 클래스는 이 책의 9장에서 자세히 설명합니다.

CHAPTER 05 연습문제

※ (5.1~5.2) 다음 빈칸에 알맞은 용어를 넣으세요.

5.1 ( ) 통신은 별도의 시계 기능 없이 데이터 송신 포트인 TX와 수신 포트인 ( ) 포트를 서로 연결하여 통신하는 방식입니다.

5.2 ( ) 오브젝트는 아두이노에서 시리얼 기능을 담당합니다. ( )은(는) PC에서 시리얼 통신을 담당하는 범용 소프트웨어입니다.

5.3 다음 프로그램에서는 변수 hh, mm, ss의 값을 시리얼 모니터에서 입력받은 후 포맷하여 다시 시리얼 모니터에 출력하고 있습니다. hh의 값이 두 자리이면 'xx:xx:xx' 형식으로 출력하고, 한 자리이면 'x:xx:xx' 형식으로 출력합니다. 밑줄 친 곳에 올바른 명령어를 넣어 완전한 프로그램으로 만드세요.

데이터	key	val의 데이터 형식	val의 변수 이름	입력 예
시간	h	int	hh	h8 또는 h 8
분	m	int	mm	m25 또는 m 25
초	s	int	ss	s45또는 s 45

프로그램 5-8 serial-read-key-val-exam

```
int hh,mm,ss;

void setup() {
  Serial._____(115200);
  Serial.println();
  Serial.println("Input key[h|m|s] val");
}

void loop() {
  while(Serial.________()) {
    char c = Serial.read();

    if (c == 'h') {
      hh = Serial.________();
      Serial.printf("hh=%2d\n",hh);
    }
    else if (c == 'm') {
      mm = Serial.________();
      Serial.printf("mm=%2d\n",mm);
    }
    else if (c == 's') {
      ss = Serial.________t();
      Serial.printf("ss=%2d\n",ss);
    }
    else {
      // CR,LF나 다른 key가 읽히면 while()로 바로 감
      // 즉 continue 아래에 명령어가 오는 경우
      // 불필요하게 수행되는 것을 방지
      continue;
    }

    Serial.printf("%___________\n",hh,mm,ss);
  }
}
```

CHAPTER

06

논블로킹 프로그램 만들기

학습목표

- 블로킹과 논블로킹 프로그램 기법의 차이를 이해합니다.
- `millis()` 함수의 사용법을 익힙니다.
- 스위치 변수의 역할을 이해합니다.
- 인터럽트와 ISR의 사용법을 익힙니다.
- 타이머 사용법을 이해합니다.

이 장의 실습 준비물

부품 이름	대체품	수량	용도
LOLIN(WEMOS) D1 mini	ESP8266 계열의 보드	1	마이크로컨트롤러
USB 마이크로 5핀 케이블		1	보드와 PC 연결

PREVIEW

아두이노 프로그램은 물리적인 환경을 다루기 때문에 외부의 자극에 대해 실시간으로 반응하는 것이 중요합니다. 마이크로컨트롤러가 특정 기능을 수행하는 데 매여 있으면 다른 일은 놓치게 되기 때문입니다. 논블로킹 프로그래밍 기법은 마이크로컨트롤러가 여러 일을 동시에 처리하도록 하는 기법입니다.

이 장에서는 논블로킹 기법으로 프로그램을 만드는 방법을 공부합니다. 특히 `millis()` 함수와 스위치 변수를 사용하여 논블로킹 프로그램을 만드는 과정을 자세히 설명합니다. 또한 인터럽트와 ISR에 대한 개념을 익히고, 시스템이 제공하는 타이머를 사용하는 방법을 익힙니다.

SECTION 01 주기적으로 if 블록 실행하기

01 1초마다 if 블록 실행하기

아두이노 프로그램에는 setup()과 loop()라는 함수가 기본으로 들어 있습니다. setup()은 단 한 번 수행되고, 이후에는 loop()가 반복적으로 수행된다는 것은 2장에서 이미 배웠습니다.

그러면 loop()는 얼마나 빠르게 반복해서 실행될까요? [프로그램 6-1]은 1초 동안에 loop()가 몇 번이나 실행되는지 세어서 출력하는 프로그램입니다.

프로그램 6-1 loop-count

```
void setup() {
  Serial.begin(115200);
  Serial.println();
}

void loop() {
  static unsigned long loopCnt = 0;
  static unsigned long nextMil = millis() + 1000;

  loopCnt++; // loopCnt = loopCnt + 1;

  if (millis() > nextMil) {
    nextMil = millis() + 1000;
    Serial.println(loopCnt);
    loopCnt = 0;
  }
}
```

다음은 시리얼 모니터에 나타난 LOLIN(WEMOS) D1 mini에서의 실행 결과입니다. 1초 동안 약 9만 회 이상으로 상당히 많은 횟수를 실행하는 셈입니다. 실제 실행 횟수는 보드마다 다르므로 9만 회보다 낮은 횟수가 나올 수도 있습니다.

실행 결과

```
…
94557
94653
94657
94671
…
```

❶ **7~8행** : loopCnt, nextMil이라는 두 개의 지역 변수를 선언합니다. 이 변수는 loop() 안에서만 사용되므로 지역 변수로 선언합니다. 그러나 지역 변수는 다음에 실행될 때 이전 값을 잃어버리기 때문에 loopCnt와 nextMil은 그 값을 유지하기 위해서 **static**을 사용했습니다.

변수 loopCnt는 unsigned long으로 선언했으므로 약 42억까지 나타낼 수 있습니다. 만약 이 변수를 int로 선언한다면 우노에서 나타낼 수 있는 범위를 넘어 버립니다.

nextMil은 밀리초 단위의 시간을 나타내고 있으므로 반드시 **unsigned long**으로 선언해야 합니다.

static이 붙은 변수는 최초 실행 시에 초기화 됩니다. **millis()**는 가동 시간을 밀리초 단위로 알려 주는 아두이노 내장 함수입니다. nextMil은 지금보다 1초 후를 나타내는 변수이므로 초기화를 millis()+1000으로 하고 있습니다.

❷ **10행** : loop()가 실행될 때마다 loopCnt를 1씩 증가시킵니다.

❸ **12~16행** : 1초마다 if 블록을 수행합니다. 조건식 (millis() > nextMil)이 참이 되면 nextMil은 1초 이후로 정해집니다. 그래서 1초 후에 다시 조건식이 참이 됩니다. 실제로 약 94000회마다 참이 되고, 나머지 대부분의 실행 시간은 거짓이어서 이 블록이 실행되지 않습니다.

02 주기적으로 if 블록 실행하기

다음은 주기적으로 특정 블록을 실행하는 전형적인 코드입니다. 변수 nextMil에 붙은 static에 유의하십시오. nextMil의 초깃값은 'millis() + 실행 간격'이며 if 블록이 참이 되어 실행될 때마다 nextMil은 다음 실행 시간으로 바뀝니다. 이 코드는 아두이노 프로그램에서 자주 사용되므로 반드시 익혀둬야 합니다.

```
static unsigned long nextMil = millis() + 실행 간격;
  if (millis()  > nextMil) {
  nextMil = millis() + 실행 간격;
  // 실행할 코드
}
```

함수 안에서 변수를 선언할 때 꼭 첫 부분에 둘 필요는 없습니다. 변수는 사용하기 전에만 선언하면 됩니다. 이때 변수 선언 위치와 사용되는 위치는 가까울수록 읽기가 좋습니다.

여기서 잠깐 millis()

함수 millis()는 프로그램 시작 후 경과 시간을 1/1000초 단위로 돌려줍니다. 예를 들어 200은 0.2초를 말합니다. 이 함수가 돌려주는 값은 unsigned long형 변수에 보관해야 합니다. millis() 함수를 이용하면 다음 섹션에 나오는 논블로킹 프로그램을 작성할 수 있습니다.

unsigned long형 변수로 표현할 수 있는 제일 큰 수는 4,294,705,151(=256 × 256 × 256 × 256−1)입니다. 함수 millis()는 최대 49일 16시간 58분 25초까지 표현할 수 있습니다. 이 시간이 지나면 다시 0부터 시작합니다. 함수 millis()의 값이 이전 값보다 작아지는 때가 0부터 다시 시작한 경우입니다. millis()가 0부터 다시 시작한 횟수를 별도의 변수에 보관하면 49일보다 긴 날짜도 계산해 낼 수 있습니다.

SECTION 02

LED 제어하기

아두이노 보드에는 여러 센서와 액추에이터, 디스플레이 장치가 붙어 있습니다. 그래서 프로그램을 작성할 때는 이 장치들에 골고루 시간을 할당해야 합니다. 예를 들면 LED를 점멸하느라 버튼 입력을 놓치면 곤란합니다.

특정 기능 수행에 프로그램 로직을 묶어 놓아서, 다른 일은 못하게 되면 프로그램이 **블로킹**(blocking)되었다고 합니다. 이와 반대로 여러 기능을 동시에 수행하도록 **논블로킹**(non-blocking) 방식으로 프로그래밍할 수도 있습니다. 당연한 얘기지만 아두이노에서는 논블로킹 방식으로 프로그래밍해야 합니다. 우선은 논블로킹 방식을 배우기 전에 왜 블로킹 방식을 사용하지 않는지 예제를 통해 살펴봅시다.

01 블로킹 방식으로 LED 제어하기

다음 프로그램은 보드의 내장 LED를 제어하는 프로그램입니다. 이 프로그램에는 ON, OFF, BLINK라는 세 가지 모드가 있습니다. BLINK 모드인 경우 3초 간 ON하고 0.5초 간 OFF하기를 반복합니다.

프로그램 6-2 serial-led-block

```
#define LED_PIN LED_BUILTIN

#define LED_OFF 0
#define LED_ON 1
#define LED_BLINK 2

bool onVal = LOW;
bool offVal = HIGH;

int mode; // 0:off, 1:on, 2:blink
int onMil = 3000;
int offMil = 500;

void setup() {
```

```
  Serial.begin(115200);
  Serial.println();

  Serial.println("Input m0 for led off");
  Serial.println("Input m1 for led on");
  Serial.println("Input m2 for led blink");

  pinMode(LED_PIN,OUTPUT);
}

void loop() {

  while(Serial.available()) {
    char c = Serial.read();
    if (c == 'm') {
      int val = Serial.parseInt();
      switch (val) {
        case 0 : mode = LED_OFF;
                 digitalWrite(LED_PIN,offVal);
                 Serial.println("mode=LED_OFF");
                 break;
        case 1 : mode = LED_ON;
                 digitalWrite(LED_PIN,onVal);
                 Serial.println("mode=LED_ON");
                 break;
        case 2 : mode = LED_BLINK;
                 Serial.println("mode=LED_BLINK");
                 break;
        default: Serial.println("mode ERROR!!");
                 continue;
      }
    }
  }

  if (mode == LED_BLINK) {
    digitalWrite(LED_PIN,onVal);
    delay(onMil);
    digitalWrite(LED_PIN,offVal);
    delay(offMil);
  }
}
```

시리얼 모니터의 입력란에 차례대로 'm0', 'm1', 'm2', 'm0'을 입력하면 다음과 같이 출력됩니다.

실행 결과

```
Input m0 for led off
Input m1 for led on
Input m2 for led blink
mode=LED_OFF
mode=LED_ON
mode=LED_BLINK
mode=LED_OFF
```

WEMOS D1 mini의 내장 LED는 핀 D4(GPIO2)에 연결되어 있습니다. 핀 번호를 D4 또는 GPIO를 따라 2라고 지정해도 되지만, 기억하기 어려우면 LED_BUILTIN이라고 하면 됩니다. 이 핀은 **전류 싱킹**(current sinking) 방식으로 연결되어 있기 때문에 LOW값을 주면 켜지고 HIGH값을 주면 꺼집니다.

앞의 프로그램에서 입력된 mode가 LED_ON이나 LED_OFF이면 즉각 digitalWrite()로 조작하면 됩니다. 그러나 mode가 LED_BLINK이면 즉시 조작할 수는 없고 별도의 로직으로 ON, OFF해야 합니다.

49~54행은 LED를 깜박이게 하는 코드입니다. 여기서는 delay()를 사용하여 LED의 ON 또는 OFF 지속 시간을 조절하고 있습니다. mode가 LED_BLINK일 때는 delay()가 프로그램의 흐름을 블로킹하고 있기 때문에 다른 일은 할 수 없습니다. 따라서 버튼을 눌러도 응답이 즉시 오지 않습니다. 그렇기 때문에 블로킹 방식으로 코딩하면 안 됩니다.

delay()는 프로그램을 블로킹하는 주범이므로 가급적 사용하지 말아야 합니다. 굳이 사용해야 한다면 꼭 필요할 때 아주 짧은 시간 동안만 사용해야 합니다.

02 논블로킹 방식으로 LED 제어하기

프로그램이 블로킹(blocking)되는 주된 이유는 delay()를 사용하기 때문입니다. 논블로킹(non-blocking) 프로그램의 주요 기법은 millis() 함수를 이용해서 특정 루틴을 처리해야 하는 시점을 결정하는 것입니다.

다음은 보드의 내장 LED를 제어하는 프로그램입니다. 앞에서 나온 [프로그램 6-2] serial-led-block을 논블로킹 방식으로 바꾼 것입니다. 이 프로그램에는 ON, OFF, BLINK라는 세 가지 모드가 있습니다. BLINK 모드인 경우 3초 간 ON하고 0.5초 간 OFF하기를 반복합니다.

프로그램 6-3 serial-led-nonblock

```
#define LED_PIN LED_BUILTIN

#define LED_OFF 0
#define LED_ON 1
#define LED_BLINK 2

bool onVal = LOW;
bool offVal = HIGH;

int mode; // 0:off, 1:on, 2:blink
int onMil = 3000;
int offMil = 500;

bool blinkOn;
unsigned long nextMil;

void setup() {
  Serial.begin(115200);
  Serial.println();

  Serial.println("Input m0 for led off");
  Serial.println("Input m1 for led on");
  Serial.println("Input m2 for led blink");

  pinMode(LED_PIN,OUTPUT);
}

void loop() {

  while(Serial.available()) {
    char c = Serial.read();
    if (c == 'm') {
      int val = Serial.parseInt();
      switch (val) {
        case 0 : mode = LED_OFF;
                 digitalWrite(LED_PIN,offVal);
                 Serial.println("mode=LED_OFF");
                 break;
        case 1 : mode = LED_ON;
                 digitalWrite(LED_PIN,onVal);
                 Serial.println("mode=LED_ON");
                 break;
```

```
        case 2 : mode = LED_BLINK;
                 digitalWrite(LED_PIN,onVal);
                 blinkOn = true;
                 nextMil = millis() + onMil;
                 Serial.println("mode=LED_BLINK");
                 break;
        default: Serial.println("mode ERROR!!");
                  continue;
      }
    }
  }

  if (mode == LED_BLINK) {
    if(blinkOn && millis() > nextMil) {
      digitalWrite(LED_PIN,offVal);
      blinkOn = false;
      nextMil = millis() + offMil;
    }
    else if(!blinkOn && millis() > nextMil) {
      digitalWrite(LED_PIN,onVal);
      blinkOn = true;
      nextMil = millis() + onMil;
    }
  }
}
```

시리얼 모니터의 입력란에 차례대로 'm0', 'm1', 'm2', 'm0'을 입력하면 다음과 같이 출력됩니다.

실행 결과

```
Input m0 for led off
Input m1 for led on
Input m2 for led blink
mode=LED_OFF
mode=LED_ON
mode=LED_BLINK
mode=LED_OFF
```

스위치 변수

❶ **14~15행** : [프로그램 6-3]에서 제일 중요한 부분은 mode가 LED_BLINK일 때 블로킹하지 않고 LED의 ON/OFF 상태를 바꾸는 부분입니다. 그래서 14~15행에 나타난 2개의 변수가 추가로 필요합니다.

변수 blinkOn은 ON 상태를 나타내고 !blinkOn은 OFF 상태를 나타냅니다. 이처럼 어떤 상태를 보관하고, 그 값에 따라 논리의 분기가 일어나게 하는 변수를 **스위치 변수**라고 합니다. 그리고 LED의 상태를 바꿔야 할 시간을 표시하는 nextMil이 필요합니다.

❷ **43~48행** : 시리얼 모니터에서 mode값을 입력받을 때, mode가 LED_BLINK이면 우선 LED를 ON시켜 놓고 끌 때를 기다려야 합니다. 그래서 43~48행과 같은 루틴이 필요합니다.

❸ **55~66행** : blinkOn과 nextMil을 이용해서 논블로킹 방식으로 LED를 점멸합니다.

blinkOn일 때 ON된 시간이 끝나면, LED를 OFF하고 blinkOn의 상태를 false로 바꾼 후 OFF 상태가 끝날 시간을 정하게 됩니다. 반대로 !blinkOn일 때 OFF된 시간이 끝나면, LED를 ON하고 blinkOn의 상태를 true로 바꾼 후 ON 상태가 끝날 시간을 정하게 됩니다.

millis()가 nextMil보다 클 때 정해진 루틴을 수행하는 것이 논블로킹 방식의 핵심입니다. 여기서는 스위치 변수인 blinkOn을 이용해서 ON/OFF 상태를 보관하고 두 상태에 따라 nextMil을 각기 다르게 정하고 있습니다. 이전 프로그램보다 좀 복잡해졌지만 제대로 작동하는 논블로킹 프로그램입니다.

SECTION 03

타이머 사용하기

함수 `loop()` 안에서 스위치 변수와 `nextMil` 등 시간을 나타내는 변수를 이용해서 주기적으로 실행하는 루틴을 만들 수 있습니다. 그런데 `loop()` 안에 시간이 많이 소요되는 또 다른 루틴이 있으면 다음 `loop()`의 시작 시점을 일정하게 보장할 수가 없습니다. 즉 지정한 `nextMil`보다 늦은 시간에 해당 블록이 실행되는 경우가 생기게 됩니다. 이때 필요한 것이 인터럽트입니다.

인터럽트(interrupt)는 외부의 자극이나 시계 기능 등에 의하여 마이크로컨트롤러에 긴급하게 전달되는 신호입니다. 마이크로컨트롤러에는 다수의 타이머(시간 통제 장치)가 내장되어 있는데, 이 기능을 이용하면 정확한 시간 간격으로 인터럽트를 발생시킬 수 있고, 그때마다 지정된 함수(ISR)를 수행시킬 수 있습니다.

타이머는 마이크로컨트롤러에 포함된 하드웨어 장치이기 때문에 사용하는 보드의 종류에 따라 프로그램 작성 방법이 달라지므로 유의해야 합니다. 이 책에서는 아두이노 우노에서 사용하는 마이크로컨트롤러인 ATmega328P와 ESP8266 계열의 보드에서 사용하는 타이머를 구분하여 설명합니다.

여기서 잠깐 ISR

정해진 시간이 되거나 핀에 특정 전압이 걸리면 인터럽트가 발생하도록 지정할 수 있습니다. 인터럽트가 발생하면 마이크로컨트롤러는 하던 일을 중지하고 ISR(Interrupt Service Routine)이라는 함수를 실행한 다음 다시 하던 일을 계속합니다.

ISR은 인터럽트가 발생하면 해야 할 일을 기술한 특별한 함수입니다. 그래서 코딩하는 방법도 일반적인 함수와 달리 다음과 같은 기준에 맞춰 엄격하게 작성해야 합니다.

- ISR에서 사용하는 변수에는 `volatile`을 붙여서 선언합니다.
- 가능한 짧게 작성합니다.
- 외부의 영향으로 지연될 수 있는 `Serial` 오브젝트 등은 사용하면 안 됩니다.
- `millis()` 함수의 값은 함수가 시작할 때의 값으로 고정되어 증가하지 않습니다.

01 | TimerOne (아두이노 우노)

TimerOne은 아두이노 우노에서 사용할 수 있는 하드웨어 타이머인데 100만분의 1초 단위로 작동 시간을 지정할 수 있습니다. 정해진 시간 간격으로 함수(ISR)를 기동할 수도 있고, 특정 핀의 주파수를 바꾸는 역할을 수행할 수도 있습니다. 아두이노 우노 학습자가 아니면 해당 내용은 건너뛰어도 됩니다.

라이브러리 매니저로 라이브러리 설치하기

아두이노 우노에서는 TimerOne이라는 라이브러리를 사용해서 타이머 인터럽트를 사용합니다. 그래서 프로그램을 올리기 전에 먼저 해당 라이브러리를 설치해야 합니다. 'TimerOne.h'는 라이브러리 매니저에서 검색하여 설치하면 됩니다.

프로그램에서 라이브러리를 사용할 때에는 [프로그램 6-4]의 7행과 같이 #include로 선언하여 사용합니다.

여기서 잠깐 **라이브러리 매니저를 사용하여 라이브러리 설치하기**

'TimerOne.h'는 사용할 때 설치 작업을 한 번 해야 합니다. 메뉴에서 **[스케치]-[라이브러리 포함하기]-[라이브러리 관리…]**를 실행하면 라이브러리 매니저 화면이 나옵니다. 서버로부터 라이브러리 정보의 수신이 끝나면 검색어를 입력할 수 있습니다.

여기에서 'TimerOne'을 입력하여 라이브러리 목록이 표시되면 'TimerOne by Jesse Tane'를 선택하여 설치하면 됩니다.

LED를 점멸하는 프로그램

다음은 일정한 간격으로 LED를 점멸하는 프로그램입니다. 이 프로그램은 우노에서 작동하며 D1 mini에서는 컴파일 오류가 발생합니다.

프로그램 6-4 serial-led-timer-one-uno

```
001 #define LED_PIN LED_BUILTIN
002
003 #define LED_OFF 0
004 #define LED_ON 1
005 #define LED_BLINK 2
006
007 #include <TimerOne.h>
008
```

```
bool onVal = HIGH;
bool offVal = LOW;

int mode; // 0:off, 1:on, 2:blink
int onMil = 3000;
int offMil = 500;

volatile bool blinkOn;
volatile unsigned long nextMil;

void ledISR() {
  if (mode == LED_BLINK) {
    if(blinkOn && millis() > nextMil) {
      digitalWrite(LED_PIN,offVal);
      blinkOn = false;
      nextMil = millis() + offMil;
    }
    else if(!blinkOn && millis() > nextMil) {
      digitalWrite(LED_PIN,onVal);
      blinkOn = true;
      nextMil = millis() + onMil;
    }
  }
}

void setup() {
  Serial.begin(115200);
  Serial.println();

  Serial.println("Input m0 for led off");
  Serial.println("Input m1 for led on");
  Serial.println("Input m2 for led blink");

  Timer1.initialize(10000); // 10밀리초
  Timer1.attachInterrupt(ledISR);

  pinMode(LED_PIN,OUTPUT);
}

void loop() {
  while(Serial.available()) {
    char c = Serial.read();
```

```
    if (c == 'm') {
      int val = Serial.parseInt();
      switch (val) {
        case 0 : mode = LED_OFF;
                 digitalWrite(LED_PIN,offVal);
                 Serial.println("mode=LED_OFF");
                 break;
        case 1 : mode = LED_ON;
                 digitalWrite(LED_PIN,onVal);
                 Serial.println("mode=LED_ON");
                 break;
        case 2 : mode = LED_BLINK;
                 digitalWrite(LED_PIN,onVal);
                 blinkOn = true;
                 nextMil = millis() + onMil;
                 Serial.println("mode=LED_BLINK");
                 break;
        default: Serial.println("mode ERROR!!");
                  continue;
      }
    }
  }
}
```

모니터의 입력란에 차례대로 'm0', 'm1', 'm2', 'm0'을 입력하면 다음과 같이 출력됩니다.

실행 결과

```
Input m0 for led off
Input m1 for led on
Input m2 for led blink
mode=LED_OFF
mode=LED_ON
mode=LED_BLINK
mode=LED_OFF
```

ISR을 타이머 인터럽트와 연결하기

ISR 안에서 사용되는 변수는 [프로그램 6-4]의 16~17행과 같이 volatile을 붙여서 선언해야 합니다.

여기서 잠깐 volatile

컴파일러는 실행 속도를 올리기 위해 중간 처릿값을 변수에 즉시 복사하지 않고 최적화 알고리즘에 따라 필요할 때만 복사하여 값을 일치시킵니다. 그래서 중간 처릿값과 변수의 값에 불일치가 생길 수 있습니다. 만약 그렇다 해도 일반적인 사용자 프로그램에서는 문제가 되지 않습니다. 그러나 ISR은 사용자 프로그램과 분리되어 실행되므로 중간 처릿값과 변숫값의 불일치가 생길 확률이 높습니다. 이때 volatile을 붙여서 최적화 기능을 해제하면 중간 처릿값이 즉시 변수에 복사되므로 서로 불일치하는 일을 막을 수 있습니다.

[프로그램 6-4]에서 함수 ledISR()은 ISR입니다. ISR을 42~43행과 같이 별도로 지정해야 인터럽트가 발생할 때마다 실행됩니다.

Timer1 오브젝트는 자동으로 생성되며, 추가로 오브젝트를 만들 수는 없으므로 오직 하나만 사용할 수 있습니다. Timer1.initialize()는 백만분의 1초 단위로 시간을 지정합니다. Timer1.attachInterrupt()는 함수(ISR)를 지정할 때 사용합니다. 여기서 ledISR이라는 함수를 만들었는데, 이 함수는 정확히 10밀리초 단위로 호출됩니다. 당연히 그 안에 있는 LED를 ON, OFF하는 기능은 10밀리초 단위로 작동하게 되므로 LED 점멸 간격은 loop()와 상관없이 항상 일정하게 됩니다.

02 Ticker (ESP 계열)

ESP8266이나 ESP32 계열의 마이크로컨트롤러에서 사용하는 타이머 라이브러리입니다. Ticker는 하드웨어 타이머는 아니고, ESP8266의 내장 시스템 프로그램이 만들어 내는 타이머입니다. 아두이노 우노의 TimerOne과 달리 메모리가 허용하는 한 몇 개든지 오브젝트를 만들 수 있습니다.

다음은 [프로그램 6-4] serial-led-timer-one-uno를 ESP8266 버전으로 다시 쓴 것입니다.

프로그램 6-5 serial-led-ticker-esp

```
#define LED_PIN LED_BUILTIN

#define LED_OFF 0
#define LED_ON 1
#define LED_BLINK 2

```

```
#include <Ticker.h>
Ticker tickerLed;

bool onVal = LOW;
bool offVal = HIGH;

int mode; // 0:off, 1:on, 2:blink
int onMil = 3000;
int offMil = 500;

volatile bool blinkOn;
volatile unsigned long nextMil;

void IRAM_ATTR ledISR() {
  if (mode == LED_BLINK) {
    if(blinkOn && millis() > nextMil) {
      digitalWrite(LED_PIN,offVal);
      blinkOn = false;
      nextMil = millis() + offMil;
    }
    else if(!blinkOn && millis() > nextMil) {
      digitalWrite(LED_PIN,onVal);
      blinkOn = true;
      nextMil = millis() + onMil;
    }
  }
}

void setup() {
  Serial.begin(115200);
  Serial.println();

  Serial.println("Input m0 for led off");
  Serial.println("Input m1 for led on");
  Serial.println("Input m2 for led blink");

  tickerLed.attach_ms(10,ledISR); // 10밀리초

  pinMode(LED_PIN,OUTPUT);
}

void loop() {
```

```
049  while(Serial.available()) {
050    char c = Serial.read();
051    if (c == 'm') {
052      int val = Serial.parseInt();
053      switch (val) {
054        case 0 : mode = LED_OFF;
055                 digitalWrite(LED_PIN,offVal);
056                 Serial.println("mode=LED_OFF");
057                 break;
058        case 1 : mode = LED_ON;
059                 digitalWrite(LED_PIN,onVal);
060                 Serial.println("mode=LED_ON");
061                 break;
062        case 2 : mode = LED_BLINK;
063                 digitalWrite(LED_PIN,onVal);
064                 blinkOn = true;
065                 nextMil = millis() + onMil;
066                 Serial.println("mode=LED_BLINK");
067                 break;
068        default: Serial.println("mode ERROR!!");
069                  continue;
070      }
071    }
072  }
073 }
```

❶ **7~8행** : 클래스 Ticker를 이용해서 tickerLed라는 오브젝트를 만듭니다. 'Ticker.h'는 ESP8266 기본 라이브러리에 포함되어 있으므로 추가로 설치할 필요는 없습니다.

❷ **17~33행** : 17~18행에서처럼 ISR 안에서 사용되는 변수 앞에는 volatile을 붙여야 합니다. ESP8266의 경우 ISR이 항상 램(RAM)에 상주하도록 20~33행과 같이 IRAM_ATTR를 붙여 두어야 합니다.

❸ **43행** : 앞에서 선언한 tickerLed에 attach_ms() 메소드를 붙여서 실행합니다. 이 메소드에는 첫 번째 인수로 실행 간격을 밀리초 단위로 지정하고, 두 번째 인수로는 ISR을 지정합니다.

이제 ledISR은 10밀리초 단위로 호출됩니다. 당연히 그 안에 있는 LED를 ON, OFF하는 기능은 10밀리초 단위로 작동하게 되므로 LED 점멸 간격은 loop()와 상관없이 항상 일정합니다. 다만 Ticker는 하드웨어 타이머가 아니기 때문에 간혹 시간을 많이 쓰는 함수의 영향을 받아 작동 간격이 달라질 수도 있습니다.

모니터의 입력란에 차례대로 'm0', 'm1', 'm2', 'm0'을 입력하면 다음과 같이 출력됩니다.

실행 결과

```
Input m0 for led off
Input m1 for led on
Input m2 for led blink
mode=LED_OFF
mode=LED_ON
mode=LED_BLINK
mode=LED_OFF
```

03 SimpleTimer (아두이노 우노, ESP 계열)

SimpleTimer는 하드웨어 타이머나 인터럽트를 이용하지 않고 millis() 함수 기반으로 작성한 통상적인 클래스입니다. 그러므로 마이크로컨트롤러의 종류와 상관없이 어느 보드에서나 사용이 가능합니다.

Github에서 라이브러리 설치하기

이 프로그램을 사용하기 위해서는 Github에서 SimpleTimer.h 라이브러리를 다운로드하여 설치하고 #include로 선언해야 합니다.

github.com은 오픈 소스 프로그램의 저장소입니다. 아두이노에서 사용되는 모든 라이브러리는 이 곳에서 다운로드할 수 있습니다.

자주 사용하는 라이브러리는 IDE에서 '프로그램 매니저'를 통해 설치해도 되지만, 프로그램 매니저용으로 등록되어 있지 않은 라이브러리는 구글에서 검색하여 Github에서 다운로드하면 됩니다.

여기서 잠깐 **Github에서 라이브러리 설치하기**

구글에서 'SimpleTimer.h'를 검색하여 https://github.com/jfturcot/SimpleTimer을 눌러봅시다. 이때 나타나는 화면이 Github에서 라이브러리를 다운로드할 수 있는 일반적인 화면입니다.

1. 상단 우측의 연두색 버튼인 **[clone or download]**를 누릅니다.
2. **[Download ZIP]**을 누릅니다.
3. **[다른 이름으로 저장]** 화면이 나오면 저장할 폴더를 지정하고 **[저장]** 버튼을 누릅니다.
4. IDE에서 **[스케치]-[라이브러리 포함하기]-[.zip파일 포함하기…]**를 실행합니다.
5. 앞에서 다운로드한 파일을 선택하고 열기를 누르면 라이브러리가 설치됩니다.

프로그램 살펴보기

다음은 [프로그램 6-1] loop-count를 SimpleTimer를 적용해서 다시 쓴 프로그램입니다.

프로그램 6-6 loop-count-SimpleTimer

```
001 #include <SimpleTimer.h>
002 SimpleTimer timerCnt;
003 
004 unsigned long loopCnt;
005 
006 void timerCntFunc() {
007   Serial.println(loopCnt);
008   loopCnt = 0;
009 }
010 
011 void setup() {
012   Serial.begin(115200);
013   Serial.println();
014 
015   timerCnt.setInterval(1000,timerCntFunc); // milli-sec,func
016 }
017 
018 void loop() {
019   timerCnt.run();
020   loopCnt++; // loopCnt = loopCnt + 1;
021 }
```

실행 결과

```
73085
73779
72828
```

❶ **1~2행** : 앞에서 설치한 라이브러리는 1행과 같이 추가하여 사용합니다. 2행에서는 클래스 SimpleTimer를 이용해서 오브젝트 timerCnt를 만들었습니다. 오브젝트는 필요한 수만큼 만들면 됩니다.

❷ **15행** : 앞에서 선언한 timerCnt에 setInterval() 메소드를 붙여서 실행합니다. 이 메소드의 첫 번째 인수로는 실행 간격을 밀리초 단위로 지정하고, 두 번째 인수로는 함수를 지정합니다. 이때 함수는 ISR이 아니라 일반적인 함수입니다. 그러므로 ISR 작성 기준을 따르지 않아도 됩니다.

❸ **19행** : loop() 안에서 모든 오브젝트에 대해 오브젝트.run() 메소드를 두어야 합니다. 이 메소드가 실행될 때 조건이 충족되면 지정된 함수가 실행됩니다.

loop()의 반복 시기가 일정하지 않을 수 있으므로 SimpleTimer의 오브젝트에서 지정한 함수의 수행 시기도 상황에 따라 달라질 수 있습니다.

SimpleTimer는 밀리초 단위의 짧은 간격으로 함수를 수행하게 할 수도 있지만, 주된 용도는 1초 이상의 간격으로 센서 데이터를 주기적으로 취득하게 하는 것입니다. 따라서 LED 제어와 같이 정확한 시간이 중요한 경우에는 Ticker를 사용하고, loop()의 수행 속도에 맞춰 센서 데이터를 취득하는 것이 중요한 경우에는 SimpleTimer를 사용하면 됩니다. 둘을 섞어서 사용할 수도 있습니다.

04 | AimTimer AIM

AimTimer는 저자가 만든 간단한 클래스입니다. loop() 안에서 바로 테스트를 해서 명령문 블록을 수행할 수 있습니다. 테스트할 때 수행 간격은 초 단위로 지정합니다.

다음은 [프로그램 6-1] loop-count를 AimTimer를 적용해서 다시 쓴 프로그램입니다. [프로그램 6-1]에 비해서 훨씬 간결합니다.

프로그램 6-7 loop-count-AimTimer

```
#include <AimTimer.h>  // #include <Aim.h>
AimTimer timerCnt(1);

void setup() {
  Serial.begin(115200);
  Serial.println();
}

void loop() {
  static unsigned long loopCnt = 0;

  loopCnt++; // loopCnt = loopCnt + 1;

  if (timerCnt.isOn(1)) {
    Serial.println(loopCnt);
    loopCnt = 0;
  }
}
```

실행 결과

```
…
87883
88997
88789
…
```

❶ **1~2행** : 1행에서 #include 〈AimTimer.h〉를 지정하고, 2행에서 클래스 AimTimer를 이용해서 오브젝트 timerCnt를 만듭니다. timerCnt는 1초마다 활성화됩니다.

❷ **14~17행** : loop( ) 안에서 오브젝트.isOn( ) 메소드를 테스트합니다. 정해진 시간 간격마다 이 메소드는 참이 됩니다. isOn( ) 메소드의 인수는 초 단위 시간입니다. 1초보다 작은 수는 소수점 이하까지 표시하면 됩니다.

이 책에서는 loop( ) 안에서 테스트해야 하는 타이머는 모두 AimTimer를 사용하고 있습니다. 그렇지만 간혹 아주 짧은 시간 간격이 필요한 타이머는 Ticker를 사용합니다. AimTimer 클래스의 사용법은 9장에서 상세히 다룹니다.

CHAPTER
06 연습문제

※ (6.1~6.4) 다음 빈칸에 알맞은 용어를 넣으세요.

6.1 delay() 명령어는 프로그램의 흐름을 일정 시간 멈추게 합니다. 이때 다른 일은 할 수 없게 되는데 이런 방식의 프로그램 작성 기법을 (　　) 방식이라고 합니다.

6.2 millis() 함수를 응용하여 (　　) 방식의 프로그램을 만들 수 있습니다.

6.3 값에 따라 프로그램의 흐름을 정하게 되는 변수를 (　　) 변수라고 합니다.

6.4 보드에 연결된 외부 센서의 값 변동이나 내장 시계의 작동에 따라 (　　)이(가) 발생할 수 있습니다. 이때 작동하는 함수를 (　　)(이)라고 합니다.

6.5 다음은 2초와 5초 간격으로 해당 블록을 실행하는 프로그램입니다. 밑줄 친 곳에 올바른 명령어를 넣어 완전한 프로그램으로 만드세요.

프로그램 6-8 loop-interval-exam

```
void setup() {
  Serial.begin(115200);
  Serial.println();
}

void loop() {

  ____ ____ ____ sec2Mil = ____ + 2000;
  if(____ > sec2Mil) {
    Serial.println("sec 2 interval");
    sec2Mil = ____ + 2000;
  }

  ____ ____ ____ sec5Mil = ____ + 5000;
  if(millis() > sec5Mil) {
    Serial.println("sec 5 interval");
    sec5Mil = ____ + 5000;
  }

}
```

CHAPTER

07

함수와 클래스 만들기

학습목표

- 함수의 기본 구조를 이해하고 함수를 이용해서 프로그램을 작성합니다.
- 클래스의 개념과 작성법을 살펴봅니다.
- 클래스와 함수를 모두 이용해서 프로그램을 작성합니다.

이 장의 실습 준비물

부품 이름	대체품	수량	용도
LOLIN(WEMOS) D1 mini	ESP8266 계열의 보드	1	마이크로컨트롤러
USB 마이크로 5핀 케이블		1	보드와 PC 연결

PREVIEW

좋은 프로그램은 잘 읽히는 프로그램입니다. 그런데 프로그램에 함수를 사용하지 않으면 코드가 길어지고 가독성이 낮아집니다. 이 장에서는 함수를 적절하게 이용해서 좋은 코드를 작성하는 법을 살펴봅니다.

그렇지만 함수만 사용해서 프로그램의 복잡성을 극복할 수 있는 건 아닙니다. 복잡성을 해결하기 위해서는 클래스를 만들어 프로그램 조각을 재사용해야 합니다. 여기서는 독립된 파일로 된 클래스를 작성하고 이를 활용하여 프로그램을 작성하는 법을 학습합니다.

SECTION 01 함수 만들기

01 함수의 구조

함수(function)는 특정 기능을 수행하는 프로그램의 묶음입니다. 아두이노 IDE에서 새 파일을 열면 setup()과 loop()라는 함수가 자동으로 나타납니다. 이 두 함수는 아두이노 프로그램에서 항상 사용됩니다. 또한 필요에 따라 얼마든지 함수를 만들어서 사용할 수 있습니다. 함수의 기본 구조는 다음과 같습니다.

```
전달받을_데이터형 함수 이름(매개 변수_리스트) {
  // 명령어 그룹
  return 전달할_데이터형의_값이나_변수;
}
```

'전달받을_데이터형'은 돌려받을 값이 없으면 void로 지정합니다. '매개 변수_리스트'는 매개 변수(parameter)가 필요하지 않다면 비워둡니다. 아두이노 기본 함수인 setup()과 loop()가 이런 경우에 해당합니다.

```
void 함수 이름() {
   // 명령어 그룹
}
```

02 함수를 호출하는 방법

함수 이름만으로 호출하는 방법

다음은 sum() 함수를 호출하여 두 수의 합을 구하는 프로그램입니다.

프로그램 7-1 sum-no-parameter

```
int a1 = 2;
int a2 = 3;
int a3;

 void setup() {
   Serial.begin(115200);
   Serial.println();

   sum();
   Serial.println(a3);
 }

 void loop() {
 }

 void sum() {
   a3 = a1 + a2;
 }
```

실행 결과

```
5
```

변수 a1, a2, a3은 전역 변수로 선언되어 있습니다. sum() 함수를 호출하면 함수 안의 명령어가 수행되는데, 이때 함수 안에서도 전역 변수를 사용하고 있습니다. 이러한 방식으로 함수를 사용하면 명령어 그룹에 이름을 부여한 효과만 있는 셈이므로, 함수를 적절하게 사용했다고 볼 수 없습니다. 함수를 효율적으로 사용하기 위한 다른 방법을 배워봅시다.

인수의 값을 복사하여 매개 변수로 전달하는 방법

다음 프로그램에서는 두 수의 합을 구하는 sum() 함수를 호출할 때 인수(argument)로 값을 전달하고 계산된 값을 돌려받습니다.

프로그램 7-2 sum

```
int a1 = 2;
int a2 = 3;
int a3;

 void setup() {
   Serial.begin(115200);
   Serial.println();

   //아래 a1,a2는 인수(argument)임
   a3 = sum(a1,a2);
   Serial.println(a3);
 }

 void loop() {
 }

 //아래 a,b는 매개 변수(parameter)임
 int sum(int a, int b) {
   int c = a + b;
   return c;
 }
```

실행 결과

```
5
```

함수를 호출할 때 사용하는 인수의 변수형과 함수에서 사용하는 매개 변수의 변수형은 차례대로 일치시켜야 합니다. 반면 인수의 이름과 매개 변수의 이름은 가독성을 위해 일치시키기도 하지만, 반드시 그럴 필요는 없습니다.

함수를 호출할 때 인수의 값을 복사해서 함수의 매개 변수로 전달하므로 두 변수는 서로 다른 영역을 가집니다. 따라서 함수에서 매개 변수의 값을 바꿔도 호출할 때 사용한 인수의 값은 변경되지 않습니다.

사용한 인수를 매개 변수에서 참조하여 사용하는 방법

만약 함수를 호출할 때 인수로 사용한 변수의 값을 함수 안에서 수정하고 싶으면 함수의 매개 변수를 선언할 때 변수형 다음에 '&'를 붙이면 됩니다. &(ampersand)는 변수의 주소를 전달하는 역할을 합니다.

다음 프로그램은 sum() 함수를 출력할 때 인수로 지정한 변수의 값을 함수에서 바꿔 출력하는 경우를 보여줍니다.

프로그램 7-3 sum-ampersand

```
001 int a1 = 2;
002 int a2 = 3;
003 int a3;
004 
005 void setup() {
006   Serial.begin(115200);
007   Serial.println();
008 
009   //아래 a1,a2,a3는 인수(argument)임
010   sum(a1,a2,a3);
011   Serial.println(a3);
012 }
013 
014 void loop() {
015 }
016 
017 //아래 a,b,c는 매개 변수(parameter)임
018 void sum(int a, int b, int& c) {
019   c = a + b;
020 }
```

실행 결과

```
5
```

sum()이라는 함수를 호출하면 a1과 a2를 더한 값이 a3에 들어오게 됩니다.

왜냐하면 18행에서 sum() 함수의 세 번째 매개 변수(parameter) c가 &를 붙여서 참조 형식으로 선언되었기 때문입니다.

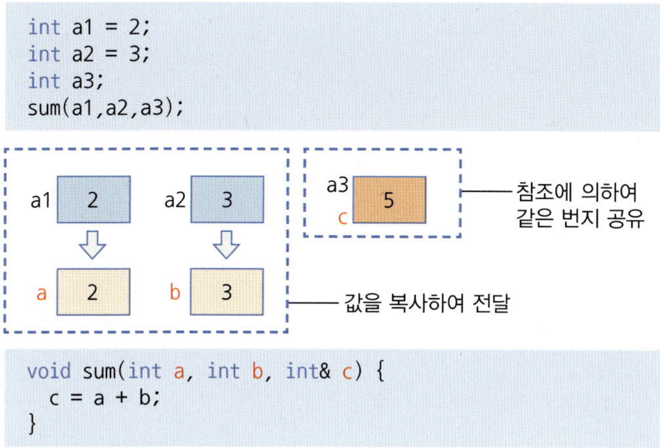

[그림 7-1] 함수의 인수와 매개 변수

03 함수 오버로딩

여러 함수가 유사한 기능을 가지면서 전달받을 변수형이나 매개 변수의 데이터형 또는 개수가 다른 경우, 같은 이름을 사용하면 편리합니다. 이처럼 여러 함수가 같은 이름을 가지고 있지만 매개 변수형이나 개수를 다르게 갖는 방식을 **함수 오버로딩**(function overloading)이라고 합니다. 다음에 오는 두 개의 sum() 함수는 실제로는 다른 함수지만 같은 이름을 사용하고 있습니다. 컴파일과 링크 작업을 거치면서 실제로 어떤 함수가 사용될지 정해집니다.

프로그램 7-4 sum-overload

```
int a1 = 2;
int a2 = 3;
int a3;

float f1 = 2.5;
float f2 = 3.6;
float f3;

void setup() {
  Serial.begin(115200);
  Serial.println();

  //아래 a1,a2는 인수(argument)임
  a3 = sum(a1,a2);
  Serial.println(a3);
```

```

  //아래 f1,f2,f3은 인수(argument)임
  sum(f1,f2,f3);
  Serial.println(f3);
}

void loop() {
}

//아래 a,b는 매개 변수(parameter)임
int sum(int a, int b) {
  int c = a + b;
  return c;
}

//아래 a,b,c는 매개 변수(parameter)임
void sum(float a, float b, float& c) {
  c = a + b;
}
```

실행 결과

```
5
6.10
```

04 함수 프로토타입

변수는 미리 선언하지 않으면 사용할 수 없습니다. 그와 마찬가지로 함수의 경우에도 돌려받을 변수형, 함수 이름, 매개 변수의 속성 정보나 개수는 미리 선언해야 합니다. 이와 같은 함수의 요약 정보를 **함수 프로토타입**(function prototype)이라고 합니다. 앞에서 함수 프로토타입이 선언되어 있으면 이후의 프로그램에서 그 함수를 사용할 수 있습니다. 그리고 실제 함수 코드는 뒷부분에 와도 됩니다. 즉 먼저 프로토타입을 선언해 두고 이후 편한 곳에서 함수를 작성하면 됩니다.

함수 코드를 작성한 위치가 사용하는 곳보다 앞이면 함수 프로토타입을 지정하지 않을 수 있습니다. 왜냐하면 함수 작성 시에 프로토타입 정보가 표시되기 때문입니다. 그러나 이러한 방식은 프로그램의 가독성을 떨어뜨릴 수 있습니다.

함수 프로토타입을 일일이 작성하는 것은 번거롭습니다. 아두이노 IDE 환경에서는 이러한 수고를 덜어주기 위해 전처리 과정에서 함수 프로토타입을 자동으로 만들어서 setup() 함수 앞 부분에 넣어 줍니다. 그러므로 아두이노 IDE 환경에서는 함수 프로토타입을 작성하지 않아도 됩니다. 이것은 C++에 있는 기본 기능은 아니고 아두이노 IDE가 제공하는 부가 서비스입니다.

함수 프로토타입 작성 예

다음은 sum() 함수의 함수 프로토타입을 명시적으로 선언한 예입니다. 사실 이 경우 명시적으로 선언하지 않아도 자동으로 만들어지지만 학습 목적상 지정한 것입니다. 함수 프로토타입에서 변수명은 생략할 수 있지만 의미 있는 변수명을 지정하면 읽기가 쉽습니다.

```
int sum(int a, int b);
void sum(float, float, float&); // 변수명 생략

void setup() {
 // 중간 생략
}

void loop() {
 // 중간 생략
}

int sum(int c, int d) {
  // 중간 생략
}

void sum(float a, float b, float& c) {
 // 중간 생략
}
```

함수 프로토타입을 꼭 작성해야 하는 경우

명시적으로 함수 프로토타입을 선언해야만 할 때도 있습니다. 오브젝트를 생성할 때 인수로 함수를 지정하는 경우가 있는데, 그 위치가 setup()보다 앞이기 때문에 반드시 함수 프로토타입을 선언해야만 합니다.

```
// 반드시 함수 프로토타입을 지정해야 함
void mySerialCallback(const String& key, const String& val);
SanSerial mySerial(mySerialCallback);

void setup() {
  // 중간 생략
}

void loop() {
  // 중간 생략
}

void mySerialCallback(const String& key, const String& val) {
  // 중간 생략
}
```

여기서 잠깐 **외부 라이브러리의 함수 프로토타입**

아두이노는 .ino 파일 안에서는 함수의 프로토타입을 자동으로 만들어 주지만, .cpp 확장자를 가진 외부 라이브러리의 함수 프로토타입은 만들어 주지 않습니다. 따라서 별도의 .cpp 파일로 클래스 파일을 만들 때에는 함수 프로토타입을 명시적으로 선언해야 합니다. 그렇지 않으면 오류가 발생합니다.

05 함수 구성하기

앞에서 다뤘던 [프로그램 6-3] serial-led-nonblock에서는 논블로킹 방식으로 내장 LED를 제어했습니다. 이 프로그램에는 ON, OFF, BLINK라는 세 가지 모드가 있었습니다. 다음은 [프로그램 6-3]에 onMil과 offMil을 시리얼 모니터에서 입력받는 기능을 추가하고 전체 프로그램을 여러 개의 함수로 구성한 프로그램입니다.

프로그램 7-5 serial-led-func

❶ 변수 선언

```
#define LED_PIN LED_BUILTIN

#define LED_OFF 0
#define LED_ON 1
#define LED_BLINK 2

#define ON_MIL 3000
#define OFF_MIL 500

bool onVal;
bool offVal;

int mode; // 0:off, 1:on, 2:blink
int onMil;
int offMil;

bool blinkOn;
unsigned long nextMil;

```

❷ 초기화

```
void ledInit(int pin, bool INonVal) {
  onVal = INonVal;
  offVal = !onVal;

  mode = LED_OFF;
  onMil = ON_MIL;
  offMil = OFF_MIL;
  pinMode(pin,OUTPUT);
  digitalWrite(pin,offVal); // off
}

```

❸ onMil과 offMil 변경

```
void ledSetOnMil(int INval) {
  onMil = INval;
}

void ledSetOffMil(int INval) {
  offMil = INval;
}

```

❹ ON, OFF, BLINK 실행하기

```
void ledOff() {
   digitalWrite(LED_PIN,offVal);
}

void ledOn() {
   digitalWrite(LED_PIN,onVal);
}

void ledBlink() {
  digitalWrite(LED_PIN,onVal);
  blinkOn = true;
  nextMil = millis() + onMil;
}

```

❺ LOOP 안에서 BLINK 조작

```
void ledRun() {
  if (mode == LED_BLINK) {
    if(blinkOn && millis() > nextMil) {
      digitalWrite(LED_PIN,offVal);
      blinkOn = false;
      nextMil = millis() + offMil;
    }
    else if(!blinkOn && millis() > nextMil) {
      digitalWrite(LED_PIN,onVal);
      blinkOn = true;
      nextMil = millis() + onMil;
    }
  }
}

```

❻ setup()

```
void setup() {
  Serial.begin(115200);
  Serial.println();

  Serial.println("Input m 0 for led off");
  Serial.println("Input m 1 for led on");
  Serial.println("Input m 2 for led blink");
  Serial.println("Input n nnn for onMil");
  Serial.println("Input f nnn for offMil");

  ledInit(LED_PIN,LOW); // PIN, onVal
}

```

❼ loop()

```
081 void loop() {
082 
083   while(Serial.available()) {
084     char c = Serial.read();
085     if (c == 'm') {
086       int val = Serial.parseInt();
087       switch (val) {
088         case 0 : mode = LED_OFF;
089                  ledOff();
090                  Serial.println("mode=LED_OFF");
091                  break;
092         case 1 : mode = LED_ON;
093                  ledOn();
094                  Serial.println("mode=LED_ON");
095                  break;
096         case 2 : mode = LED_BLINK;
097                  ledBlink();
098                  Serial.println("mode=LED_BLINK");
099                  break;
100         default: Serial.println("mode ERROR!!");
101       }
102     }
103     else if (c == 'n') {
104       int val = Serial.parseInt();
105       ledSetOnMil(val);
106       Serial.printf("ledSetOnMil=%d\n",val);
107     }
108     else if (c == 'f') {
109       int val = Serial.parseInt();
110       ledSetOffMil(val);
111       Serial.printf("ledSetOffMil=%d\n",val);
112     }
113   }
114 
115   ledRun(); // LED_BLINK일 때 ON,OFF
116 }
```

❶ **변수 선언**(1~19행) : 프로그램에서 사용하는 변수를 선언합니다.

❷ **초기화**(20~30행) : ledInit는 LED를 초기화하는 함수입니다. 여러 변수의 초깃값을 지정하고, pinMode()를 정한 다음, digitalWrite()를 이용해서 LED를 꺼둡니다.

❸ **onMil과 offMil 변경**(31~38행) : ledSetOnMil, ledSetOffMil을 사용하여 onMil과 offMil의 값을 변경합니다.

❹ **ON, OFF, BLINK 실행하기**(39~52행) : LED를 ON 또는 OFF하고, LED_BLINK인 경우는 우선 ON하고 다음에 올 OFF를 대비합니다.

❺ **LOOP 안에서 BLINK 조작**(53~67행) : loop() 안에서 mode가 LED_BLINK일 때 LED를 지속적으로 ON 또는 OFF합니다. blinkOn일 때 ON된 시간이 끝나면, LED를 OFF하고 blinkOn의 상태를 false로 바꾼 후 OFF 상태가 끝날 시간을 정하게 됩니다. !blinkOn일 때 OFF된 시간이 끝나면, LED를 ON하고 blinkOn의 상태를 true로 바꾼 후 ON 상태가 끝날 시간을 정하게 됩니다.

❻ **setup()**(68~80행) : Serial을 준비하고, 시리얼 모니터에서 입력하는 형식을 안내하고 있습니다. ledInit()를 실행하여 LED를 초기화합니다. 이제 LED를 조작할 준비가 끝났습니다.

❼ **loop()**(81행~116행) : loop() 안에는 두 가지 기능이 있습니다. 시리얼 모니터에서 값이 입력되면 해당 함수를 실행합니다. 그리고 ledRun() 함수는 mode가 LED_BLINK일 때 LED를 지속적으로 ON 또는 OFF합니다.

시리얼 모니터에는 [표 7-1]과 같이 입력할 수 있습니다.

[표 7-1] 시리얼 모니터 입력 예시

입력 내용	설명
m 0	mode는 LED_OFF
m 1	mode는 LED_ON
m 2	mode는 LED_BLINK
n 1000	onMil을 1000으로 설정
f 200	offMil을 200으로 설정

[프로그램 7-5] serial-led-func을 실행하고 시리얼 모니터에 'm2', 'n1000', 'f200'을 입력했을 때 출력된 결과는 다음과 같습니다.

실행 결과

```
Input m 0 for led off
Input m 1 for led on
Input m 2 for led blink
Input n nnn for onMil
Input f nnn for offMil
mode=LED_BLINK
ledSetOnMil=1000
ledSetOffMil=200
```

여기서 잠깐 **변수를 공유하는 함수 그룹의 한계**

[프로그램 7-5] serial-led-func에서는 LED를 제어하기 위해 필요한 변수가 선언되어 있고, 여러 함수는 그 변수를 공유하고 있습니다. 함수들끼리는 역할을 나누어 실행됩니다. 함수를 사용하면 프로그램을 이해하기가 쉽고, 재사용하기도 비교적 좋습니다. 그러나 이 프로그램에서 LED를 제어하기 위해 필요한 코드가 다른 프로그램과 명확하게 구분되어 있지는 않습니다. 그래서 이 프로그램에서 LED를 제어하는 부분을 떼어내서 다른 프로그램에서 재사용하려면 전체 코드를 읽고 이해한 다음 필요한 부분만 잘라내야 합니다. 쉬운 일이 아닙니다.

만약 LED가 하나 더 있다면 이 프로그램을 어떻게 고쳐야 할까요? 프로그램의 여러 곳을 고쳐야 하고, 복잡한 배열도 사용해야 합니다. 간단한 일이 아닙니다. 함수를 이용하는 것만으로는 이러한 문제를 해결하기가 쉽지 않습니다. 그래서 다음에 배울 클래스(class)가 필요합니다.

SECTION

02 클래스 만들기

클래스(class)는 재사용할 수 있는 프로그램 묶음입니다. 하나의 클래스에는 공유할 수 있는 변수와 그 변수를 공유하는 여러 함수들이 포함되어 있습니다.

클래스를 만들어 사용하면 프로그램의 재사용성을 획기적으로 높일 수 있습니다. 기초적인 클래스를 만드는 방법은 비교적 쉽습니다. 함수를 만들 수 있는 기법만 알고 몇 가지 주의할 점만 익히면 클래스를 만들 수 있습니다.

여기서는 앞에서 만든 [프로그램 7-5] serial-led-func을 클래스로 사용하는 프로그램으로 변환해보겠습니다.

01 아두이노 탭 활용하기

먼저 IDE에서 serial-led-func 파일을 연 뒤 **[파일]-[다른 이름으로 저장…]**을 클릭하여 'serial-led-class'로 저장합니다.

클래스는 별도의 파일로 만들어 두어야 재사용하기가 쉽습니다. 그래서 이 프로그램에서는 'Led.h'란 클래스 파일을 만들어서 프로그램 폴더에 추가합니다. ❶ **[탭 버튼]**-❷ **[새 탭]**을 누른 뒤 ❸ **'새로운 파일을 위한 이름'**을 입력하면 새로운 파일이 만들어집니다. 이후에는 탭을 눌러 파일을 수정할 수 있습니다.

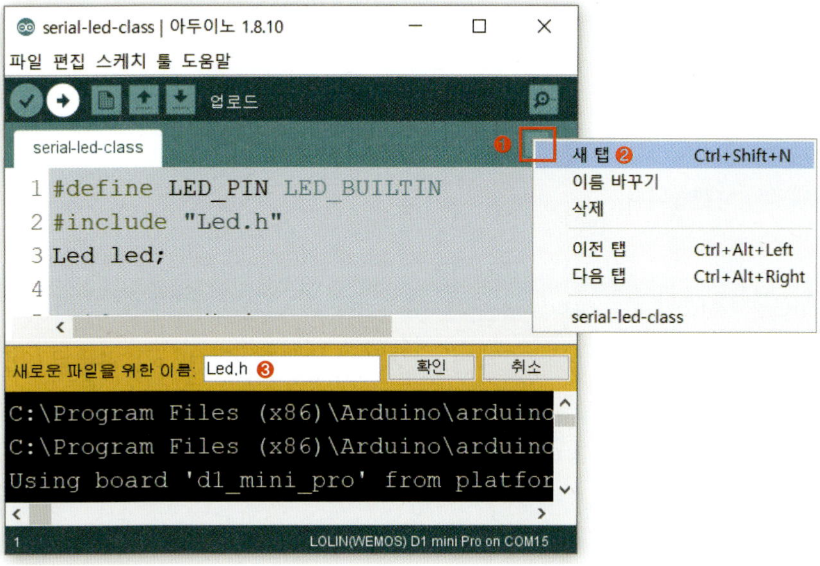

[그림 7-2] 새로운 파일 만들기

이제 프로그램 serial-led-class는 두 개의 파일로 이루어져 있습니다.

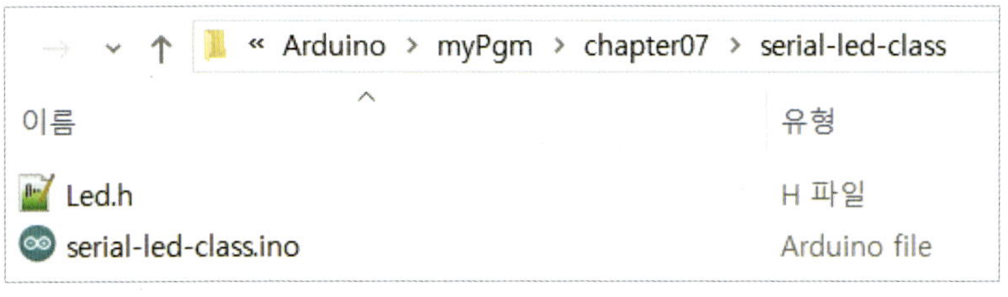

[그림 7-3] 프로그램 폴더

여기서 잠깐 **클래스 파일은 .h로 하자**

아두이노 IDE에서 탭 관리 버튼을 눌러서 파일을 만들면 기본 확장자가 .ino로 지정됩니다. 이 파일은 자동으로 프로그램의 일부가 되므로 그대로 컴파일하면 됩니다. 그러나 이 파일이 class문을 포함하고 있을 때에는 그 위치 때문에 컴파일 오류가 생길 수도 있습니다. 그래서 class가 포함된 파일은 확장자를 .h로 하고, 주된 프로그램에서 필요한 위치에 #include로 선언해야 합니다.

02 클래스 작성하기

class문 사용법

새로운 클래스는 'Led.h'에 작성하겠습니다.

프로그램 7-6 ❶ serial-led-class > Led.h

❶ class 선언

```
#define LED_OFF 0
#define LED_ON 1
#define LED_BLINK 2

#define ON_MIL 3000
#define OFF_MIL 500

// class 이름 첫글자는 대문자가 좋음
class Led {

  // 외부에 알려짐
  public:
    // constructor
    // class 이름 사용
    // void가 없음
    Led(int pin, bool onVal);

    void setOnMil(int val);
    void setOffMil(int val);
    void off();
    void on();
    void blink();
    void run();

  // 내부에서만 사용
  private:
    int pin;
    bool onVal;
    bool offVal;

    int mode; // 0:LED_OFF, 1:LED_ON, 2:LED_BLINK
    int onMil;
    int offMil;

    bool blinkOn;
```

```
    unsigned long nextMil;
}; // {}의 끝에 ;이 있음

```

❷ 생성자 만들기

```
// constructor,void가 없음
Led::Led(int INpin, bool INonVal) {
  pin = INpin;
  onVal = INonVal;
  offVal = !onVal;

  mode = LED_OFF;
  onMil = ON_MIL;
  offMil = OFF_MIL;
  pinMode(pin,OUTPUT);
  digitalWrite(pin,offVal); // off
}

```

❸ 메소드 만들기

```
void Led::setOnMil(int INval) {
  onMil = INval;
}

void Led::setOffMil(int INval) {
  offMil = INval;
}

void Led::off() {
  mode = LED_OFF;
  digitalWrite(pin,offVal);
}

void Led::on() {
  mode = LED_ON;
  digitalWrite(pin,onVal);
}

void Led::blink() {
  mode = LED_BLINK;
  digitalWrite(pin,onVal);
  blinkOn = true;
  nextMil = millis() + onMil;
}

```

```
077 void Led::run() {
078   if (mode == LED_BLINK) {
079     if(blinkOn && millis() > nextMil) {
080       digitalWrite(pin,offVal);
081       blinkOn = false;
082       nextMil = millis() + offMil;
083     }
084     else if(!blinkOn && millis() > nextMil) {
085       digitalWrite(pin,onVal);
086       blinkOn = true;
087       nextMil = millis() + onMil;
088     }
089   }
090 }
```

❶ **class 선언**(1~38행) : class 명령어는 클래스를 정의합니다. 그 구성은 다음과 같습니다.

```
class class_name {

  public:
    // constructor
    class_name();
    class_name(argument_list);

    // 메소드 선언

  private:

    // 내부 사용 변수 선언

}; // {}의 끝에 ;이 있음
```

class는 함수가 아니고 명령어이기 때문에 {} 끝에 ;을 붙여야 합니다. class_name은 대체로 첫 문자를 대문자로 지정합니다. 그리고 클래스를 사용하기 위해 오브젝트를 생성할 때는 첫 글자를 소문자로 하여 클래스와 구분하면 편합니다.

{} 안은 'public:'과 'private:'를 붙여서 두 영역으로 나눕니다. 'public:' 영역에는 클래스의 외부에 알려져야 할 메소드의 프로토타입을 정의합니다. 'private:' 영역에는 메소드 안에서 사용할 함수나 변수를 선언하게 되는데, 이 값은 클래스 외부에는 알려지지 않습니다.

클래스 이름과 같은 이름을 가진 특별한 함수가 있는데, 이를 **생성자(constructor)**라고 합니다. 생성자 앞에는 void나 변수형이 붙지 않으므로 다른 메소드 정의와는 구분됩니다. 생성자는 클래스를 사용하기 위해 오브젝트를 생성할 때 호출됩니다.

만약 다음과 같이 지정하면 생성자 Led(int pin, bool onVal);이 사용됩니다. 여기서 클래스는 Led이고 오브젝트는 led입니다.

```
Led led(LED_PIN,LOW);
```

class문 안에 메소드의 코드를 작성해도 되지만, 관행적으로 메소드의 프로토타입과 변수만 선언합니다. class문이 끝나면 다음에 메소드의 코드를 작성하면 됩니다.

여기서 잠깐 **Led.h와 Led.cpp**

실제로 라이브러리를 만들 때는 Arduino\libraries 아래에 폴더를 하나 생성하고, class문과 메소드를 별도 파일로 구성하여 그 폴더 안에 둡니다. 예를 들면 Led라는 폴더 안에 class문은 Led.h 파일로 만들고, 메소드는 Led.cpp 파일로 구성합니다.

❷ **생성자 만들기**(39~51행) : 생성자의 이름은 클래스의 이름과 같습니다. 그 앞에 void나 변수형이 오지 않습니다.

❸ **메소드 만들기**(52~90행) : 'Led::'가 붙어 있는 점을 제외하면 앞에서 나온 함수 만들기와 크게 다르지 않습니다.

범위 지정 연산자(::) 사용하기

class문 바깥에서 클래스에 속한 메소드를 작성할 때는 이름 앞에 'class_name::'를 붙여서 어느 클래스에 속하는지 표시해야 합니다. 이때 '::'를 범위 지정 연산자(scope resolution operator)라고 합니다. 범위 지정 연산자를 사용한다는 점을 제외하면 메소드를 작성하는 방법과 일반 함수를 작성하는 방법은 같습니다.

클래스의 장점

클래스를 별도 파일로 작성해 두면, 더 이상 그 로직을 살펴볼 필요는 없습니다. 필요할 때 클래스 파일을 선언하고 생성자나 메소드의 사용법만 알면 됩니다.

03 클래스 사용하기

클래스 파일 포함하기

[프로그램 7-6] serial-led-class는 serial-led-class.ino와 Led.h 파일로 구성되어 있습니다. 다음은 Led.h 파일을 포함하여 사용하는 프로그램 코드입니다.

프로그램 7-6 ❷ serial-led-class > serial-led-class.ino

❶ 오브젝트 생성하기

```
#define LED_PIN LED_BUILTIN

#include "Led.h"
Led led(LED_PIN,LOW);  // PIN, onVal

void setup() {
  Serial.begin(115200);
  Serial.println();

  Serial.println("Input m 0 for led off");
  Serial.println("Input m 1 for led on");
  Serial.println("Input m 2 for led blink");
  Serial.println("Input n nnn for onMil");
  Serial.println("Input f nnn for offMil");
}
```

② 반복 실행

```
void loop() {

  while(Serial.available()) {
    char c = Serial.read();
    if (c == 'm') {
      int val = Serial.parseInt();
      switch (val) {
        case 0 : led.off();
                 Serial.println("mode=LED_OFF");
                 break;
        case 1 : led.on();
                 Serial.println("mode=LED_ON");
                 break;
        case 2 : led.blink();
                 Serial.println("mode=LED_BLINK");
                 break;
```

```
033         default: Serial.println("mode ERROR!!");
034       }
035     }
036     else if (c == 'n') {
037       int val = Serial.parseInt();
038       led.setOnMil(val);
039       Serial.printf("ledSetOnMil=%d\n",val);
040     }
041     else if (c == 'f') {
042       int val = Serial.parseInt();
043       led.setOffMil(val);
044       Serial.printf("ledSetOffMil=%d\n",val);
045     }
046   }
047   led.run(); // LED_BLINK일 때 ON,OFF
048 }
```

❶ **오브젝트 생성하기**(1~4행) : Led.h 파일을 포함할 때 #include "Led.h"와 같이 "" 안에 파일 이름을 표시하면 먼저 프로그램 폴더부터 찾아보고, 없으면 다시 Arduino\libraries 폴더에서 찾습니다. 만약 #include <Led.h>와 같이 <> 안에 파일 이름을 표시하면 Arduino\libraries 폴더에서 찾습니다. Led.h 파일은 프로그램 폴더 안에 있으므로 3행과 같이 큰따옴표로 지정하면 됩니다.

클래스를 이용해서 오브젝트를 만든 후, 그 오브젝트에 메소드를 붙여서 사용하면 됩니다. 하나의 클래스를 이용해서 오브젝트는 몇 개든지 만들 수 있습니다. 만약 오브젝트를 두 개 만든다면 다음과 같이 지정할 수도 있습니다.

```
Led led(LED_PIN,LOW); // PIN, onVal
Led led1(LED1_PIN,HIGH); // PIN, onVal
```

다음과 같이 오브젝트를 생성한다고 가정합시다.

```
Led led(LED_PIN,LOW);
```

이때에는 다음 메소드가 실행됩니다.

```
Led::Led(int INpin, bool INonVal) {
  pin = INpin;
  onVal = INonVal;
  offVal = !onVal;

  mode = LED_OFF;
  onMil = ON_MIL;
  offMil = OFF_MIL;
  pinMode(pin,OUTPUT);
  digitalWrite(pin,offVal); // off
}
```

❷ **반복 실행** (17~48행) : 시리얼 모니터에서 값을 입력하여 Led를 제어합니다. 47행은 LED_BLINK 모드일 때 LED를 조건에 맞춰 ON, OFF하는 기능을 하는 메소드입니다. 이처럼 loop() 안에서 지속적으로 모니터링해야 할 일이 있으면 run() 메소드를 만들어서 실행하는 경우가 많습니다.

시리얼 모니터에 'n 500 f 100 m 2'를 입력해봅시다. onMil과 offmil은 각각 500과 100으로 설정되고, LED_BLINK 모드로 진입하게 될 것입니다.

실행 결과

```
Input m 0 for led off
Input m 1 for led on
Input m 2 for led blink
Input n nnn for onMil
Input f nnn for offMil
ledSetOnMil=500
ledSetOffMil=100
mode=LED_BLINK
```

04 함수와 클래스를 배우는 이유

아두이노 IDE에서 새 파일을 열면 `setup()`과 `loop()` 함수로 이루어진 여백이 많은 화면이 나타납니다. 여기에 `pinMode()`나 `digtitalWrite()`와 같은 명령어를 입력하여 네크워크로 연결되는 IoT 프로그램을 직접 작성할 수 있을까요? 이런 식으로 개인이 모든 명령어를 작성하여 제대로 된 IoT 프로젝트를 완성하기는 어렵습니다. 프로그램 양이 너무 많고 복잡하여 작성이 불가능하거나, 아니면 프로그램 학습과 작성에 너무 오랜 시간이 소요되어 비현실적일 수 있습니다.

아두이노라는 환경 자체가 이미 많은 함수와 클래스로 이루어져 있습니다. 이것을 기반으로 IoT 프로그램을 만드는 데에도 추가로 많은 함수와 클래스가 필요합니다. 다른 사람이 만들어 둔 여러 오픈 소스 라이브러리를 필연적으로 사용해야 하고, 본인도 많은 프로그램 코드를 체계적으로 만들어야 합니다.

함수와 클래스는 재사용할 수 있는 프로그램 코드를 만드는 기술입니다. 이 장에서 익힌 함수와 클래스를 만들고 사용하는 방법은 IoT 프로그램을 만드는 데 좋은 기반이 될 것입니다.

CHAPTER

07 연습문제

※ (7.1~7.5) 다음 빈칸에 알맞은 용어를 넣으세요.

7.1 함수를 호출할 때 함수에 전달하는 값을 (   ) (이)라고 하고, 함수 코드에서 전달받은 변수를 (   ) (이)라고 합니다.

7.2 함수에 대하여 선언되는 정보를 (   ) (이)라고 합니다. 이 정보에는 돌려받을 값, 함수 이름, 매개 변수 리스트가 포함됩니다.

7.3 매개 변수의 속성이나 개수가 다른 함수들끼리 같은 이름을 공유하는 것을 (   ) (이)라고 합니다.

7.4 클래스를 이용하여 오브젝트를 만들 때 사용되는 함수를 (   ) (이)라고 합니다.

7.5 클래스에 속한 메소드의 코드를 작성할 함수 이름 앞에 'class_name::'를 붙입니다. 이때 '::'를 (   ) (이)라고 합니다.

7.6 다음은 2개의 숫자를 곱하고 결과를 얻는 프로그램입니다. 함수 multilpy1()은 값을 돌려받고, 함수 multilpy2()는 인수에 결과가 반영되도록 합니다. 밑줄 친 부분을 채워서 완전한 프로그램으로 만드세요.

프로그램 7-7 multiply-overload-exam

```
float f1 = 2.5;
float f2 = 3.6;
float f3;

void setup() {
  Serial.begin(115200);
  Serial.println();

  f3 = multiply1(f1,f2);
  Serial.println(f3);

  //아래 f1,f2,f3은 인수(argument)임
  multiply2(f1,f2,f3);
  Serial.println(f3);
}

void loop() {
}

//아래 a,b,c는 매개 변수(parameter)임
______ multiply1(float a, float b) {
  float c = a * b;
  ______ ___;
}

//아래 a,b,c는 매개 변수(parameter)임
______ multiply2(float a, float b, ______ ___) {
  c = a * b;
}
```

7.7 다음은 [프로그램 7-6] serial-led-class에 LED의 현재 상태를 알려주는 getModeStr()이라는 메소드를 추가하는 프로그램입니다. 시리얼 모니터에서 'm 3'이 입력되면 이 메소드가 호출되어 'ON', 'OFF' 또는 'BLINK'를 스트링으로 돌려줍니다. 밑줄 친 부분을 채워서 완전한 프로그램으로 만드세요.

프로그램 7-8 serial-led-class-exam > Led.h

```
#define LED_OFF 0
#define LED_ON 1
#define LED_BLINK 2

#define ON_MIL 3000
#define OFF_MIL 500

// class 이름 첫글자는 대문자가 좋음
class Led {

  // 외부에 알려짐
  public:
    // constructor
    // class 이름 사용
    // void가 없음
    Led(int pin, bool onVal);

    void setOnMil(int val);
    void setOffMil(int val);
    void off();
    void on();
    void blink();
    void run();
    ________ getModeStr();

  // 내부에서만 사용
  private:
    int pin;
    bool onVal;
    bool offVal;

    int mode; // 0:LED_OFF, 1:LED_ON, 2:LED_BLINK
    int onMil;
    int offMil;

    bool blinkOn;
    unsigned long nextMil;
```

```
}; // {}의 끝에 ;이 있음

//===================
// 중간 생략
//===================


       Led::getModeStr() {
  String modeStr;
  switch(_____) {
    case 0 : modeStr = "OFF";
             ________;
    case 1 : modeStr = "ON";
             ________;
    case 2 : modeStr = "BLINK";
             ________;
    default : modeStr = "";
             ________;
  }
  return _______;
}
```

프로그램 7-8 serial-led-class-exam > serial-led-class-exam.ino

```
#define LED_PIN LED_BUILTIN

#include "Led.h"
Led led(LED_PIN,LOW);  // PIN, onVal

void setup() {
  Serial.begin(115200);
  Serial.println();

  Serial.println("Input m 0 for led off");
  Serial.println("Input m 1 for led on");
  Serial.println("Input m 2 for led blink");
  Serial.println("Input m 3 for current mode");
  Serial.println("Input n nnn for onMil");
  Serial.println("Input f nnn for offMil");
}

```

```
void loop() {

  while(Serial.available()) {
    char c = Serial.read();
    if (c == 'm') {
      int val = Serial.parseInt();
      switch (val) {
        case 0 : led.off();
                 Serial.println("mode=LED_OFF");
                 break;
        case 1 : led.on();
                 Serial.println("mode=LED_ON");
                 break;
        case 2 : led.blink();
                 Serial.println("mode=LED_BLINK");
                 break;
        case _ : Serial.print("current mode=");
                 Serial.println(____________);
                 break;
        default: Serial.println("mode ERROR!!");
      }
    }
    else if (c == 'n') {
      int val = Serial.parseInt();
      led.setOnMil(val);
      Serial.printf("ledSetOnMil=%d\n",val);
    }
    else if (c == 'f') {
      int val = Serial.parseInt();
      led.setOffMil(val);
      Serial.printf("ledSetOffMil=%d\n",val);
    }
  }
  led.run(); // LED_BLINK일 때 ON,OFF
}
```

CHAPTER

08

아두이노 라이브러리 활용하기

학습목표

- 아두이노 프로그램의 파일 구조를 이해합니다.
- .ino, .h, .cpp 파일의 차이점을 구분합니다.
- 아두이노 라이브러리의 용도와 구조를 이해합니다.
- 스니펫을 만들고 활용하는 법을 학습합니다.

이 장의 실습 준비물

부품 이름	대체품	수량	용도
LOLIN(WEMOS) D1 mini	ESP8266 계열의 보드	1	마이크로컨트롤러
USB 마이크로 5핀 케이블		1	보드와 PC 연결

PREVIEW

아두이노 IDE에서 만들어진 프로그램은 .ino 파일 형태로 보관됩니다. 아두이노의 .ino 파일과 일반적인 C++ 프로그램의 .cpp 파일과의 차이점을 이해해야 아두이노 프로그램을 제대로 작성할 수 있습니다. 이 장에서는 아두이노 파일의 구조를 학습합니다.

또한 이 장에서는 라이브러리에 대해 학습합니다. 라이브러리는 재사용할 수 있는 프로그램의 묶음입니다. 클래스를 라이브러리로 바꿔서 등록하고 사용하는 방법을 익히면 프로그래밍 수준을 한 단계 올릴 수 있습니다.

또한 여러 센서를 다루는 코드를 스니펫 단위로 구성하는 방법을 공부합니다. 스니펫은 재사용 가능한 소스 코드를 뜻하며 이를 잘 활용하면 대규모 아두이노 프로그램도 쉽게 만들 수 있습니다.

SECTION 01

아두이노 파일 구조

IoT 시스템은 센서와 액추에이터를 가진 여러 개의 보드를 연결해서 만들어야 합니다. 보드는 메시지 브로커에 유무선 통신으로 연결되어야 하고, 대시보드에서 내려오는 명령에 따라 작동합니다. 따라서 여러 기능을 가진 프로그램이 필요하고, 덩달아 작성해야 할 코드의 양도 많아집니다. 프로그램의 크기가 커지면 작은 단위의 파일로 나누어서 관리하면 편합니다. 또한 여러 프로그램에서 공통적으로 사용되는 프로그램 조각은 따로 모아서 관리하는 것이 효율적입니다.

01 프로그램 폴더와 메인 파일

가장 간단한 아두이노 프로그램은 **폴더**와 그 폴더 안에 있는 **폴더.ino** 파일로 구성됩니다. 폴더와 같은 이름을 가진 .ino 파일을 **'메인 파일'**이라고 합니다. 모든 프로그램 명령어를 메인 파일에 넣을 수 있지만, 여러 개의 .ino 파일로 분리해도 됩니다.

02 탭으로 프로그램 분리하기

아두이노 IDE에서 탭 기능을 활용하면 별도의 파일을 작성할 수 있습니다. IDE 메뉴에서 ❶ **[탭 버튼]**–❷ **[새 탭]**을 선택한 후 ❸ **'새로운 파일을 위한 이름'**에 파일 이름을 입력하고 **[확인]**을 누르면 새로운 파일이 만들어집니다. 이때 확장자를 지정하지 않으면 .ino로 정해집니다. 탭에는 파일 이름이 표시되며 .ino 파일인 경우 확장자가 생략됩니다.

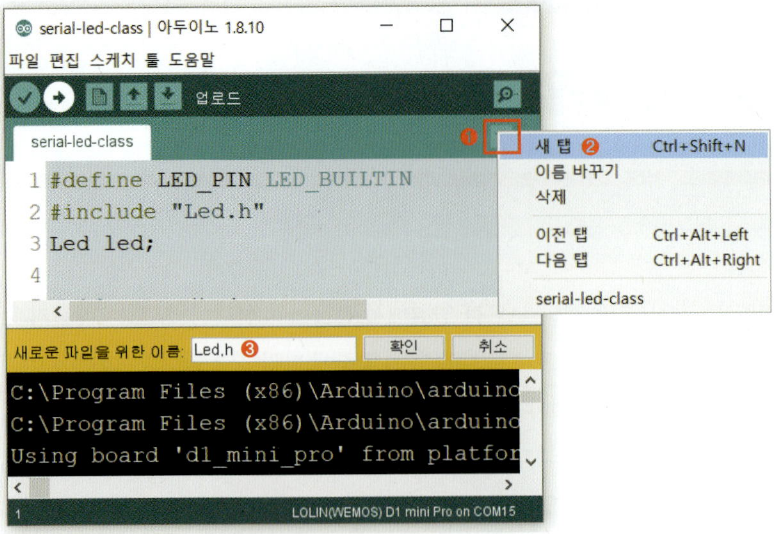

[그림 8-1] 새로운 파일 만들기

컴파일을 할 때 이렇게 만든 여러 개의 .ino 파일들은 '메인 파일'을 앞세우고 모두 합쳐집니다. 즉 모든 .ino 파일은 자동으로 프로그램의 일부가 됩니다.

반면에 .h 파일은 반드시 `#include "파일 이름.h"`라고 지정해야만 프로그램의 일부가 됩니다. .ino 파일의 경우에는 전체 프로그램에서 차지하는 위치를 정할 수가 없지만 .h 파일의 경우는 `#include` 위치를 선택할 수 있습니다. 위치에 민감한 프로그램 코드는 반드시 .h 파일에 넣어야 합니다.

개별 .ino 파일 안에서 변수를 선언할 수도 있지만, 공용으로 사용할 변수는 메인 파일의 `setup()` 함수 앞 부분에 선언하는 것이 좋습니다.

여기서 잠깐 **컴파일할 때 .ino 파일은 .cpp 파일로 바뀐다**

프로그램을 컴파일할 때는 어떤 절차를 거치게 될까요? 먼저 메인 파일을 복사해서 임시로 .cpp 파일을 만들고 나머지 .ino 파일들도 차례차례 복사해서 이 .cpp 파일에 덧붙입니다. 그리고 아두이노 기본 파일을 포함하고, 함수 프로토타입도 만들어서 `setup()` 위쪽에 넣어줍니다. 이렇게 최종적으로 만들어진 .cpp 파일을 컴파일러에 전달하면 컴파일 작업이 시작됩니다.

03 클래스 파일을 나누어 만들기

7장에서 만든 [프로그램 7-6] serial-led-class는 Led.h라는 파일 안에 클래스의 선언 부분과 함수 부분을 한꺼번에 넣었습니다. 그러나 일반적으로 클래스의 선언 부분은 Led.h에 두고 메소드(함수) 코드 부분은 Led.cpp 파일로 나누어 저장합니다. 이렇게 파일을 분리해 두면 .cpp의 코드가 바뀌지 않는 한 매번 컴파일하지 않아도 되므로 컴파일 시간을 줄일 수 있습니다.

여기서는 [프로그램 7-6] serial-led-class를 복사해서 serial-led-class-div를 만들고 serial-led-class-div의 Led.h 파일을 Led.h와 Led.cpp 파일로 분리해보겠습니다.

프로그램을 복사해서 새로운 프로그램으로 만드는 방법에는 두 가지가 있습니다.

- IDE에서 **[파일]-[다른 이름으로 저장…]**을 선택하여 **파일 이름**을 지정합니다.
- 기존 프로그램 폴더를 복사하여 새로운 폴더를 만들고 이 폴더의 이름을 새로운 프로그램 이름으로 수정합니다. 폴더 안의 메인 프로그램 파일명도 새로운 프로그램 이름으로 수정합니다.

Led.h 파일에 중복 #include 방지 기능 넣기

똑같은 파일을 여러 번 #include로 선언하면 컴파일 오류가 발생합니다. 그래서 실수로 여러 번 #include 하더라도 단 한 번만 #include 되도록 .h 파일을 구성하는 것이 좋습니다.

그 방법은 의외로 간단합니다. 다음과 같은 코드를 .h 파일에 포함하면 됩니다.

```
#ifndef LED_H
#define LED_H
// 원래 .h 파일 내용
#endif
```

앞 문장은 .h 파일을 만드는 전형적인 템플릿입니다. 우선 'Led.h'를 이용해서 새로운 이름인 'LED_H'를 만들고, '#ifndef LED_H' 지시어를 통하여 LED_H가 #define 되어 있는지 확인합니다. 여기서 LED_H는 다른 .h 안에 나타나지 않는 고유한 이름이어야 합니다.

#ifndef는 #if not defined를 줄인 말입니다. 맨 처음 #include한 경우 '#ifndef LED_H'는 참이 되므로, '#define LED_H'부터 #endif 앞까지의 내용이 유효한 코드가 됩니다. 두 번째부터 #include 하게 되면, '#ifndef LED_H'가 거짓이 되므로 코드가 없는 셈이 되어 #include는 동작하지 않습니다. 반드시 #ifndef에 대응하여 끝나는 곳에 #endif를 작성합니다.

Led.h 파일의 중복 #include를 방지하기 위한 코드는 다음과 같습니다.

```
#ifndef LED_H
#define LED_H

#define LED_OFF 0
#define LED_ON 1

// ---------
// 중간 생략
// ---------

class Led {

  // ---------
  // 중간 생략
  // ---------

};

Led::Led(int INpin, bool INonVal) {
// ---------
// 중간 생략
// ---------
}
// ---------
// 이하 생략
// ---------

#endif
```

이제 Led.h는 중복해서 #include 되지 않습니다. 그러나 아직도 메소드(함수) 코드를 포함합니다. 이제는 메소드(함수) 코드를 분리하여 Led.cpp 파일을 만들어봅시다.

Led.cpp 파일에 만들기

.cpp 파일은 별도로 컴파일 됩니다. 그래서 클래스의 선언 정보인 Led.h가 필요합니다. 아두이노 기본 라이브러리인 Arduino.h 파일도 필요합니다. 그래서 Led.cpp 파일은 다음과 같이 구성됩니다.

```
#include <Arduino.h>
#incldue "Led.h"
// 메소드(함수) 코드
```

Led.h 파일에서 메소드(함수) 코드만 잘라내어 Led.cpp 파일로 구성하면 다음과 같습니다.

```
#include <Arduino.h>
#include "Led.h"

// constructor,void가 없음
Led::Led(int INpin, bool INonVal) {
// 이하 생략
```

이제 serial-led-class-div의 파일 구성은 다음과 같습니다.

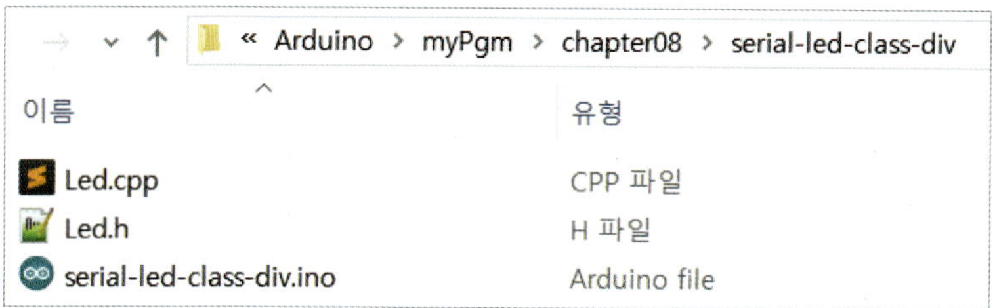

[그림 8-2] serial-led-class-div 파일 구성

클래스 전체를 하나의 Led.h 파일에 두는 경우나, Led.h와 Led.cpp로 나눈 경우 메인 프로그램에서는 `#include "Led.h"`를 써주면 됩니다.

Led.h와 Led.cpp는 다른 프로그램에서도 사용할 수 있는 클래스이므로 프로그램 폴더마다 두는 것은 비효율적입니다. 다음 절에서는 이 클래스를 공용 라이브러리에 두고 사용하는 방법을 배워보겠습니다.

SECTION 02

라이브러리 활용하기

클래스를 구성하는 .h 파일과 .cpp 파일은 별도로 폴더를 만들어 관리할 수 있습니다. 이와 같은 폴더 단위의 프로그램 묶음을 **라이브러리(Library)**라고 합니다. 라이브러리의 폴더 이름은 그 안에 있는 .h 파일이나 .cpp 파일과 기능적인 연관은 없습니다. 그러나 그 기능을 잘 알 수 있게 폴더 이름을 정하는 것이 좋습니다.

여기서 잠깐 **아두이노의 라이브러리 폴더**

아두이노에는 라이브러리를 보관하는 디렉토리(폴더)가 세 곳이 있습니다.

- **프로그램 폴더**

  .ino 파일이 보관되어 있는 폴더이지만 .h나 .cpp로 된 라이브러리를 둘 수 있습니다.

- C:\…\Documents\Arduino\libraries

  이곳은 처음에는 비어 있고, 나중에 사용자가 추가로 설치하는 라이브러리가 들어가게 됩니다. 사용자가 작성한 라이브러리도 여기에 넣습니다.

- **아두이노 설치 폴더\Arduino\libraries**

  IDE를 설치할 때 자동으로 생성되며, Arduino.h와 같은 핵심 라이브러리가 설치되어 있습니다. 폴더 이름은 설치된 보드 매니저에 따라 다릅니다.

`#include <filename.h>`와 같이 < > 안에 파일 이름을 표시하면 전처리기(preprocessor)는 두 번째와 세 번째 라이브러리 순서대로 파일을 찾게 됩니다.

`#include "filename.h"`와 같이 " " 안에 파일 이름을 표시하면 전처리기(preprocessor)는 우선 프로그램 폴더 안에서 파일을 찾고, 없으면 두 번째와 세 번째 라이브러리 순서대로 파일을 찾게 됩니다.

01 라이브러리 파일 구조

만약 라이브러리가 Led.h와 Led.cpp라는 파일로 구성되어 있다면 다음과 같은 파일 구조를 가집니다. 여기서 초록색으로 표시된 부분은 폴더를 의미합니다.

```
Arduino>libraries
  Led
    examples
      led-sample1
        led-sample1.ino
    src
    Led.cpp
    Led.h
    keywords.txt
    library.json
    library.properties
    README.md
```

여기서 꼭 필요한 부분은 폴더 Led와 그 폴더에 들어 있는 Led.cpp와 Led.h라는 파일입니다. 라이브러리의 폴더 이름은 임의로 정하면 됩니다. 컴파일러는 .h 파일을 찾을 때 첫 폴더부터 차례로 탐색하기 때문에 폴더 이름은 라이브러리의 기능을 잘 설명하는 이름이면 됩니다. 폴더 examples에는 예제 프로그램을 몇 개든지 작성해도 됩니다. 여기에 있는 예제 프로그램은 IDE에서 **[파일]-[예제]**를 실행하면 볼 수 있습니다.

파일 library.properties에는 라이브러리 속성을 기록할 수 있습니다. 만약 이 파일이 지정되어 있으면 라이브러리 폴더 아래에 폴더 src를 만들고 그 안에 .h나 .cpp 파일을 둘 수도 있습니다.

웹 페이지 **아두이노 라이브러리 정보 파일**

keywords.txt, library.json, library.properties, README.md는 아두이노 라이브러리의 정보를 표시하는 파일입니다. 이러한 파일에 대한 설명은 다음 웹 페이지에서 제공합니다.

https://iotmaker.kr/iotbook-arduino-lib-files

02 라이브러리 만들기

Arduino\libraries 폴더 아래에 새로운 라이브러리를 만들어봅시다.

1 라이브러리를 나타낼 수 있는 이름으로 폴더를 만듭니다. 여기서는 Led라고 작성합니다.

2 폴더 Led 아래에 [프로그램 8-1] serial-led-class-div에서 복사해 온 Led.cpp와 Led.h 파일을 넣습니다.

라이브러리 Led의 파일 구조는 다음과 같습니다.

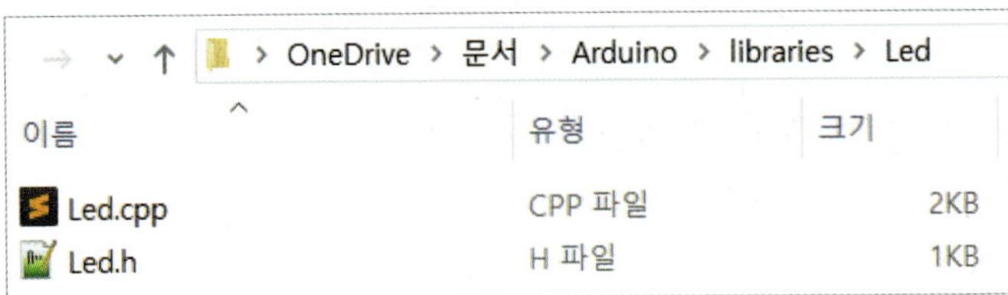

[그림 8-3] Led 라이브러리의 파일 구조

3 이제 Led 라이브러리를 사용할 때 다음과 같이 #include로 선언하면 됩니다.

```
#include <Led.h>
```

Arduino\libraries 폴더 아래에 있는 파일은 아두이노 프로그램 형식이 아니므로 아두이노 IDE로 편집할 수 없습니다. 이 경우에는 외부 편집기를 사용해야 합니다.

웹 페이지 외부 편집기 사용하기

다음 웹 페이지에서는 여러 외부 편집기 중에서 'sublime text 3'에 대한 설치 절차와 사용법을 안내합니다. 이러한 편집기가 있어야 아두이노 라이브러리를 제대로 편집할 수 있습니다.

https://iotmaker.kr/iotbook-sublime-text-3

03 라이브러리 포함하기

IDE의 메뉴에서 Led.h 파일을 포함하는 방법을 배워봅시다.

1 **[스케치]-[라이브러리 포함하기]**를 선택하면 [그림 8-4]와 같이 사용할 수 있는 라이브러리 목록이 나타납니다.

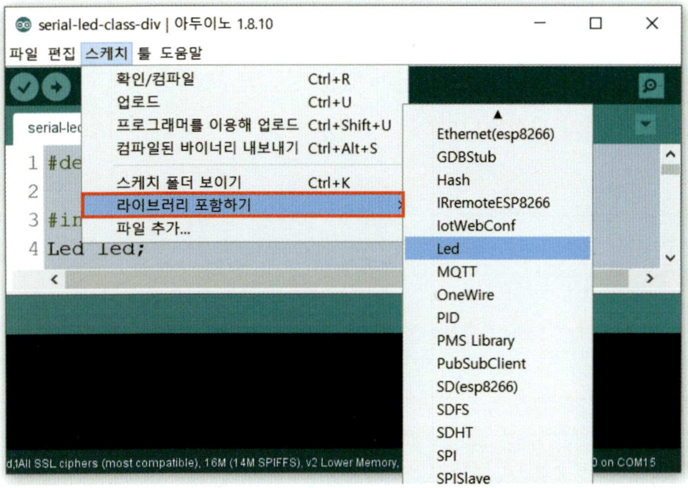

[그림 8-4] 라이브러리 포함하기

2 앞에서 만든 Led를 선택하면 다음과 같이 `#include <Led.h>`가 편집 창 위에 자동 삽입됩니다.

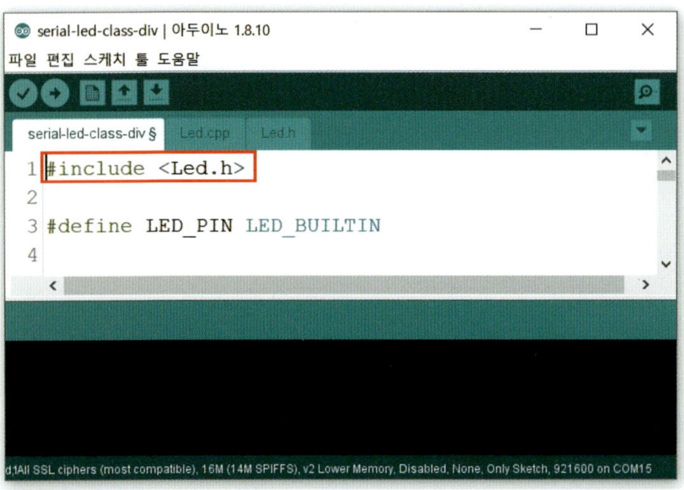

[그림 8-5] 자동으로 삽입된 .h 파일

04 라이브러리 설치하기

라이브러리 매니저를 사용하여 설치하기

라이브러리 매니저를 사용하여 필요한 라이브러리를 설치할 수 있습니다. 예를 들어 한글 OLED를 지원하는 라이브러리인 **U8g2**를 설치해보겠습니다.

1 우선 **[스케치]-[라이브러리 포함하기]-[라이브러리 관리…]**를 선택하면 **라이브러리 매니저**가 나타나고, 클라우드에 보관 중인 라이브러리 리스트 정보가 다운로드됩니다.

2 다운로드가 끝난 뒤 맨 위 검색창에 'u8g2'를 입력하면 관련이 있는 항목만 표시됩니다. 여기에서 활성화된 **[설치]** 버튼을 누르면 라이브러리 설치가 시작됩니다.

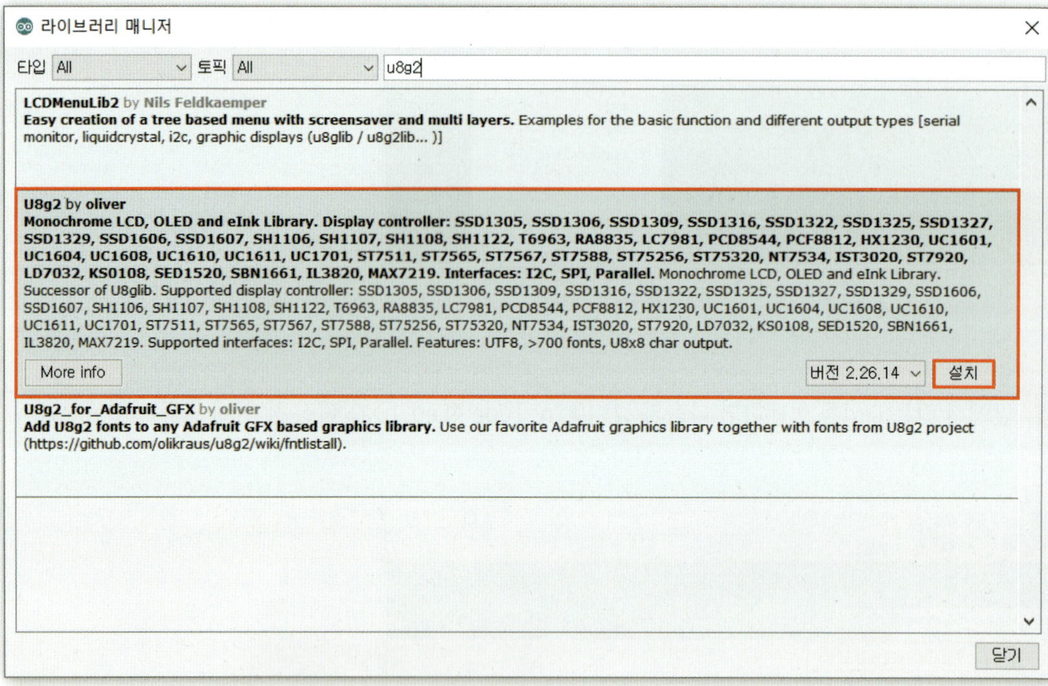

[그림 8-6] 라이브러리 매니저

3 라이브러리 설치가 끝나면 **[스케치]-[라이브러리 포함하기]-[U8g2]**를 선택합니다. 편집 창 맨 위에 다음 문장이 삽입되면 설치가 제대로 끝난 것입니다.

```
#include <U8g2lib.h>
```

라이브러리를 다운로드해서 설치하기

아두이노 IDE에 있는 **라이브러리 매니저**를 이용하면 주요 라이브러리는 설치가 가능하지만, 외부에서 구한 .zip 파일로 된 라이브러리를 설치해야 할 때도 있습니다. 아두이노 라이브러리는 구글 검색으로 찾으면 되는데, 대부분의 경우 오픈 소스 라이브러리를 개발하고 공유할 수 있는 사이트 중에서 제일 유명한 `github.com`에서 다운로드할 수 있습니다. 이를 실습해보기 위해 'wifimanager.h'라는 라이브러리를 설치해봅시다.

1 구글에서 'wifimanager'로 검색 후 해당 Github 페이지로 들어갑니다.

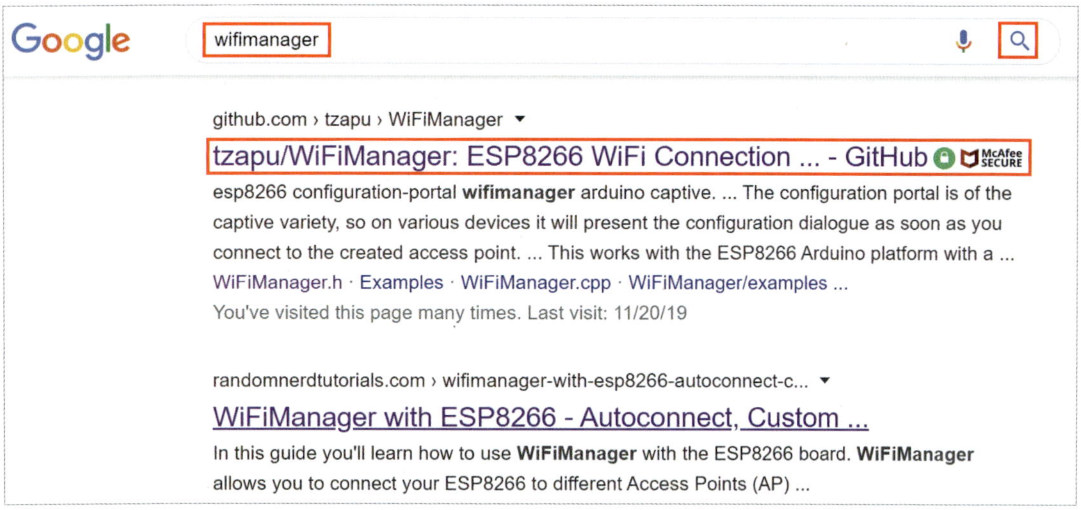

[그림 8-7] 구글에서 라이브러리 검색하기

2 Github의 'WiFiManager' 페이지로 이동합니다.

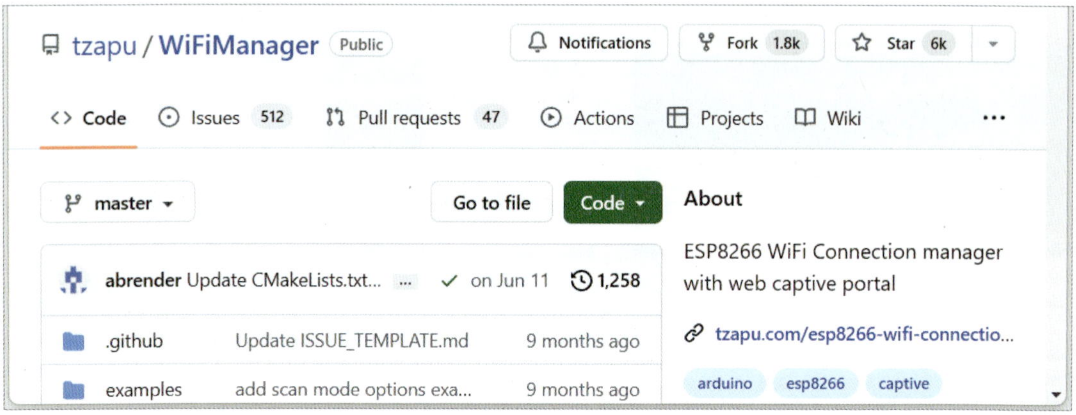

[그림 8-8] Github의 라이브러리 페이지

3 ❶ [code]–❷ [Download ZIP]을 선택하여 ❸ 라이브러리의 .zip 파일을 다운로드합니다.

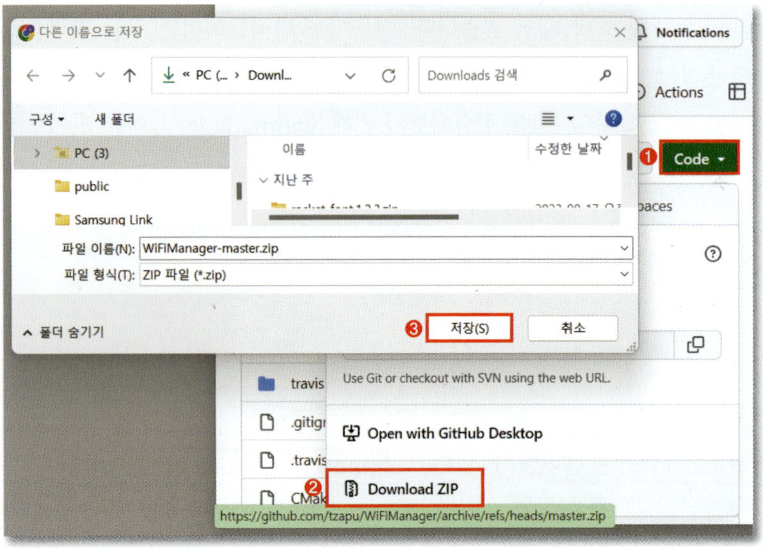

[그림 8–9] .zip 파일 다운로드하기

4 아두이노 IDE에서 **[스케치]–[라이브러리 포함하기]–[.ZIP 라이브러리 추가…]**를 선택합니다.

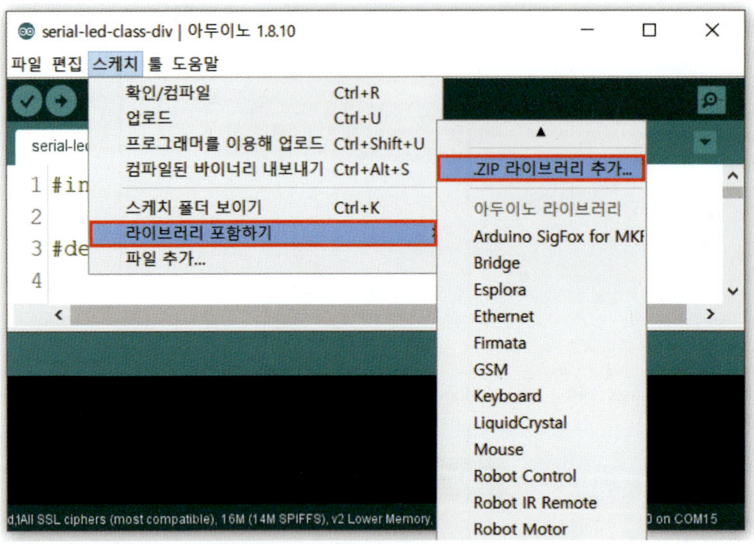

[그림 8–10] .ZIP 라이브러리 추가하기

5 ❶ 다운로드한 .zip 파일을 지정하고 ❷ **[열기]**를 누르면 라이브러리 설치가 시작됩니다.

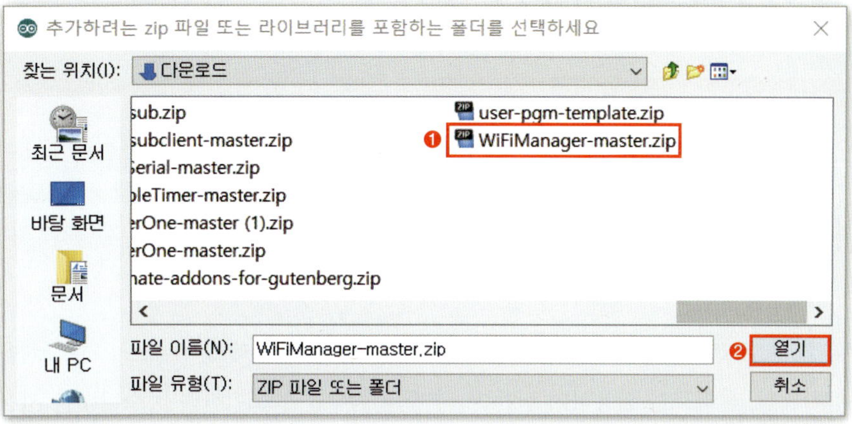

[그림 8-11] .zip 라이브러리 선택하기

6 '라이브러리가 추가되었습니다.'라는 메시지가 나타나면 제대로 설치가 된 것입니다.

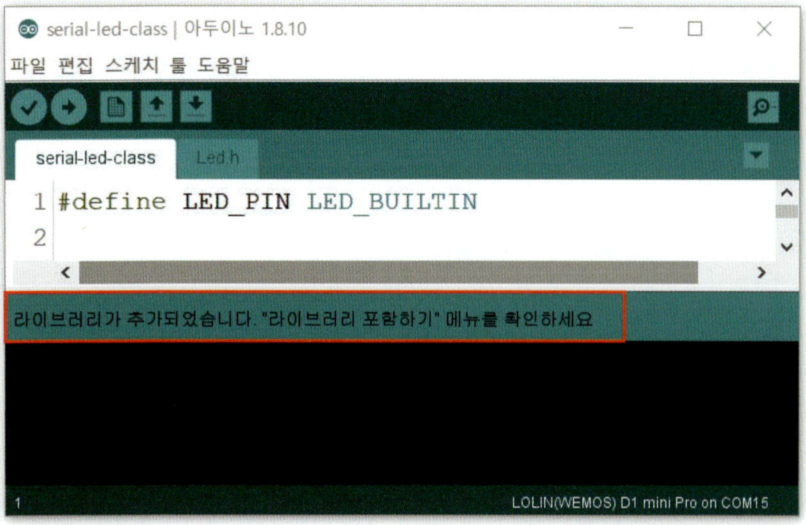

[그림 8-12] 라이브러리 추가 성공 메시지

만약 이전에 같은 라이브러리를 설치한 적이 있으면 '라이브러리 이름 WiFiManager-master가 이미 존재합니다.'라는 메시지가 나옵니다. 이런 경우에는 Arduino\libraries\WiFiManager-master 폴더를 삭제하고 다시 설치를 시도해야 합니다.

SECTION 03

스니펫 활용하기

01 스니펫이란?

재사용하기 위해서 구분한 프로그램 조각을 **스니펫(snippet)**이라고 합니다. 클래스 단위로 프로그램을 만들어도 재사용이 가능하지만, 클래스를 활용하여 만든 여러 개의 함수들을 포함하려면 스니펫을 사용하는 것이 좋습니다. 클래스 선언, 변수 선언, 초기화 루틴, 가공된 값을 반복적으로 처리하지 않기 위해 새롭게 만든 함수 등을 하나의 파일에 넣어두고 필요할 때 #include로 포함하면 편리합니다. 스니펫은 주로 센서별로 만들어서 별도의 .h 파일로 관리합니다.

02 스니펫이 필요한 이유

다음은 ds18b20 디지털 온도 센서를 읽어서 온도를 출력하는 프로그램입니다. 보드와 센서의 연결 회로는 다음에 다루기로 하고, 스니펫 작성을 위해 코드의 구성만 먼저 살펴봅시다.

프로그램 8-1 ds18b20

```
#include <AimTimer.h>
AimTimer timerTemp;

#define DS18B20_PIN D7

// OneWire.h와 DallasTemperature.h는 라이브러리 매니저에서 설치
#include <OneWire.h>
#include <DallasTemperature.h>
#define ONE_WIRE_BUS DS18B20_PIN
OneWire oneWire(ONE_WIRE_BUS);
DallasTemperature sensors(&oneWire);

void setup() {
  Serial.begin(115200);
```

```
  Serial.println();
  sensors.begin();
}

void loop() {
  if (timerTemp.isOn(5.0)) {
    sensors.requestTemperatures();
    float temp = sensors.getTempCByIndex(0);
    Serial.print("getTempCByIndex, temp=");
    Serial.println(temp);
  }
}
```

ds18b20 디지털 온도 센서는 정밀도가 높고, 핀 하나로 여러 센서를 병렬로 연결할 수가 있어서 편리합니다. 그러나 OneWire.h와 DallasTemperature.h가 필요하고, OneWire 오브젝트의 주소를 DallasTemperature 오브젝트에 인수로 전달해야 합니다. 또한 begin() 메소드, request Temperatures() 메소드를 실행한 후에나 getTemCByIndex() 메소드에서 온도를 얻을 수 있습니다. 이처럼 여러 라이브러리를 추가해야 하고 제법 복잡한 과정을 거쳐야 제대로 된 결과를 얻을 수 있습니다.

대부분의 센서 코드는 ① **선언 부분**, ② **setup() 안에서의 초기화 단계**, ③ **loop()에서의 주요 메소드 호출**로 이루어집니다. [프로그램 8-2]처럼 이렇게 여러 라이브러리가 필요하고 여러 단계의 처리 과정을 거쳐야 하는 경우 그대로 프로그램을 재사용하기는 어렵습니다. 그래서 이러한 일련의 과정을 수행하는 프로그램의 조각을 스니펫으로 만들어 놓으면 사용하기가 편합니다.

03 스니펫 만들기

이 책에서는 센서를 다루는 모든 스니펫의 이름은 '**Aims_**'로 시작합니다. Aims는 저자가 붙인 이름으로, Arduino IoT Maker Snippets의 줄임말입니다. 다음은 DS18B20을 사용하기 위해 만든 스니펫으로, Arduino\libraries\Aims_ds18b20_func에 위치합니다.

스니펫은 아두이노 프로그램 형식이 아니므로 아두이노 IDE로는 편집할 수 없습니다. 편집하기 위해서는 외부 편집기를 사용해야 합니다.

스니펫 8-1 Aims_ds18b20_func.h

```
#ifndef  AIM_DS18B20_FUNC.H
#define  AIM_DS18B20_FUNC.H

/*
Usage (사용법)
#define DS18B20_PIN D7
#include <Aims_ds18b20_func.h>

Libraries to be installed (설치할 라이브러리)
OneWire.h:
>>> Lib Manager -> "OneWire by Jim Studt.. "
DallasTemperature.h:
>>> Lib Manager -> "DallasTemperature by Miles Burton .. "
*/

// Function Prototypes
void ds18b20_begin();
float ds18b20_getTempC(int index);
float ds18b20_getTempF(int index);
float ds18b20_getTempC();
float ds18b20_getTempF();

/*
Multiple DS18B20 temperature sensors can be connected to
single data line.
You can access first sensor by index 0.
(DS18B20 센서는 하나의 데이터 라인에 여러 개를 설치할 수 있음
첫 번째 센서는 인덱스 0으로 지정함)
*/

#include <OneWire.h>
#include <DallasTemperature.h>
#define ONE_WIRE_BUS DS18B20_PIN

OneWire oneWire(ONE_WIRE_BUS);
DallasTemperature sensors(&oneWire);

bool ds18b20_fst = true;

void ds18b20_begin() {
  sensors.begin();
}
```

```
043
044 float ds18b20_getTempC(int index) {
045   if (ds18b20_fst) {
046     ds18b20_fst = false;
047     sensors.begin();
048   }
049   sensors.requestTemperatures();
050   float temp  = sensors.getTempCByIndex(index);
051   return temp;
052 }
053
054 float ds18b20_getTempF(int index) {
055   if (ds18b20_fst) {
056     ds18b20_fst = false;
057     sensors.begin();
058   }
059   sensors.requestTemperatures();
060   float temp  = sensors.getTempFByIndex(index);
061   return temp;
062 }
063
064 float ds18b20_getTempC() {
065   return ds18b20_getTempC(0);
066 }
067
068 float ds18b20_getTempF() {
069   return ds18b20_getTempF(0);
070 }
071
072 #endif
```

여러 곳에 흩어져 있는 정보를 한 곳에 모으고 몇 개의 함수나 오브젝트로 간단히 사용하도록 하는 것이 스니펫의 기본입니다.

특히 setup()에서 초기화하던 루틴은 주요 함수에서 한꺼번에 처리합니다. 55~58행은 setup()에 있던 초기화 루틴을 주요 함수 안에서 처리하는 방법입니다.

04 스니펫 사용하기

스니펫을 사용하는 방법은 간단합니다. 5행에서 #include <Aims_ds18b20_func.h>를 지정하고 14행에 함수 ds18b20_getTempC()를 사용합니다.

프로그램 8-2 ds18b20-snippet

```
001 #include <AimTimer.h>
002 AimTimer timerTemp;
003
004 #define DS18B20_PIN D7
005 #include <Aim_ds18b20_func.h>
006
007 void setup() {
008   Serial.begin(115200);
009   Serial.println();
010 }
011
012 void loop() {
013   if (timerTemp.isOn(5.0)) {
014     float temp = ds18b20_getTempC();
015     Serial.print("ds18b20_getTempC=");
016     Serial.println(temp);
017   }
018 }
```

스니펫을 적절히 사용하면 프로그램을 재사용하기가 매우 쉬워집니다. 이 책에서는 'Aims_'로 시작하는 주요한 스니펫을 제공합니다. 스니펫 'Aims_ds18b20'에 대한 예제는 IDE의 메뉴에서 **[파일]-[예제]-[Aims_ds18b20_func]-[getTempC]**를 선택하면 됩니다.

웹 페이지 **스니펫 정보**

이 책에서 설명하는 스니펫이나 향후 추가될 스니펫의 리스트는 다음의 웹 페이지에서 안내합니다.

https://iotmaker.kr/iotbook-aims

개별 스니펫에 대해서는 각각의 웹 페이지에서 설명합니다. 예를 들면 ds18b20에 대한 정보는 다음 웹 페이지에서 제공합니다.

https://iotmaker.kr/iotbook-aims-ds18b20-func

CHAPTER 08

연습문제

※ (8.1~8.4) 다음 빈칸에 알맞은 용어를 넣으세요.

8.1 아두이노 프로그램은 폴더와 폴더 이름에 확장자 (　　　　　)을(를) 가진 파일로 이루어집니다.

8.2 아두이노 프로그램에서 확장자 (　　　　　)을(를) 가진 파일은 자동으로 프로그램의 일부분이 됩니다.

8.3 아두이노 프로그램에서 확장자 (　　　　　)을(를) 가진 파일은 자동으로 프로그램의 일부분이 되지 못하고, 원하는 위치에 지시어 (　　　　　)을(를) 사용해서 포함시켜야 합니다.

8.4 공통으로 사용할 파일은 Arduino\(　　　　　) 폴더에 두면 됩니다.

8.5 프로그램 폴더에 있는 파일을 포함시키는 지시어는 어느 것입니까?

① #include <Led.h>

② #include "Led.h"

8.6 라이브러리 폴더에 있는 파일을 포함시키는 지시어는 어느 것입니까?

① #include <Led.h>

② #include "Led.h"

8.7 다음은 Led-control.h라는 이름을 가진 파일입니다. 이 파일이 중복으로 포함되지 않도록 지시어를 추가하세요.

```
#__________ __________
#__________ __________
class Led {
// any code here
};
#______
```

CHAPTER

09

기본 클래스 다루기 AIM

학습목표

- 프로그램의 기본 구조를 만드는 기본 클래스의 역할을 이해합니다.
- 기본 클래스의 핵심 코드와 메소드를 이해합니다.

이 장의 실습 준비물

부품 이름	대체품	수량	용도
PC		1	소프트웨어 설치
LOLIN(WEMOS) D1 mini	ESP8266 계열의 보드	1	마이크로컨트롤러
USB 마이크로 5핀 케이블		1	보드와 PC 연결
버튼 실드	버튼, 브레드보드, 듀폰 케이블	1	입력 장치
(액티브) 버저		1	출력 장치

PREVIEW

MQTT와 연결되는 아두이노 프로그램의 골격에는 일정한 패턴이 있습니다. 그 골격에 센서나 디스플레이 또는 액추에이터를 다루는 코드가 추가되는 것입니다. 아두이노 프로그램의 골격도 여기서 소개되는 클래스를 사용하면 간단하고 명료한 코드로 구성할 수 있습니다.

이 장에서는 기본 클래스의 핵심 코드와 메소드를 이해하고 예제 프로그램을 만들어 봅니다.

SECTION 01 기본 클래스에 대하여

01 클래스가 필요한 이유

IoT 디바이스는 통신 네트워크를 통해 서버 컴퓨터나 클라우드 서비스에 연결된 상태에서 작동해야 합니다. 그래서 IoT 디바이스에는 센서나 액추에이터를 다루는 기능뿐만 아니라 통신이나 데이터를 다루는 기능도 필요합니다. 이 때문에 프로그램이 복잡해지고 코드의 양도 많아져서 코드 작성과 테스트가 어려워지게 됩니다.

클래스란 재사용할 수 있는 프로그램의 묶음입니다. 이 책에서는 IoT 프로그램을 구성하는 공통적인 기능을 여러 개의 클래스로 만들어서 라이브러리 형식으로 제공합니다. 클래스를 이용하여 프로그램을 만들면 적은 노력으로 신뢰도가 높은 결과를 얻을 수 있습니다.

이 책에서 소개하는 기본 클래스를 간단히 연결하기만 해도 대부분의 아두이노 프로그램을 위한 골격은 만들 수 있습니다. 이 책에서 소개하는 함수나 클래스 중에서 'Aim'으로 시작하는 것은 저자가 만들어 제공하는 것입니다. Aim은 'Arduino IoT Maker'에서 따온 말입니다. 이 라이브러리의 코드는 쉬운 C++ 문법으로 되어 있고 프로그램 로직을 설명하기 위한 주석도 많이 붙어 있습니다. 그래서 제공된 라이브러리의 코드를 이해하면 기능을 확장하여 새로운 라이브러리로 발전시킬 수도 있습니다.

02 기본 클래스 설명

- **AimSerial** : 시리얼 통신을 이용해서 key/value의 쌍으로 데이터를 전송할 때 사용합니다. 복수의 하드웨어 시리얼이나 소프트웨어 시리얼도 지원합니다. 시리얼 모니터에서 보드로 데이터를 전송할 때 사용하면 됩니다.
- **AimTimer** : 주기적으로 실행해야 할 루틴을 정의할 때 사용하는 클래스입니다. 가지고 있는 기능은 아주 간단하지만 주기적 실행과 관련된 대부분의 문제를 해결할 수 있습니다.
- **AimOutput** : 디지털 출력 핀을 조작하여 ON/OFF와 점멸(blink)을 가능하게 하는 클래스입니다. 복잡한 점멸 패턴을 쉽게 만들 수 있습니다. 주로 LED나 버저 또는 릴레이를 제어할 때 사용합니다.
- **AimInput** : 주로 버튼 입력을 다양한 방식으로 테스트할 수 있습니다. 버튼 외에도 디지털 입력으로

처리해야 하는 센서를 다룰 수 있습니다.

- **AimPass** : 외부에 노출되면 곤란한 데이터를 설정 정보로 외부 파일 시스템에 보관하여 사용할 때, 암호화하고 복호화하는 기능을 수행합니다.
- **AimConfig** : 설정 정보를 외부 파일 시스템에 JSON 형식으로 보관하여 사용하는 기능을 수행합니다.
- **AimAlarm** : 경보 시스템을 구성하는 센서를 읽을 때 사용하는 클래스입니다. 센서를 직접 읽어서 처리하는 것보다 훨씬 편하게 경보 시스템을 구성할 수 있습니다.
- **AimSandglass** : 일정 시간이 지난 후 처리해야 하는 루틴을 구성할 때 필요한 클래스입니다.

03 | 기본 클래스의 구조

이 책의 기본 클래스는 Aim 라이브러리라는 이름으로 한꺼번에 관리되며, 한꺼번에 설치할 수 있습니다.

Arduino\libraries\Aim 폴더가 기본 라이브러리를 위한 대표 폴더입니다. 개별적인 라이브러리의 .h 파일과 .cpp 파일은 Arduino\libraries\Aim\src 폴더에 들어 있습니다.

프로그램에서는 다음과 같이 사용할 클래스를 지정합니다.

```
#include <AimSerial.h>
#include <AimTimer.h>
#include <AimOutput.h>
#include <AimInput.h>
#include <AimPass.h>
#include <AimConfig.h>
#include <AimAlarm.h>
#include <AimSandglass.h>
```

대체로 하나의 .h 헤더 파일에는 같은 파일 이름을 가진 클래스가 하나씩 들어있습니다. 예를 들면 AimSerial.h 파일에는 AimSerial이라는 클래스가 들어 있습니다.

웹 페이지 **Aim 라이브러리에 대한 정보**

Aim 라이브러리의 변경이나 추가 사항 등의 정보를 다음 웹 페이지에서 안내합니다.

https://iotmaker.kr/iotbook-aim

SECTION 02

AimSerial 클래스

01 주요 기능과 메소드

AimSerial 클래스는 시리얼 모니터에서 key/value의 쌍으로 데이터를 입력하여 보드에 전달할 때 사용합니다.

여기서 잠깐 **메소드를 사용하는 방법**

이 장에서는 메소드를 함수 프로토타입 형식으로 설명합니다. 앞에 **void**가 붙은 메소드는 **오브젝트 이름.메소드( );**의 형식으로 사용됩니다. 메소드에는 정해진 인수를 지정합니다. 인수가 없는 경우는 ( )만 유지합니다.

앞에 데이터형이 붙은 경우는 **받은 값 = 오브젝트 이름.메소드( );**의 형식으로 사용됩니다.

[표 9-1] AimSerial 메소드

메소드	설명
AimSerial mySerial;	mySerial이라는 오브젝트를 생성함 이 책에서는 mySerial을 공통으로 사용함
void begin(&시리얼 이름, 콜백 함수); 또는 void begin(콜백 함수);	시리얼로 데이터가 입력되면 호출되는 콜백 함수를 지정함 • &시리얼 이름 : &Serial1, &softSerial 등과 같이 표시하며, 여기서 &는 변수나 오브젝트의 주소를 표시하는 기호임 • 콜백 함수 : 시리얼 모니터에서 데이터를 입력하면 호출되는 임의의 함수 이름을 지정하는 함수로, 이 책에서는 mySerialCallback으로 통일되어 있음 &시리얼 이름 없이 콜백 함수만 지정할 경우 Serial이 디폴트로 사용됨 즉 첫 인수로 &Serial을 지정한 것과 동일
void run();	항상 loop( ) 안에 넣어두어야 함 그러나 타이머로 작동되는 함수(ISR) 안에 넣으면 안 됨
void echoOn();	'입력값 에코 모드'를 ON 상태로 변환 이 경우 입력된 값을 INP> key=[key값], val=[val값] 형식으로 출력함 '입력값 에코 모드'의 초깃값은 ON임
void echoOff();	'입력값 에코 모드'를 OFF 상태로 변환함

02 예제 프로그램

다음은 시리얼 모니터에 'key val;' 형식으로 값을 입력하여 그 내용을 출력하는 프로그램입니다. ';'로 구분하여 'key val;'을 여러 쌍 입력할 수 있습니다. 한 쌍의 'key val;'을 입력할 때는 ';'을 생략해도 됩니다.

여기서 잠깐 예제 프로그램 불러오기

예제 프로그램을 불러오려면 아두이노 IDE의 메뉴에서 **[파일]-[열기…]-[Arduino]-[iotbook]-[chapter09]-[AimSerial-basic]**을 선택하면 됩니다. 예제 프로그램은 형식에 맞게 수정하여 [myPgm]-[chapterXX]에 저장하여 이용하면 됩니다.

프로그램 9-1 AimSerial-basic

```
#include <AimSerial.h>
AimSerial mySerial;

void setup() {
  Serial.begin(115200);
  Serial.println();
  Serial.println("Input > name|ssid|count|temp val");
  mySerial.begin(mySerialCallback);
}

void loop() {
  mySerial.run();
}

void mySerialCallback(const String& key, const String& val) {
  if (key == "name") {
    // String
    String nm = val;
    nm.toUpperCase(); // error: val.toUpperVase();
    Serial.printf(">>name=%s\n",nm.c_str());
  }
  else if (key == "ssid") {
    // char[]
    char ssid[20];
    val.toCharArray(ssid,sizeof(ssid));
    Serial.printf(">>ssid=%s\n",ssid);
  }
  else if (key == "count") {
```

```
029      // int
030      int cnt = val.toInt();
031      Serial.printf(">>count=%d\n",cnt);
032    }
033    else if (key == "temp") {
034      // float
035      float t = val.toFloat();
036      Serial.printf(">>temp=%.2f\n",t);
037    }
038  }
```

❶ **1~2행** : 클래스 AimSerial을 사용해서 오브젝트 mySerial을 만듭니다.

❷ **4~9행** : setup() 함수에서는 mySerial 오브젝트에서 사용할 콜백 함수를 지정합니다. 이때 8행의 begin() 메소드의 인수는 콜백 함수입니다.

❸ **12행** : loop() 안에는 mySerial.run() 명령어가 반드시 와야 합니다. 실제로 이 메소드에서 시리얼의 데이터를 읽어서 key, val의 값을 만든 후 콜백 함수를 호출합니다.

❹ **15~38행** : 시리얼에 데이터가 입력되면 key, val의 값을 인수로 하여 콜백 함수가 호출됩니다.

매개 변수는 String에 &를 붙여서 참조 방식으로 사용합니다. 앞에 const가 붙어 있으므로 이 함수 안에서 그 값을 바꿀 수는 없고, 다른 형식으로 변환해서 사용할 수는 있습니다.

key의 값을 테스트하여 스트링 형식인 val을 필요한 형식으로 변환하여 사용합니다. 각 형에 맞는 변환 방법을 눈여겨보시기 바랍니다.

val이 const로 선언되어 있기 때문에 val.toUpperCase()와 같이 소문자로 된 스트링의 내용을 대문자로 바꾸려는 시도는 오류로 처리됩니다. 그래서 이런 경우에는 다른 스트링에 값을 옮겨서 nm.toUpperCase()와 같은 방식으로 처리해야 합니다.

다음은 시리얼 모니터에 'name hong; ssid myssid; count 350; temp 25.67'을 입력한 결과입니다.

실행 결과

```
Input > "name|ssid|count|temp val"
INP> key=[name],val=[hong]
>>name="HONG"
INP> key=[ssid],val=[myssid]
>>ssid="myssid"
INP> key=[count],val=[350]
>>count=350
INP> key=[temp],val=[25.67]
>>temp=25.67
```

SECTION 03 AimTimer 클래스

01 주요 기능과 메소드

AimTimer 클래스는 주기적으로 실행하는 루틴을 만들기 위해 사용합니다. 이 클래스의 isOn() 메소드는 정해진 주기마다 참을 돌려줍니다.

[표 9-2] AimTimer 메소드

메소드	설명
AimTimer 오브젝트1(초 단위 주기); AimTimer 오브젝트2;	오브젝트를 생성함 • 초 단위 주기 : 실행 주기를 초단위로 지정, 소수점 이하도 표시할 수 있음 생략하면 10초로 지정됨
void set(초 단위 주기)	• 초 단위 주기 : 실행 주기를 중간에 바꿀 때 사용, 0으로 지정하면 타이머가 해제됨
void reset()	타이머의 주기 계산을 처음부터 다시 시작
void nowOn()	이 문장 다음에 오는 isOn()이 참이 되게 지정
bool isOn()	생성자나 set() 메소드에서 정한 주기마다 참을 돌려줌
bool isOn(초 단위 주기)	인수로 지정한 주기마다 참을 돌려줌

02 예제 프로그램

다음은 2.5초마다 LED의 ON/OFF 상태를 바꾸고, 현재의 LED 상태를 시리얼 모니터에 출력하는 프로그램입니다. 또한 5초마다 시간이 되었다는 내용을 시리얼 모니터에 출력합니다.

프로그램 9-2 AimTimer-basic

```
#include <AimTimer.h>

#define LED_PIN LED_BUILTIN
#define LED_ON  LOW  // current sinking
#define LED_OFF HIGH  // current sinking

AimTimer timerLed(2.5);
AimTimer timerPrt;

bool ledIsOn = false;

void setup() {
  pinMode(LED_PIN,OUTPUT);
  digitalWrite(LED_PIN,LED_OFF);

  Serial.begin(115200);
  Serial.println();
}

void loop() {
  if (timerLed.isOn()) {
    ledToggle();
  }
  else if (timerPrt.isOn(5)) {
    Serial.println("timerPrt.isOn()");
  }
}

void ledToggle() {
  ledIsOn = !ledIsOn;
  if(ledIsOn) {
    digitalWrite(LED_PIN,LED_ON);
  }
  else {
    digitalWrite(LED_PIN,LED_OFF);
  }
  Serial.printf("led=%d\n",ledIsOn);
}
```

실행 결과

```
led=1
timerPrt.isOn()
led=0
led=1
timerPrt.isOn()
```

AimTimer의 오브젝트를 만들 때는 7행의 (2.5)와 같이 ( ) 안에 주기를 초 단위로 설정합니다. 주기는 소수점 이하로 설정할 수 있습니다. 8행과 같이 주기를 생략하고 timerPrt.isOn(5)처럼 메소드에 주기를 넣어서 테스트할 수도 있습니다.

다음과 같이 프로그램 수행 중간에 주기를 바꿀 수도 있습니다.

```
timerLed.set(0.5); //주기를 0.5초로 바꿈
timerLed.set(0);   //주기를 0초로 바꾸면 타이머가 해제됨
timerLed.reset();  //타이머의 주기 계산을 처음부터 다시 시작
```

SECTION 04

AimOutput 클래스

01 주요 기능과 메소드

AimOutput 클래스는 출력 핀을 제어할 때 사용합니다. LED, 액티브 버저, 릴레이, 모스펫 등을 제어하는 용도로 사용합니다. 기본적으로 출력 핀을 ON/OFF하는 역할을 하고, 세밀하게 점멸할 수도 있으며 논블로킹 방식으로 작동합니다.

[표 9-3] AimOutput 메소드

메소드	설명
AimOutput 오브젝트1(핀 번호, ON할 때 값); AimOutput 오브젝트2(핀 번호);	오브젝트를 생성함 • ON할 때 값 : ON할 때 핀에 주는 값(1 또는 0) 보통은 HIGH를 주면 되지만 전류 싱킹 모드이면 LOW를 주며, 생략하면 HIGH로 지정됨
void run()	점멸을 관장하는 함수로, 타이머로 작동되는 함수 안에 넣어두는 것이 좋음 loop() 안에 넣어두어도 되지만 정확한 실행 주기를 보장할 수 없음
void on()	ON함
void off()	OFF함
void on(ON할 밀리초)	ON할 밀리초 동안 ON한 후 OFF함
void off(OFF할 밀리초)	OFF할 밀리초 동안 OFF한 후 ON함
void toggle()	핀의 출력 상태를 바꿈 ON → OFF → ON, BLINK → OFF → ON
void set(ON할 밀리초, OFF할 밀리초, ON/OFF 횟수, ON/OFF사이클 수, 사이클 지연 밀리초)	점멸하도록 지정할 때 사용 • ON/OFF 사이클 수 : ON/OFF 횟수 단위의 사이클 수, 값이 -1이면 계속 진행 • 사이클 지연 밀리초 : 한 사이클을 마친 뒤 대기할 밀리초
void set(ON할 밀리초, OFF할 밀리초, ON/OFF 횟수)	점멸로 지정할 때 사용 • ON/OFF횟수 : 값이 -1이면 계속 진행
void set(ON할 밀리초, OFF할 밀리초)	점멸로 지정할 때 사용, ON/OFF가 계속 진행
void set(ON/OFF값)	핀을 ON(active) 또는 OFF(inactive)로 함 (핀에 HIGH 또는 LOW를 직접 지정하는 것이 아님) • ON값 : 숫자 1, 문자 "1", "ON", "on", "TRUE", "true", "YES", "yes", "Y", "y" • OFF값 : 숫자 0, 문자 "0", "OFF", "off", "FALSE", "false", "NO", "no", "N", "n"
int status()	핀의 상태값을 참과 거짓으로 반환 • 1(ON,BLINK), 0(OFF)

메소드	설명
int status3()	핀의 상태값을 3가지 정수로 반환 • 1(ON), 0(OFF), 2(BLINK)
String status(ON 스트링, OFF 스트링)	핀의 상태를 스트링으로 반환 • ON 스트링 : ON일 때 돌려줄 문자열 • OFF 스트링 : OFF일 때 돌려줄 문자열
String status3(ON 스트링, OFF 스트링, BLINK 스트링)	핀의 상태를 스트링으로 반환 • ON 스트링 : ON일 때 돌려줄 문자열 • OFF 스트링 : OFF일 때 돌려줄 문자열 • BLINK 스트링 : BLINK일 때 돌려줄 문자열
int val()	핀의 전압값을 반환 • 1 또는 0
int setEndOn()	점멸이 끝난 뒤 ON 상태로 바꿈, set() 메소드 바로 앞에 지정해야 함
void setEndOff()	점멸이 끝난 뒤 OFF 상태로 바꿈, set() 메소드 바로 앞에 지정해야 함

02 예제 프로그램

다음은 시리얼 모니터에서 입력한 명령어에 따라 LED의 ON/OFF 상태 또는 점멸 패턴을 바꾸는 프로그램입니다.

프로그램 9-3 AimOutput-basic

```
#define LED_PIN LED_BUILTIN
#define LED_ON  LOW         //current sinking

#include <AimOutput.h>
AimOutput led(LED_PIN,LED_ON);

#include <AimSerial.h>
AimSerial mySerial;

void setup() {
  Serial.begin(115200);
  Serial.println();
  Serial.println(
        "Input >> on|off|toggle|set|set2|set3|status");
  mySerial.begin(mySerialCallback);
}
```

```
017
018 void loop() {
019   led.run();
020   mySerial.run();
021 }
022
023 void mySerialCallback(const String& key, const String& val) {
024   if (key == "on") {
025     led.on();
026   }
027   else if (key == "off") {
028     led.off();
029   }
030   else if (key == "toggle") {
031     led.toggle();
032   }
033   else if (key == "set") {
034     led.set(300,200);
035   }
036   else if (key == "set2") {
037     led.set(300,200,3);
038   }
039   else if (key == "set3") {
040     led.set(300,200,3,5,1000);
041   }
042   else if (key == "status") {
043     Serial.printf("led.status() : %d\n",led.status());
044   }
045 }
```

❶ **5행** : AimOutput의 오브젝트를 만들 때는 인수로 '핀 번호'와 'ON할 때의 값'을 지정합니다. 여기서는 내장 LED(LED_BUILTIN)가 전류 싱킹으로 연결되어 있으므로 LOW로 지정되었습니다. 오브젝트가 만들어질 때 pinMode()가 자동으로 지정되므로 여기서 별도로 지정할 필요는 없습니다.

여기서 잠깐 **전류 싱킹**

LED와 같은 부품을 디지털 핀과 3.3V 핀에 연결한 후, 디지털 핀에 LOW를 출력하여 부품을 활성화하는(불을 켜는) 방식을 전류 싱킹(current sinking)이라고 합니다. 이 방식과 대비되는 것은 전류 소싱(current sourcing)입니다. 전류 싱킹과 소싱에 대해서는 13장에서 자세히 다룹니다.

❷ **19행** : led.run()은 loop() 함수 안에 와야 합니다. 왜냐하면 이 메소드에서 점멸 기능을 수행하기 때문입니다.

❸ **23~45행** : 시리얼 모니터에서 입력한 명령에 따라 오브젝트 led에 속한 다양한 메소드를 실행하는 코드입니다.

[프로그램 9-3]을 올리고 시리얼 모니터를 열어서 'on', 'off', 'toggle', 'set', 'set2', 'set3', 'status'를 입력하고 LED의 변화를 살펴봅시다.

실행 결과

```
Input >> on|off|toggle|set|set2|set3|status

INP> key=[on],val=[]

INP> key=[off],val=[]

INP> key=[toggle],val=[]

INP> key=[set],val=[]

INP> key=[set2],val=[]

INP> key=[set3],val=[]

INP> key=[status],val=[]
led.status() : 1

INP> key=[status],val=[]
led.status() : 0
```

SECTION 05 AimInput 클래스

01 주요 기능과 메소드

AimInput 클래스는 입력 핀을 제어할 때 사용합니다. 특히 버튼 제어를 위한 다양한 메소드가 준비되어 있습니다. 버튼의 눌림을 모니터링하는 프로그램은 비교적 단순하지만, '더블 클릭'이나 '길게 누름' 등의 다른 상태를 모니터링하는 루틴은 상당히 복잡합니다. 버튼이 하나 더 생기면 복잡성은 기하급수적으로 늘어납니다.

이러한 문제를 해결하기 위해 만든 클래스가 AimInput입니다. 이 클래스는 버튼 모니터링뿐만 아니라 digitalRead()로 처리해야 하는 모든 센서를 모니터링할 수 있습니다.

[표 9-4] AimInput 메소드

메소드	설명
AimInput 오브젝트(핀 번호, 접점 연결 때의 값, 핀 모드);	오브젝트를 생성함 • 접점 연결 때의 값: 접점이 연결(ON)될 때 핀 값 (LOW 또는 HIGH) • 핀 모드: INPUT_PULLUP 또는 INPUT
AimInput 오브젝트(핀 번호); AimInput 오브젝트(핀 번호, LOW, INPUT_PULLUP);	오브젝트를 생성함 두 명령어는 같은 의미임
int run()	항상 loop() 안에 넣어두어야 하나, 타이머로 작동되는 함수(ISR) 안에 넣으면 안됨 status()와 같은 값을 반환
int status()	핀의 5가지 상태를 반환, run()과 같은 값을 반환 • RUN_STATUS_ON_RELEASED • RUN_STATUS_PRESSED • RUN_STATUS_ON_PRESSED • RUN_STATUS_RELEASED • RUN_STATUS_ON_DEBOUNCE
bool pressed()	접점이 연결될 때 참을 반환
bool onPressedFirst()	접점이 연결되어 있을 때 참을 한 번만 반환
bool onPressed()	접점이 연결되어 있을 때 참을 연속적으로 반환
bool onLongPressedFirst()	접점이 일정 시간 이상 연결되어 있을 때 한 번만 참을 반환
bool onLongPressed()	접점이 일정 시간 이상 연결되어 있을 때 연속적으로 참을 반환
bool released()	접점이 떨어질 때 참을 반환

메소드	설명
`bool longReleased()`	접점이 일정 시간 이상 연결되어 있다가 떨어질 때 참을 반환
`bool onReleased()`	접점이 떨어져 있을 때 참을 연속적으로 반환
`bool onReleasedFirst()`	접점이 떨어져 있을 때 참을 한 번만 반환
`int count()`	클릭 수를 세다가 일정 시간이 지나도 새로운 클릭이 없으면 클릭 수를 반환 클릭 수를 변수에 옮겨 놓고 그 변수를 테스트해야 함 count()는 단독으로 사용해야 함
`bool click()`	한 번 클릭하면 참을 반환 click()은 click(n)외의 메소드를 섞어서 사용하면 안 됨
`bool click(n)`	n회만큼 클릭하면 참을 반환 click(n)은 click()외의 메소드를 섞어서 사용하면 안 됨
void setLongDelayMil(long press 기준 밀리초)	• long press 기준 밀리초 : long press를 판정하는 기준 시간

02 예제 프로그램

예제 프로그램 1 : 버튼을 누를 때마다 모니터링하기

버튼을 누를 때마다 보드의 LED 상태가 바뀌는 프로그램입니다. 버튼이 D3 핀과 GND에 내부 풀업 방식으로 연결되어 있습니다.

여기서 잠깐 **내부 풀업 회로**

버튼의 단자를 디지털 핀과 GND에 연결하고, 보드의 내부 풀업 회로를 활성화하는 회로 구성 방식을 '내부 풀업 회로'라고 합니다. 내부 풀업 회로에서 버튼을 눌러 회로를 연결하면 핀에는 LOW값이 읽히고 버튼을 떼면 HIGH값이 읽힙니다. 버튼은 특별한 이유가 없으면 내부 풀업 회로 방식으로 연결합니다. 이 방식은 13장에서 자세히 설명합니다.

[그림 9-1] 내부 풀업 회로

프로그램 9-4 AimInput-basic

```
001 #define BTN_PIN D3            // INPUT_PULLUP
002 #define LED_PIN LED_BUILTIN   // current sinking
003
004 #include <AimInput.h>
005 AimInput btn(BTN_PIN,LOW,INPUT_PULLUP);
006
007 #include <AimOutput.h>
008 AimOutput led(LED_PIN,LOW);
009
010 void setup() {
011
012 }
013
014 void loop() {
015   led.run();
016   btn.run();
017   if (btn.pressed()) {
018     led.toggle();
019   }
020 }
```

❶ **5행** : AimInput의 오브젝트를 만들 때는 핀의 회로 구성 방식을 고려해야 합니다. 여기서는 버튼이 '내부 풀업 회로'인 경우입니다.

❷ **16행** : 오브젝트.run()이 반드시 와야 합니다. 그 다음에 버튼의 상태를 테스트해야 합니다.

❸ **17~19행** : 버튼이 눌렸는지를 테스트해서 LED를 토글합니다.

프로그램을 올린 후 버튼을 누를 때마다 LED의 ON/OFF가 바뀌면 제대로 작동하는 것입니다.

예제 프로그램 2 : 버튼을 누른 횟수를 모니터링하기

다음은 버튼을 누른 횟수만큼 LED를 점멸하게 하는 프로그램입니다.

프로그램 9-5 AimInput-count-blink

```
#define BTN_PIN D3           // INPUT_PULLUP
#define LED_PIN LED_BUILTIN // current sinking

#include <AimInput.h>
AimInput btn(BTN_PIN,LOW,INPUT_PULLUP);
```

```
006
007 #include <AimOutput.h>
008 AimOutput led(LED_PIN,LOW);
009
010 void setup() {
011
012 }
013
014 void loop() {
015   led.run();
016   btn.run();
017   int clickCnt = btn.count();
018   if (clickCnt > 0) {
019     led.set(500,300,clickCnt);
020   }
021 }
```

❶ **5행** : AimInput의 오브젝트를 만들 때는 핀의 회로 구성 방식을 고려해야 합니다. 여기서는 버튼이 '내부 풀업 회로'인 경우입니다.

❷ **16행** : 오브젝트.run()이 반드시 와야 합니다. 그 다음에 버튼의 상태를 테스트해야 합니다.

❸ **17~20행** : 17행에서는 버튼이 눌린 횟수를 얻어서 clickCnt에 보관합니다. 버튼이 눌리지 않았을 때는 clickCnt가 0이 됩니다. 18~20행에서는 보관된 clickCnt의 값이 0보다 클 때의 후속 처리를 합니다.

프로그램을 올린 후 버튼을 누른 횟수만큼 LED가 점멸하면 제대로 작동하는 것입니다.

예제 프로그램 3 : 버튼을 길게 눌렀다 뗄 때 모니터링하기

버튼을 짧게 누를 때와 길게 누를 때를 구분하여 루틴을 처리할 수 있습니다. 다음은 버튼을 짧게 눌렀다 떼면 1초간 LED가 켜지고, 길게 눌렀다 떼면 4회 점멸하도록 하는 프로그램입니다.

프로그램 9-6 AimInput-released-longReleased

```
#define BTN_PIN D3           // INPUT_PULLUP
#define LED_PIN LED_BUILTIN  // current sinking

#include <AimInput.h>
AimInput btn(BTN_PIN,LOW,INPUT_PULLUP);

#include <AimOutput.h>
```

```
008 AimOutput led(LED_PIN,LOW);
009
010 void setup() {
011
012 }
013
014 void loop() {
015   led.run();
016   btn.run();
017   if (btn.released()) {
018     led.on(1000);
019   }
020   else if (btn.longReleased()) {
021     led.set(300,200,4);
022   }
023 }
```

❶ **5행** : AimInput의 오브젝트를 만들 때는 핀의 회로 구성 방식을 고려해야 합니다. 여기서는 버튼이 '내부 풀업 회로'인 경우입니다.

❷ **16~22행** : 16행과 같이 오브젝트.run() 뒤에 버튼의 상태를 테스트해야 합니다. 17~19행은 버튼을 뗄 때 LED를 1초간 ON하는 코드이고, 20~22행은 버튼을 길게 눌렀다 떼면 LED가 4회 점멸하게 하는 코드입니다.

예제 프로그램 4 : 버튼을 길게 눌렀을 때 모니터링하기

다음은 버튼을 짧게 눌렀다 떼면 1초 간 LED가 켜지고, 길게 누르고 있으면 4회 점멸하도록 한 프로그램입니다.

프로그램 9-7 AimInput-released-onLongPressedFirst

```
#define BTN_PIN D3           // INPUT_PULLUP
#define LED_PIN LED_BUILTIN  // currnet sinking

#include <AimInput.h>
AimInput btn(BTN_PIN,LOW,INPUT_PULLUP);

#include <AimOutput.h>
AimOutput led(LED_PIN,LOW);

void setup() {

```

```
012 }
013
014 void loop() {
015   led.run();
016   btn.run();
017   if (btn.released()) {
018     led.on(1000);
019   }
020   else if (btn.onLongPressedFirst()) {
021     led.set(300,200,4);
022   }
023 }
```

❶ **5행** : AimInput의 오브젝트를 만들 때는 핀의 회로 구성 방식을 고려해야 합니다. 여기서는 버튼이 '내부 풀업 회로'인 경우입니다.

❷ **16~22행**: 16행과 같이 오브젝트.run()이 반드시 와야 합니다. 그 다음에 버튼의 상태를 테스트해야 합니다. 17~19행은 버튼을 뗄 때 LED를 1초간 ON하는 코드이고, 20~22행은 버튼을 길게 누르고 있으면 LED가 4회 점멸하게 하는 코드입니다. btn.onLongPressedFirst()은 버튼을 길게 누르면 한 번만 참을 돌려줍니다. 반면에 btn.onLongPressed()는 연속적으로 값을 돌려주므로 주의해야 합니다.

SECTION 06

AimPass 클래스

01 주요 기능과 메소드

외부에 노출되면 곤란한 문장은 암호화하여 보관해야 합니다. AimPass 클래스는 AES(Advanced Encryption Standard) 알고리즘을 사용하여 문장을 암호화하고 복호화할 때 사용합니다. 암호화하고 복호화할 때 보드의 하드웨어 특성을 이용하기 때문에 암호화된 문장이 바깥에 노출되어도 해독이 불가능합니다.

[표 9-5] AimPass 메소드

메소드	설명
AimPass 오브젝트;	오브젝트를 생성할 때 인수를 지정하지 않음
String encHW(암호화할 스트링)	평문을 입력하면 하드웨어 정보를 이용하여 암호화된 문장을 반환 • 암호화할 스트링 : 평문으로 된 스트링
String decHW(복호화할 스트링)	하드웨어 정보를 이용하여 암호화된 문장을 입력하면 복호화된 평문을 반환 • 복호화할 스트링 : 암호화된 스트링

02 예제 프로그램

다음은 시리얼 모니터에서 입력한 문장을 암호화하고 다시 복호화하여 출력하는 프로그램입니다.

프로그램 9-8 Aimpass-serial

```
#include <AimSerial.h>
AimSerial mySerial;

#include <AimPass.h>
AimPass aimPass;

```

```
007 void setup() {
008   Serial.begin(115200);
009   Serial.println();
010 
011   Serial.println("Input > 'enc phrase' to encrypt a phrase");
012   mySerial.begin(mySerialCallback);
013 }
014 
015 void loop() {
016   mySerial.run();
017 }
018 
019 void mySerialCallback(const String& key,const String& val) {
020   if (key == "enc") {
021     String v1 = val;
022     String v2 = aimPass.encHW(val);
023     Serial.printf("Encrypted from [%s] to [%s]\n",
024                   v1.c_str(),v2.c_str());
025     String v3 = aimPass.decHW(v2);
026     Serial.printf("Decrypted from [%s] to [%s]\n",
027                   v2.c_str(),v3.c_str());
028   }
029 }
```

5행에서는 오브젝트를 생성합니다. 22행과 같이 암호화하여 25행에서는 다시 복호화합니다.

다음은 시리얼 모니터에서 'enc HONG Gildong'을 입력한 실행 결과입니다. 실제 출력되는 암호화된 내용은 보드에 따라 다릅니다.

실행 결과

```
Input > 'enc phrase' to encrypt phrase
INP> [enc],[HONG Gildong]
Encrypted from [HONG Gildong} to [7j2Qgu7UpSU0Rkl/ASJQmw==]
Decrypted from [7j2Qgu7UpSU0Rkl/ASJQmw==} to [HONG Gildong]
```

SECTION 07

AimConfig 클래스

01 주요 기능과 메소드

프로그램 수행 중에 변경되는 데이터를 파일 시스템에 보관해 두고 다시 부팅할 때 읽어서 사용할 수 있습니다. ESP8266에서는 SPIFFS라는 파일 시스템을 제공하는데, SPIFFS에는 바이너리 프로그램 파일과 데이터 파일을 보관합니다.

SPIFFS의 쓰기 횟수는 10만 회 정도로 제한되어 있으므로 자주 바뀌지 않는 데이터를 보관하는 용도로 사용해야 합니다. 만약 지속적으로 변경되는 파일을 보관하려면 SD카드를 장착하여 사용해야 합니다.

`AimConfig` 클래스는 데이터를 JSON(JavaScript Object Notation) 형식으로 표현해서 파일(SPIFFS)에 보관합니다.

여기서 잠깐 JSON

JSON은 키/값(attribute/value) 쌍으로 데이터를 표현합니다. 키/값 쌍의 첨삭이 자유로우므로 정보를 유연하게 표현할 수 있습니다. 예를 들면 거실의 온도와 습도는 다음과 같이 나타낼 수 있습니다.

```
{
    "location": "living room",
    "temp": 23.5,
    "hum": 35
  }
```

[표 9-6] AimConfig 메소드

메소드	설명
AimConfig 오브젝트(파일 이름);	오브젝트 생성 • 파일 이름 : "myConfig.json"과 같이 지정
void setString(key,val)	스트링 형식으로 값을 보관 • key : 스트링|문자열(이하 모든 key는 동일함) • val : 스트링|문자열
void setInt(key,val)	int 형식으로 값을 보관 • val : int
void setFloat(key,val)	float 형식으로 값을 보관 • val : float
String getString(key)	스트링 형식으로 값을 반환
int getInt(key)	int 형식으로 값을 반환
float getFloat(key)	float 형식으로 값을 반환
void syncString(key,val)	SPIFFS에 key 항목이 있으면 읽어서 val에 넣어주고, 없으면 val의 값을 SPIFFS의 key 항목으로 보관 • val : 스트링
void syncInt(key,val)	SPIFFS에 key 항목이 있으면 읽어서 val에 넣어주고, 없으면 val의 값을 SPIFFS의 key 항목으로 보관 • val : int
void syncFloat(key,val)	SPIFFS에 key 항목이 있으면 읽어서 val에 넣어주고, 없으면 val의 값을 SPIFFS의 key 항목으로 보관 • val : float
void remove(key)	항목을 삭제
void erase()	모든 항목을 삭제하여 빈 JSON 파일로 만듦
void json()	JSON 형식으로 보기 좋게 출력

02 예제 프로그램

프로그램에서 사용하는 특정 변수 값을 임의로 바꾸고 싶을 때가 있습니다. 이런 값은 SPIFFS에 보관해 두고 필요할 때마다 수정하는 것이 좋습니다. 그러면 프로그램이 기동될 때마다 바뀐 값을 읽어서 사용할 수가 있습니다.

다음은 alarmVal이라는 변수의 값을 시리얼 모니터에서 입력한 값으로 바꿔 SPIFFS에서 보관해 두고 사용하는 프로그램입니다.

프로그램 9-9 AimConfig-basic

```
#include <AimSerial.h>
AimSerial mySerial;

#include <AimConfig.h>
AimConfig myConfig("myConfig.json");

#define ALARM_VAL 300
int alarmVal = ALARM_VAL;

void setup() {
  Serial.begin(115200);
  Serial.println();

  Serial.println("Iput > 'alarm nnn' to change alarmVal");
  Serial.println("Iput > 'erase' to erase JSON file");
  Serial.println("Iput > 'json' to print JSON file");

  Serial.printf("Initial alarmVal=%d\n",alarmVal);
  myConfig.syncInt("alarm",alarmVal);
  Serial.printf("JSON alarmVal=%d\n",alarmVal);

  mySerial.begin(mySerialCallback);
}

void loop() {
  mySerial.run();
}

void mySerialCallback(const String& key,const String& val) {
  if (key == "alarm") {
    myConfig.setInt("alarm",val.toInt());
    alarmVal = myConfig.getInt("alarm");
    Serial.printf("alarmVal=%d\n",alarmVal);
  }
  else if (key == "erase") {
    myConfig.erase(); // JSON 파일 비우기
  }
  else if (key == "json") {
    myConfig.json();  // JSON 파일을 보기 좋게 인쇄
  }
}
```

❶ **5행** : AimConfig의 오브젝트를 만들 때는 JSON 파일명을 지정합니다.

❷ **19행** : myConfig.syncInt("alarm", alarmVal)에서는 "alarm"이라는 JSON 항목이 있으면 읽어서 alarmVal에 넣어 줍니다. 항목이 없으면 alarmVal의 값으로 "alarm" 항목을 새로 만듭니다.

❸ **31행** : myConfig.setInt("alarm", val.toInt())에서는 스트링 val을 int형으로 변환한 다음 "alarm" 항목에 넣습니다. 이때 항목이 있으면 바꾸고, 없으면 새로 만듭니다.

❹ **32행** : "alarm" 항목을 읽어서 alarmVal에 넣습니다.

❺ **36~39행** : JSON을 비우고(파일을 삭제하지는 않습니다), 39행에서는 JSON 파일을 보기 좋게 출력합니다.

다음은 프로그램을 올린 후 시리얼 모니터에서 'json; alarm 350; json; erase; json; alarm 300'을 입력한 실행 결과입니다.

실행 결과

```
Iput > 'alarm nnn' to change alarmVal
Iput > 'erase' to erase JSON file
Iput > 'json' to print JSON file
Initial alarmVal=300
JSON alarmVal=300
INP> key=[json],val=[]
{
  "alarm": 400
}
INP> key=[alarm],val=[350]
alarmVal=350
INP> key=[json],val=[]
{
  "alarm": 350
}
INP> key=[erase],val=[]
INP> key=[json],val=[]
{}
INP> key=[alarm],val=[300]
alarmVal=300
```

SECTION 08

AimAlarm 클래스

01 주요 기능과 메소드

AimAlarm 클래스는 디지털 핀이나 아날로그 핀에 연결된 경보용 센서를 이용할 때 사용합니다. 경보 신호가 들어오면 일정 시간 동안 경보 상태가 유지됩니다.

[표 9-7] AimAlarm 메소드

메소드	설명
AimAlarm 오브젝트(핀 번호, 활성화될 때 값, 입력 모드, 알람 지속 초);	오브젝트를 생성(디지털 핀용 생성자) • 핀 번호 : 디지털 핀 • 활성화될 때 값 : HIGH 또는 LOW. 경보 시 입력값 • 입력 모드 : INPUT 또는 INPUT_PULLUP • 알람 지속 초 : 경보 발생 시 지속 시간(초)
AimAlarm 오브젝트(핀 번호, 알람 트리거 값, 알람 지속 초);	오브젝트를 생성(아날로그 핀용 생성자) • 핀 번호 : 아날로그 핀 • 알람 트리거 값 : 0~1023. 경보 발생 최젓값. 음수로 지정하면 절대값 이하에서 경보 가 발생 • 알람 지속 초 : 경보 발생시 지속 시간(초)
void on()	경보 상태를 인위적으로 ON으로 바꿈
void off()	경보 상태를 인위적으로 OFF로 바꿈
bool toOn()	경보 상태가 OFF에서 ON으로 바뀌었을 때 참을 반환
bool toOff()	경보 상태가 ON에서 OFF으로 바뀌었을 때 참을 반환
bool isOn()	경보 상태가 ON일 때 참을 반환
bool isOff()	경보 상태가 OFF일 때 참을 반환
bool status()	경보 상태를 0 또는 1로 반환
bool status(ON일 때 스트링, OFF일 때 스트링)	경보 상태를 'ON일 때 스트링' 또는 'OFF일 때 스트링'으로 반환 • ON일 때 스트링 : ON일 때 돌려줄 스트링 • OFF일 때 스트링 : OFF일 때 돌려줄 스트링
int read()	핀의 값을 반환 디지털 핀의 경우 0 또는 1, 아날로그 핀의 경우 0~1023
void start()	경보 모드로 바뀜, 프로그램을 시작할 때는 자동으로 경보 모드로 시작
void stop()	경보 모드를 해제
void toggleStartStop()	경보 모드를 변경

메소드	설명
bool isStart()	경보 모드일 때 참을 반환
bool isStop()	경보 모드가 해제되었을 때 참을 반환
void setTrigger(알람 트리거 값)	새로운 트리거 값을 지정 • 알람 트리거 값 : 0~1023. 경보 발생 최젓값. 음수로 지정하면 절댓값 이하에서 경보 발생
int getTrigger()	트리거 값을 반환
void setDuration(알람 지속 초)	경보 지속 시간(초)을 지정 • 알람 지속 초 : 초 단위의 경보 지속 시간
float getDuration()	경보 지속 시간(초)을 반환

02 예제 프로그램

동작 감지 센서(PIR)를 연결하여 테스트를 하는 편이 이상적이지만, 편의상 버튼을 눌러서 테스트합니다. 버튼을 누르면 정해진 시간(10초) 동안 경보가 ON됩니다. 이때 경보가 켜진 상태에서 버튼을 누르면 경보는 정해진 시간까지 연장됩니다. 버튼은 D3 핀에 내부 풀업 방식으로 연결되어 있습니다.

프로그램 9-10 AimAlarm-digital

```
#define MOTION_PIN D3
#define LED_PIN     LED_BUILTIN

#define MOTION_ON_SEC 10

#include <AimOutput.h>
AimOutput led(LED_PIN,LOW);

#include <AimAlarm.h>
AimAlarm  motion(MOTION_PIN,LOW,INPUT_PULLUP,
                 MOTION_ON_SEC);

void setup() {
  Serial.begin(115200);
  Serial.println();
  Serial.println("Press button for alarm on/off");
}

```

```
019 void loop() {
020   led.run();
021   if (motion.toOn()) {
022     led.set(700,300);
023     Serial.println(">>Motion On");
024   }
025   else if(motion.toOff()) {
026     led.off();
027     Serial.println(">>Motion Off");
028   }
029 }
```

❶ **10행** : AimAlarm의 오브젝트를 만듭니다.

❷ **21~28행** : 21~24행은 경보가 발생할 때 처리하는 코드이고, 25~28행은 경보가 해제될 때 처리하는 코드입니다.

프로그램을 올린 후 버튼을 누르면 LED가 10회 점멸을 시작하고 시리얼 모니터에 해당 내용이 출력됩니다. 10초 후에는 LED가 꺼지고 해당 내용이 출력됩니다.

실행 결과

```
Press button for alarm on/off
>>Motion On
>>Motion Off
```

SECTION 09

AimSandglass 클래스

01 주요 기능과 메소드

모래시계(Sandglass)는 정해진 시간의 끝을 알려줄 때 사용합니다. 예를 들면 경보음이 울리고 있을 때 일정 시간 동안 경보음을 꺼 두려면 `AimSandglass` 클래스에서 ON/OFF 시간을 설정하면 됩니다.

[표 9-8] AimSerial 메소드

메소드	설명
`AimSandglass 오브젝트(모래시계 지속 초);`	오브젝트를 생성 • 모래시계 지속 초 : ON 상태 지속 초
`void on()` `void on(모래시계 지속 초)`	모래시계 작동을 시작 • 모래시계 지속 초 : ON 상태 지속 초
`void off()`	모래시계 작동을 마침
`void setDurtion()` `void setDuration(모래시계 지속 초)`	모래시계 ON 상태 지속 초를 설정 생략하면 초기 설정 시간(10초)으로 설정 • 모래시계 지속 초 : ON 상태 지속 초
`void toggle()`	모래시계 작동 상태를 서로 전환
`bool toOn()`	모래시계 작동을 시작할 때 참을 반환
`bool toOff()`	모래시계 작동이 끝났을 때 참을 반환
`bool isOn()`	모래시계가 작동 중일 때 참을 반환
`bool isOff()`	모래시계가 작동이 끝난 상태일 때 참을 반환
`bool status()`	모래시계 작동 상태를 0 또는 1로 반환
`bool status(ON일 때 스트링, OFF일 때 스트링)`	모래시계 작동 상태를 ON일 때 스트링 또는 OFF일 때 스트링으로 반환 • ON일 때 스트링 : ON일 때 돌려줄 스트링 • OFF일 때 스트링 : OFF일 때 돌려줄 스트링
`float getDuration()`	모래시계 ON 상태 지속 시간(초)을 반환
`float getRemain()`	모래시계가 ON 상태일 때 남은 지속 시간(초)을 반환

02 예제 프로그램

다음은 시리얼 모니터에서 명령어를 입력하여 모래시계를 작동하거나, 작동 지속 시간을 바꾸는 프로그램입니다.

프로그램 9-11 AimSandglass-serial

```
#define ALARM_ON_SEC 5.0

#include <AimSerial.h>
AimSerial mySerial;

#include <AimOutput.h>
AimOutput led(LED_BUILTIN,LOW);

#include <AimSandglass.h>
AimSandglass sandLed(ALARM_ON_SEC);

#include <AimTimer.h>
AimTimer timerRemain(1);

void setup() {
  Serial.begin(115200);
  Serial.println();
  Serial.println("Input 'on|off|dur'");
  Serial.println("Input 'set 5' for 5 durationSec ");

  mySerial.begin(mySerialCallback);
}

void loop() {
  led.run();
  mySerial.run();

  if (sandLed.toOn()) {
    led.set(700,300);
    Serial.printf("sandLed : ON\n");
  }
  else if (sandLed.toOff()) {
    led.off();
    Serial.printf("sandLed : OFF\n");
  }
```

```
036
037   if (timerRemain.isOn()) {
038     if (sandLed.isOn()) {
039       Serial.printf("remaining ... %.0f\n",
040                     sandLed.getRemain());
041     }
042   }
043 }
044
045 void mySerialCallback(const String& key,const String& val){
046   if (key == "on") {
047     sandLed.on();
048   }
049   else if (key == "off") {
050     sandLed.off();
051   }
052   else if (key == "set") {
053     sandLed.setDuration(val.toFloat());
054     Serial.printf("durationSec=%.0f\n",sandLed.getDuration());
055   }
056   else if (key == "dur") {
057     Serial.printf("durationSec=%.01f\n",sandLed.getDuration());
058   }
059 }
```

❶ **10행** : AimSandglass의 오브젝트를 만듭니다.

❷ **28~41행** : 28~31행은 모래시계가 작동을 시작하는 경우에 처리하는 코드이고 32~35행은 모래시계가 끝나는 경우에 처리하는 코드입니다. 38~41행은 모래시계가 작동 중일 때 남은 시간을 표시하는 코드입니다.

❸ **47행** : 모래시계를 작동 상태로 만듭니다. 그러면 다음에 28~31행이 한 번 실행됩니다.

❹ **50행** : 모래시계의 작동을 중지합니다. 그러면 다음에 32~35행이 한 번 실행됩니다.

❺ **53~54행** : 53행에서는 '모래시계 지속 초'를 변경하고, 54행에서는 '모래시계 지속 초'를 출력합니다.

❻ **57행** : '모래시계 지속 초'를 출력합니다.

다음은 프로그램을 올리고 시리얼 모니터에서 'dur;set 7;on'을 입력한 실행 결과입니다.

실행 결과

```
Input 'on|off|dur'
Input 'set 5' for 5 durationSec
INP> key=[dur],val=[]
durationSec=5.0
INP> key=[set],val=[7]
durationSec=7
INP> key=[on],val=[]
sandLed : ON
remaining ... 6
remaining ... 5
remaining ... 4
remaining ... 3
remaining ... 2
remaining ... 1
remaining ... 0
sandLed : OFF
```

CHAPTER

09 연습문제

9.1 다음과 같은 조건에 맞는 프로그램을 만들어 mqtt-Aim-answer으로 저장하세요.

템플릿 파일

Arduino\iotbook\chapter09\mqtt-Aim-exam

기능

- 버튼을 누르면 LED 상태를 토글합니다. 버튼은 D3 핀에 내부 풀업 방식으로 연결되어 있습니다.
- 시리얼 모니터에서 입력한 정보에 따라 LED를 ON/OFF합니다.
- 5초마다 카운트를 해서 그 수를 시리얼 모니터에 출력합니다.

사용 클래스와 함수

- 클래스 `AimSerial`
- 클래스 `AimTimer`
- 클래스 `AimInput`
- 클래스 `AimOutput`

CHAPTER

10

MQTT 구현하기

학습목표

- IoT 네트워크의 역할을 이해합니다.
- MQTT에 대한 용어를 익힙니다.
- PC에 MQTT 브로커를 설치합니다.
- MQTT 테스트 환경을 구축합니다.

이 장의 실습 준비물

부품 이름	대체품	수량	용도
PC		1	소프트웨어 설치

PREVIEW

MQTT는 IoT 기기 간의 정보 교환을 위한 사실상의 업계 표준입니다. 이 장에서는 이 프로토콜의 구조와 용어를 익힙니다. 또한 MQTT를 구현한 소프트웨어인 Mosquitto를 PC에 직접 설치하여 브로커를 구축하여 향후 학습에 대비합니다.

MQTTLens라는 소프트웨어를 설치하면 실제로 브로커에 데이터를 송수신할 수 있습니다.

SECTION 01

MQTT 개요

01 아두이노와 와이파이

아두이노 환경에서 사용할 수 있는 무선 통신은 여러 가지가 있습니다. 이러한 무선 통신에는 와이파이(WiFi), 지그비(Zigbee), 지웨이브(Z-Wave), 블루투스(Bluetooth), 저전력 블루투스 통신(BLE, Bluetooth Low Energy), 무선 통신(RF), LoRa(Long Range) 등이 있습니다. 이 중 IoT에서 통신 네트워크를 구성할 때 주로 사용되는 무선 통신은 와이파이, 지그비, 지웨이브, RF, BLE입니다. 이 책에서는 와이파이를 중심으로 다룹니다.

ESP8266 보드는 와이파이의 Station(STA) 모드와 Access Point(AP) 모드를 지원합니다. AP 모드는 ESP8266을 중심으로 자체 네트워크를 구성해서 다른 기기가 이 네트워크에 접속할 수 있게 하는 것이고, STA 모드는 ESP8266이 이미 구성되어 있는 다른 네트워크에 접속하는 것입니다.

ESP8266은 주로 STA 모드로 작동하지만, 와이파이 접속 정보를 설정하는 단계에서는 AP 모드로 작동해야 하는 경우도 있습니다.

ESP8266 보드에 웹 서버를 만들고 다른 기기에서 브라우저를 통해서 접속하여 통신을 할 수도 있지만, 이런 방식의 연결은 상호 접속되는 기기가 늘어나면 복잡성이 기하급수적으로 증가합니다. 따라서 확장 가능하고 간편한 IoT 기기용 프로토콜이 필요합니다.

02 MQTT란?

MQTT(Message Queue Telemetry Transport)는 IBM사에서 만든 IoT 기기용 데이터 송수신 프로토콜(통신 규약)으로, 대표적인 M2M(Machine to Machine) 프로토콜의 하나입니다. 현재는 오픈되어 있고 별도의 표준 기구(OASIS)에서 관장하고 있습니다.

MQTT는 인터넷 방식(TCP/IP)으로 작동하는데, 메모리 용량이 적은 기기에서도 구현이 가능하고 통신 부하도 무척 적어서 널리 사용되는 IoT 통신 프로토콜입니다. 이 책에서는 이 프로토콜을 중심으로 설명합니다.

MQTT와 같은 프로토콜 없이 여러 개의 디바이스를 연결하여 IoT 시스템을 구성하기는 매우 어렵습니다. 그래서 대부분의 IoT 상용 제품도 MQTT나 그에 상응하는 프로토콜 기반으로 개발이 되어 있습니다.

03 MQTT에서 사용되는 용어

MQTT는 '허브와 스포크(Hub and Spoke)' 방식의 토폴로지(topology, 망구성 방식)를 사용합니다. 자전거 바퀴를 연상하면 됩니다. 중심이 되는 허브에는 브로커가 오고 각각의 스포크에는 센서나 액추에이터가 달린 디바이스가 연결되는 방식입니다.

클라이언트와 브로커

MQTT 네트워크에 접속하는 디바이스를 **클라이언트(client)**라고 하고, 네트워크의 중심에서 데이터의 송수신을 관장하는 서버를 MQTT **브로커(broker)**라고 합니다. MQTT 브로커로 널리 알려져 있는 오픈 소스 패키지 소프트웨어는 **Mosquitto**입니다. 이 책에서는 Mosquitto를 설치해서 활용하는 방법을 소개합니다.

토픽과 페이로드

MQTT는 송수신하는 정보를 토픽(topic, 데이터 이름)과 페이로드(payload, 데이터 내용)로 구분하여 관리합니다. 예를 들면 온도 센서가 달려 있는 마이크로컨트롤러는 temp라는 토픽에 25라는 페이로드를 묶어서 MQTT 브로커에 송신할 수 있습니다.

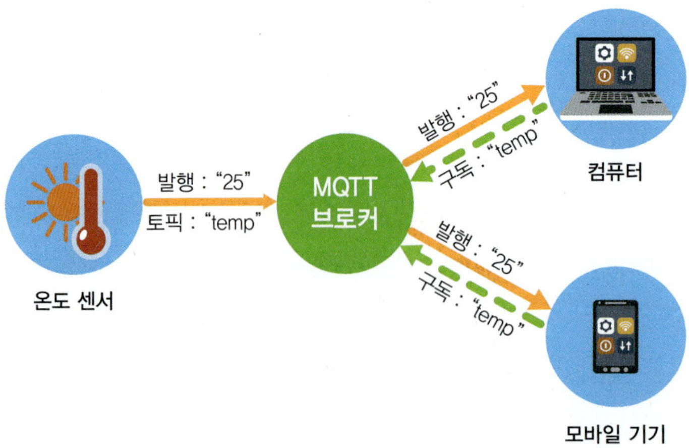

[그림 10-1] MQTT 개념도

발행과 구독

클라이언트에서 MQTT 브로커로 데이터를 송신하는 것을 발행(publish)이라고 합니다. 반면에 특정 토픽에 속한 페이로드를 수신하겠다고 MQTT 브로커에 미리 알려주는 행위는 구독(subscribe)이라고 합니다.

특정 토픽에 속한 페이로드가 MQTT 브로커로 발행되면, MQTT 브로커는 구독한 모든 클라이언트에게 그 내용을 전송해 줍니다. 이처럼 MQTT는 아주 단순한 약속으로 이루어진 프로토콜입니다. 만약 좀 더 정교하게 사용자와 토픽과의 관계를 통제하고 싶으면 브로커의 ACL(Access Control List) 파일에 정의하면 되는데, 이것은 전문적인 기능이라 이 책에서 설명하지는 않습니다.

서비스 품질

메세지를 송수신할 때 어느 정도의 통신 서비스 품질을 유지할지 정하게 되는데, 그 수준을 서비스 품질(QoS, Quality of Service)이라고 합니다. QoS는 0, 1, 2의 세 가지 레벨이 있습니다. 레벨이 높아질수록 통신량은 많아지고 데이터 처리 부담도 늘어납니다.

- 0 : 많아야 한 번, at most once
- 1 : 적어도 한 번, at least once
- 2 : 꼭 한 번, exactly once

QoS가 0이면 한 번 보내고 잊어버리는 방식으로, 가장 낮은 수준의 QoS입니다. 최악의 경우 데이터가 도착하지 않을 수도 있습니다.

QoS가 1이면 보내고 나서 수신 측에서 보내는 응답 플래그(flag)를 기다리게 되는데, 응답 플래그가 도착하지 않으면 반복해서 데이터를 보내게 됩니다. 이 과정에서 한 번 이상 데이터가 전달될 수도 있습니다.

QoS가 2이면 네 번이나 정보가 오가면서 꼭 한 번 데이터가 전달되도록 보장합니다. 대개의 MQTT 브로커나 클라이언트가 QoS 1까지는 지원하지만 QoS 2는 선택적입니다. 본인이 사용하는 클라이언트나 브로커의 QoS 중에서 낮은 레벨로 적용이 됩니다.

최종 값 보관

데이터를 발행할 때 보관(retained) 여부를 정하게 됩니다. 보관으로 지정되어 발행된 데이터는 그 최종 정보가 브로커에 보관되고, 후에 구독하는 클라이언트에게 그 내용이 전달됩니다. 보관 설정 여부는 MQTT를 사용하는 디바이스 프로그램의 로직에 영향을 미치므로 그 용도를 정확히 이해하고 있어야 합니다.

유언

통신 이상 등의 이유로 특정 클라이언트와 브로커 간의 접속이 끊어질 때, 브로커가 자동으로 발행할 토픽과 페이로드를 유언(last will and testament)이라고 합니다. 유언은 클라이언트가 브로커에 접속할 때 지정하게 됩니다. 만약 통신 연결이 끊어진 것을 브로커가 알게 되면 유언을 구독한 모든 클라이언트에게 그 유언을 전송하게 됩니다. 유언은 특정 클라이언트의 접속이 끊어지면 별도의 처리가 필요한 경우에 유용합니다.

SECTION 02

Mosquitto 시작하기

MQTT 브로커로서 널리 사용되고 있는 오픈 소스 패키지 소프트웨어는 Mosquitto입니다. 이 소프트웨어는 거의 모든 운영체제(OS)에 설치할 수 있습니다. 개인의 PC나 노트북에도 설치할 수 있지만, 권장하는 방식은 라즈베리 파이와 같은 소형 기기에 설치하는 것입니다. MQTT 브로커의 특성상 항상 전원을 넣어 가동 상태로 두어야 하기 때문에 저전력 소형 기기가 유리합니다. 그렇지만 이 책에서는 학습의 편의를 위해 Windows PC에 Mosquitto를 설치하여 사용합니다.

웹 페이지 라즈베리 파이를 이용한 IoT 서버 구축

PC에 MQTT를 설치하여 학습할 수도 있지만 라즈베리 파이에 IoT용 서버를 운용하면 사용하기가 훨씬 편합니다. 다음 웹 페이지에서는 라즈베리 파이에 IoT용 서버를 구성하는 방법을 설명합니다. MQTT 설치 방법뿐만 아니라 11장에서 공부할 Node-RED를 설치하는 방법도 함께 설명합니다.

`https://iotmaker.kr/iotbook-raspberrypi`

01 Mosquitto 설치하기

Windows PC에 Mosquitto를 설치하는 방법을 소개합니다. 설치할 때 관리자(Administrator) 계정에서 작업하면 중간에 발생할 수 있는 오류를 피하기 쉽습니다.

1 `https://mosquitto.org/download`를 방문하면 Mosquitto를 다운로드할 수 있는 페이지가 나옵니다. PC에 설치된 Windows의 종류에 따라 프로그램을 구분하여 다운로드합니다.

- **32비트 Windows가 설치된 경우**

  mosquitto-x.x.x-install-windows-x32.exe

- **64비트 Windows가 설치된 경우**

  mosquitto-x.x.x-install-windows-x64.exe

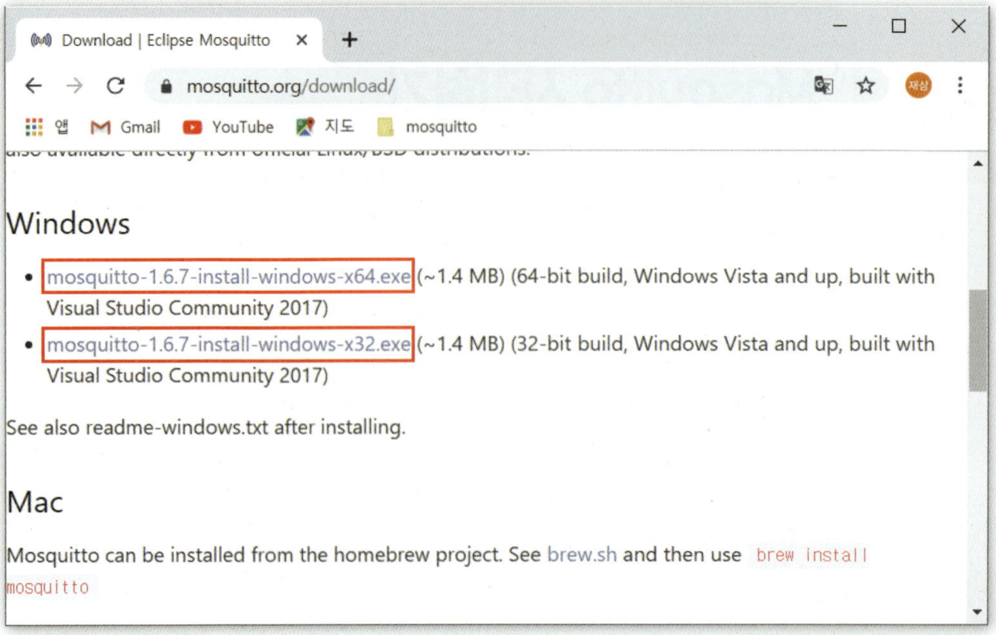

[그림 10-2] MQTT 다운로드 페이지

2 다운로드한 파일을 실행하면 설치 화면이 나옵니다. [Next]를 누릅니다.

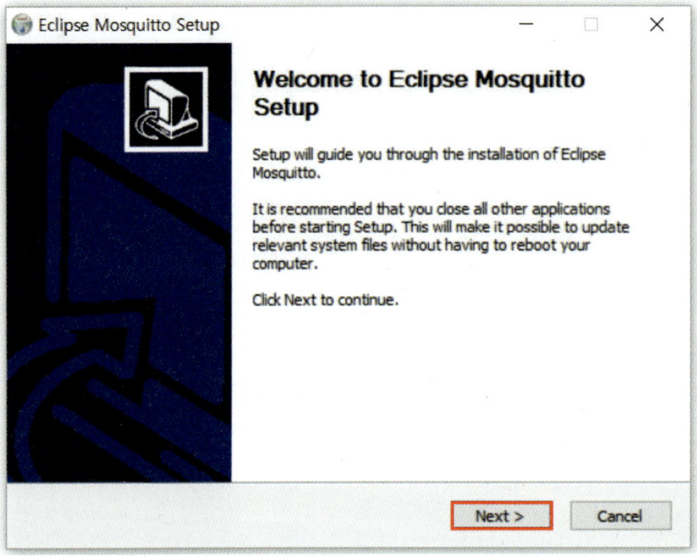

[그림 10-3] Mosquitto 설치 화면 1

3 'Service'가 선택된 채로 **[Next]**를 누릅니다.

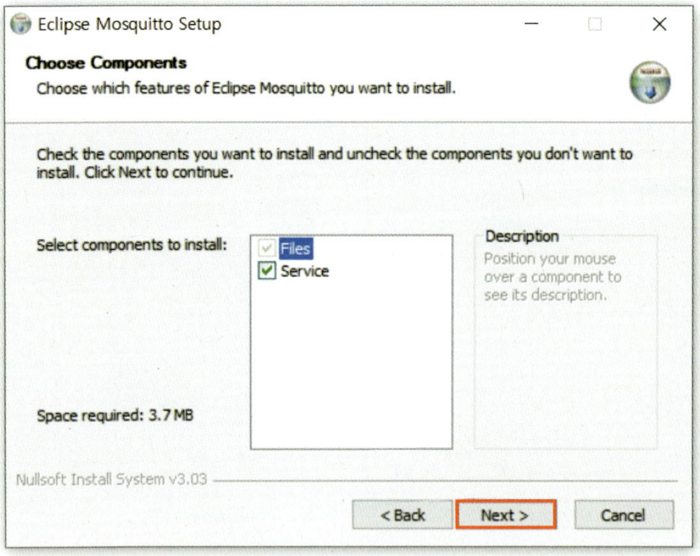

[그림 10-4] Mosquitto 설치 화면 2

4 **[Install]**을 눌러서 계속합니다. 이때 기본 설치 위치는 다음과 같습니다.

- **32비트** : C:\Program Files (x86)\mosquitto
- **64비트** : C:\Program Files\mosquitto

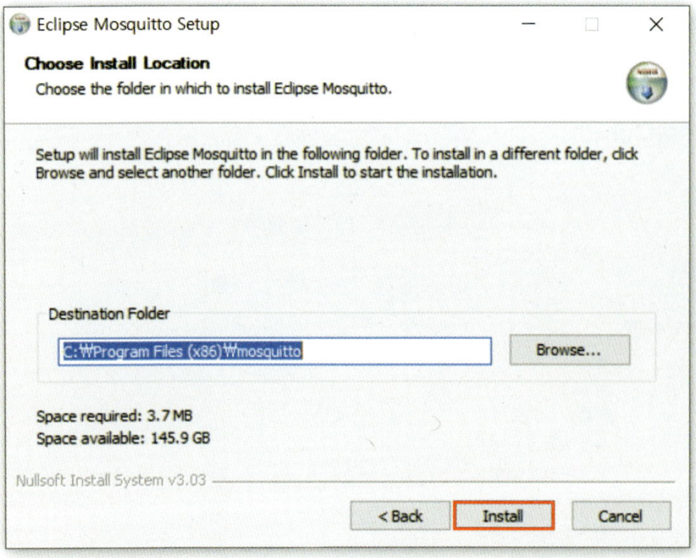

[그림 10-5] Mosquitto 설치 화면 3

5 [Finish]를 누르면 설치가 종료됩니다.

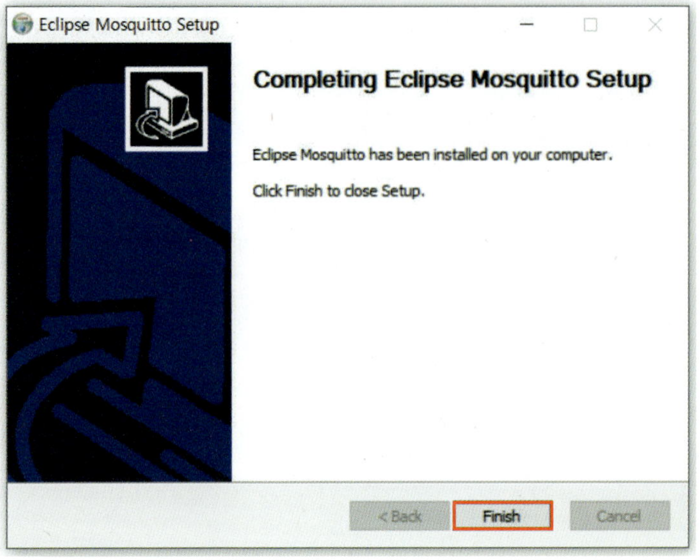

[그림 10-6] Mosquitto 설치 화면 4

02 접속 권한 설정하기

Mosquitto를 설치한 후에는 누구든지 접속할 수 있습니다. 유저네임(아이디)과 비밀번호를 제시하는 사용자에게만 접속을 허용하도록 mosquitto.conf 파일을 수정해보겠습니다.

1 폴더 C:\Program Files (x86)\mosquitto 또는 C:\Program Files\mosquitto에 있는 mosquitto.conf 파일을 메모장에서 엽니다.

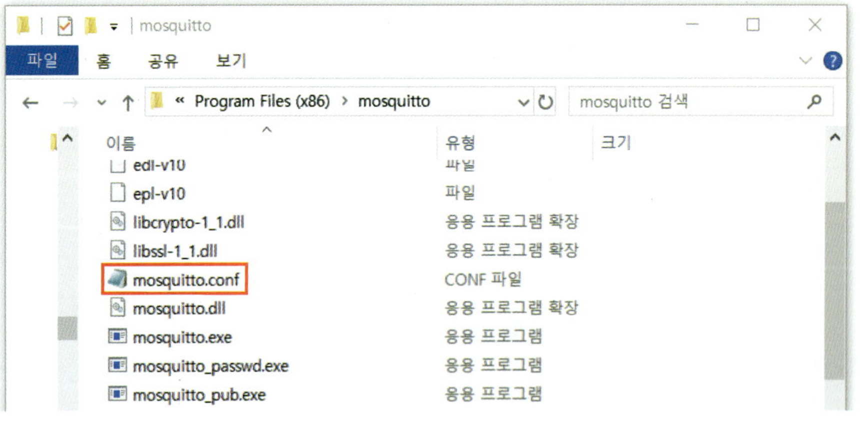

[그림 10-7] mosquitto.conf 선택

2 불특정 다수의 접속을 허용하지 않고 유저네임과 비밀번호를 제시하는 사람만 접속하도록 설정하겠습니다. 메모장에서 **[편집]-[찾기]**(또는 Ctrl+F)를 눌러 'allow_anonymous'를 찾습니다.

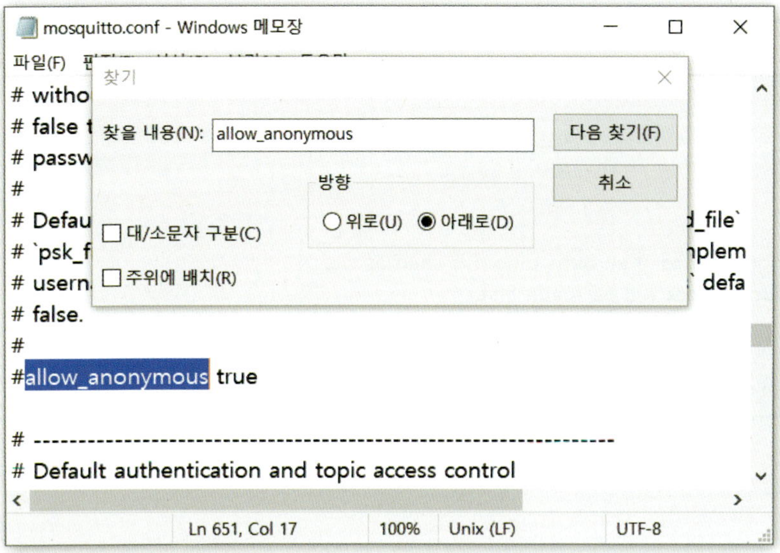

[그림 10-8] allow_anonymous 초깃값

3 주석으로 처리되어 있는 이 부분을 그림과 같이 바꿉니다.

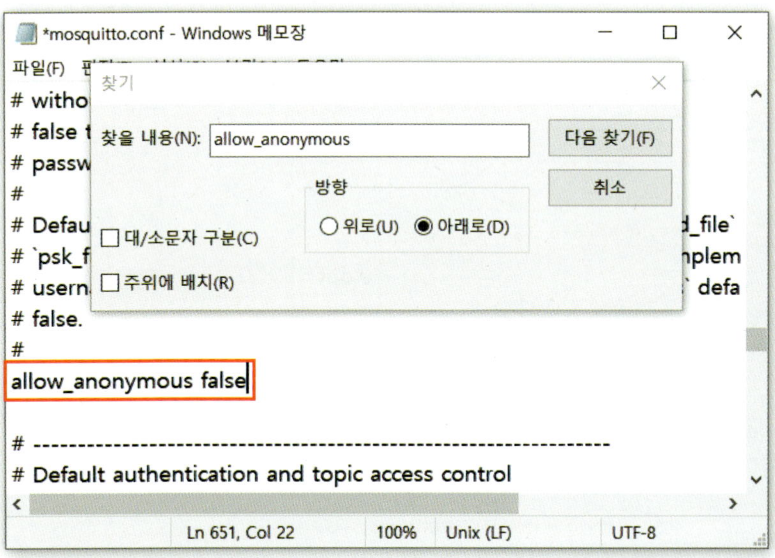

[그림 10-9] allow_anonymous 수정값

4 메모장에서 'password_file'을 찾습니다.

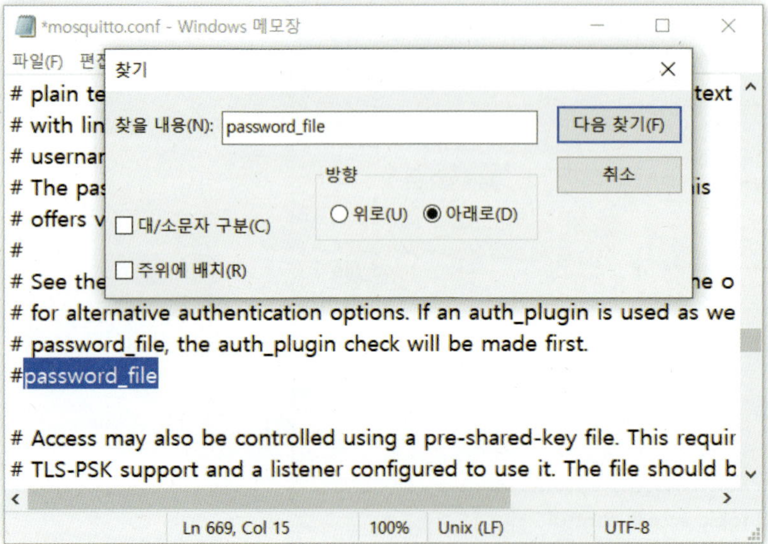

[그림 10-10] password_file 초깃값

5 주석으로 처리되어 있던 #password_file을 그림에 표시된 값과 같이 바꿉니다. 패스워드 파일로 pw.txt를 사용한다는 뜻입니다. pw.txt 파일은 뒤에서 cmd 명령어로 별도로 만들기로 합니다.

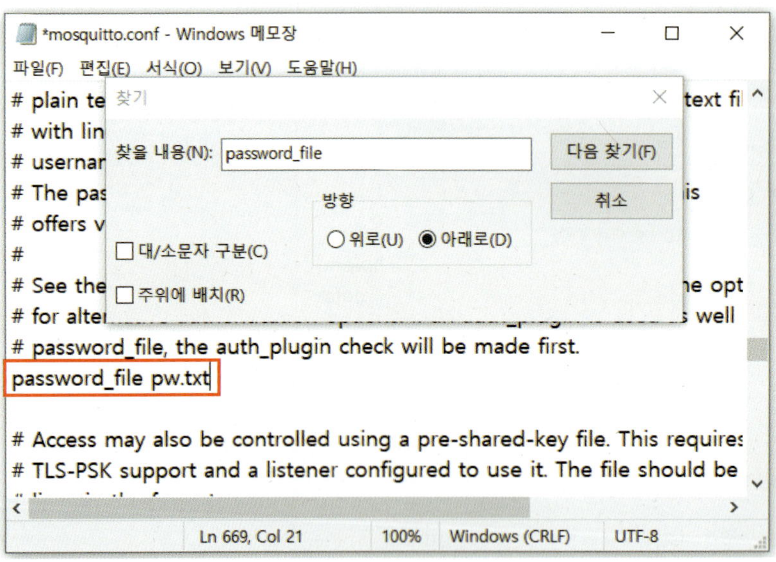

[그림 10-11] password_file 수정값

6 윈도우즈에 Mosquitto를 설치하면 초기 설정으로 동일 PC(localhost) 내에서만 접속이 됩니다. #listener를 찾아서 다음과 같이 수정하면 다른 위치에서도 포트 1883으로 접속할 수 있습니다.

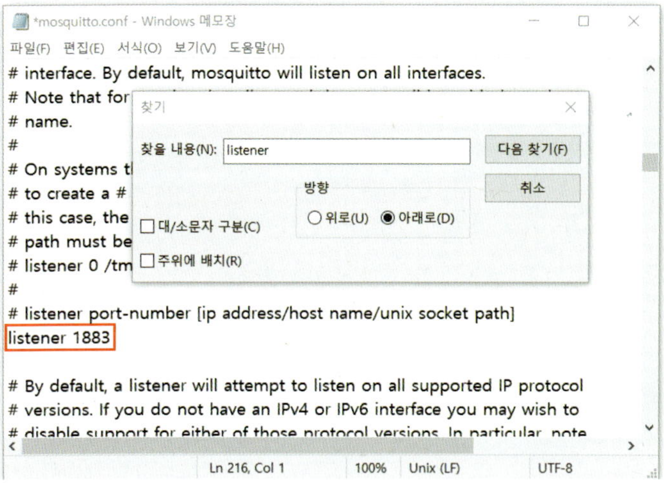

[그림 10-12] listener 지정하기

7 수정이 끝났으므로 mosquitto.conf 파일을 저장합니다.

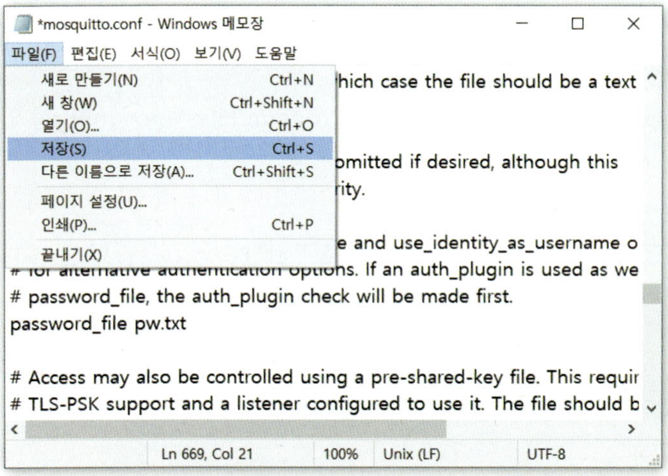

[그림 10-13] mosquitto.conf 파일 저장하기

03 cmd 화면에서 작업하기

'실행' 화면 시작

키보드에서 **Windows** 키 [⊞]+[R]을 누르면 다음 화면이 나옵니다. 'cmd'를 입력하고 **[확인]**을 누릅니다.

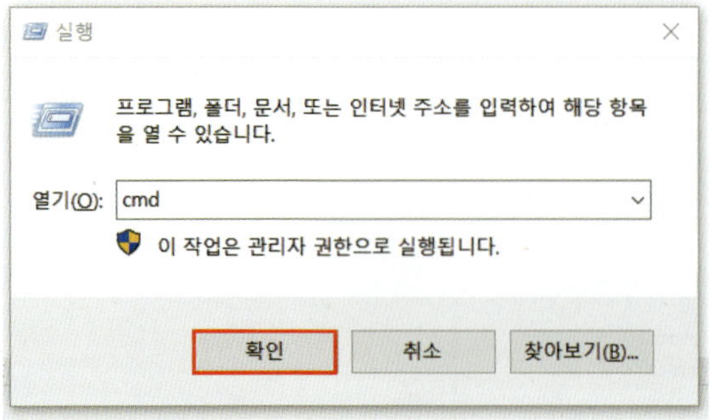

[그림 10-14] 관리자 권한으로 연 '실행' 화면

여기서 잠깐 **명령 프롬프트(cmd)**

명령 프롬프트를 실행하는 방법은 여러 가지가 있습니다. 화면에서 윈도우 시작 아이콘(⊞)으로 마우스를 이동하여 오른쪽 버튼을 누르면 메뉴가 나옵니다. 여기서 명령 프롬프트를 선택하여 실행할 수도 있습니다.

mosquitto 디렉토리로 이동하기

명령 프롬프트에 cd C:\Program Files (x86)\mosquitto 또는 cd C:\Program Files\mosquitto를 입력하여 Mosquitto가 설치된 디렉토리로 이동합니다.

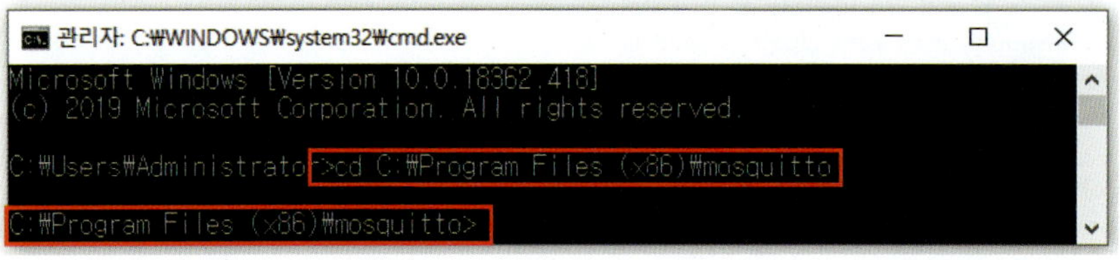

[그림 10-15] Mosquitto 설치 디렉토리로 이동

pw.txt 파일 만들기

다음 명령어를 사용하여 패스워드 파일을 만듭니다. 이때는 첫 사용자의 유저네임(username)을 지정합니다. 여기서는 임의로 첫 사용자의 유저네임을 **FIRST_USER**라고 지정했지만 실제로는 본인이 원하는 다른 유저네임을 지정하면 됩니다.

```
mosquitto_passwd -c pw.txt FIRST_USER
```

첫 사용자의 패스워드 '입력 프롬프트'와 '확인 프롬프트'가 연달아 나타납니다. 이때 입력한 패스워드는 별도로 기억해 두어야 합니다. 왜냐하면 패스워드 파일에는 비밀번호가 암호화되어 보관되므로 원래의 비밀번호를 알 수가 없기 때문입니다.

두 번째 사용자부터는 유저네임과 비밀번호를 함께 지정합니다. 이 과정은 반복할 수 있습니다.

```
mosquitto_passwd -b pw.txt SECOND_USER SECOND_PASSWORD
```

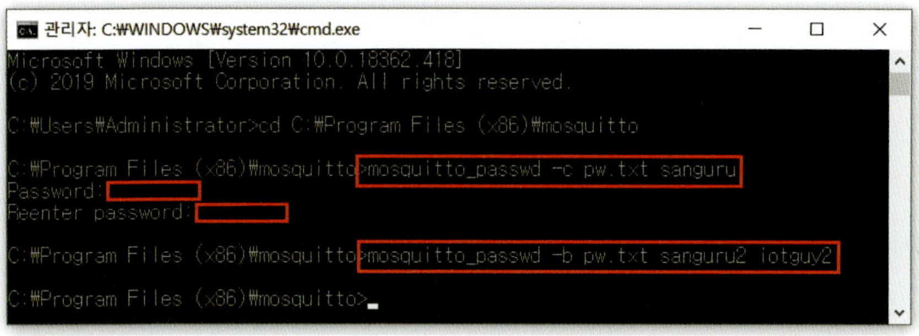

[그림 10-16] 패스워드 파일 만들기

Mosquitto 시작하기

Mosquitto가 설치된 디렉토리에서 다음 명령어로 Mosquitto를 시작합니다. 이때 적용할 .conf 파일도 지정합니다.

```
mosquitto -c mosquitto.conf -v
```

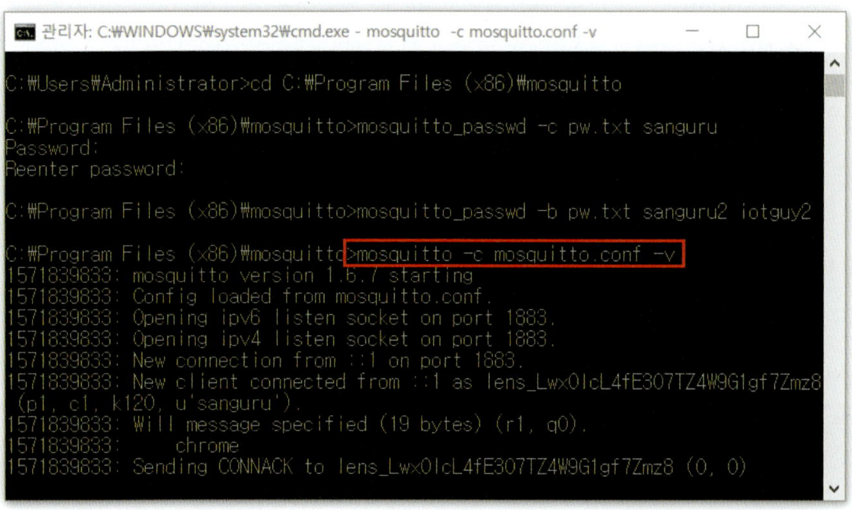

[그림 10-17] Mosquitto 시작하기

제대로 설치가 되었다면 실행 정보가 계속해서 나타납니다. cmd 화면 어디라도 마우스를 잘못 눌러 반전된 곳이 있으면 실행 정보가 표시되지 않습니다. 이때는 엔터를 누르면 됩니다.

화면에는 접속 정보나 데이터 송수신 상황이 계속 표시됩니다.

웹 페이지 **Mosquitto 관리하기**

- **Mosquitto에서 사용할 포트 열기**

Mosquitto는 기본적으로 포트 1883을 사용합니다. 만약 이 포트가 닫혀 있어서 오류가 나면 별도 작업으로 포트 1883을 열고 다시 시도해야 합니다.

`https://iotmaker.kr/iotbook-windows-port`

- **Mosquitto 삭제하기**

Mosquitto 실행 중지, 설치된 Mosquitto 삭제 등의 방법을 안내합니다.

`https://iotmaker.kr/iotbook-windows-mosquitto-management`

04 외부 클라우드 사용하기

Mosquitto를 직접 설치하여 사용할 수도 있지만 외부의 클라우드를 사용하면 서버와 네트워크를 관리하는 부담을 덜 수 있습니다.

클라우드 MQTT 브로커는 Mosquitto를 직접 호스팅하여 서비스를 제공하는 경우도 있고, 실시간 데이터 보관 서비스나 통계 분석 서비스를 추가하여 MQTT 기능과 함께 제공하기도 합니다.

MQTT를 학습하는 동안에는 클라우드 MQTT 서비스의 무료 계정을 이용하는 것도 좋은 선택이 될 수 있습니다.

웹 페이지 **클라우드 MQTT 브로커 사용하기**

대표적인 MQTT 클라우드 서비스인 `io.adafruit.com`을 중심으로 소개합니다.

`https://iotmaker.kr/iotbook-mqtt-clouds`

SECTION 03

MQTT 테스트하기

MQTTLens는 MQTT 테스트를 위해서 만든 구글의 크롬(chrome) 앱입니다. 이 앱에는 데이터를 시각적으로 표현하는 대시보드 기능은 없지만, 송수신된 데이터는 손쉽게 확인할 수 있습니다.

01 MQTTLens 시작하기

MQTTLens 설치하기

크롬 웹 스토어에서 MQTTLens라는 MQTT 테스트 도구를 다운로드할 수 있습니다. 구글에서 'MQTTLens'를 검색하여 **[Chrome에 추가]**를 누르면 설치됩니다.

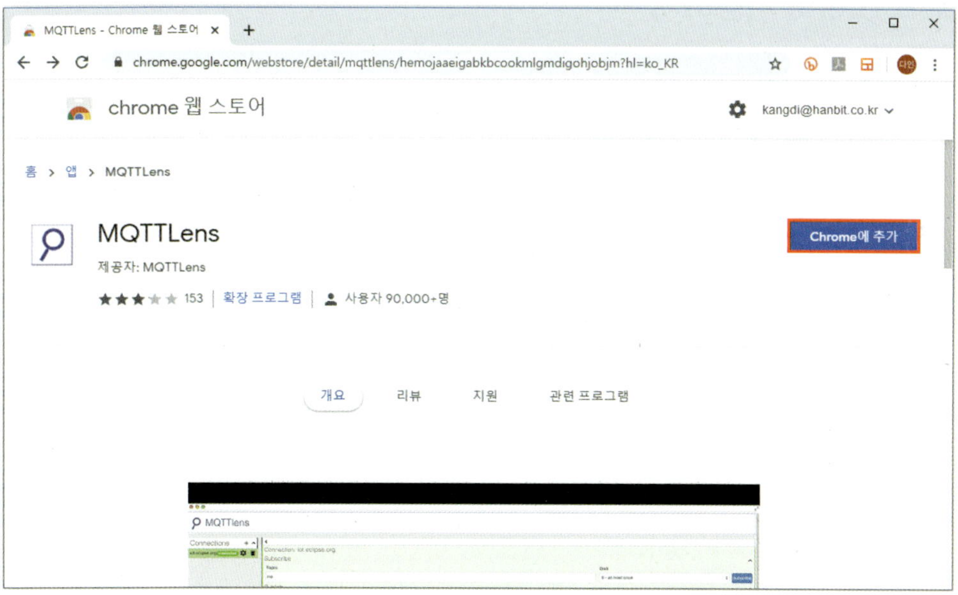

[그림 10-18] MQTTLens 설치하기

브라우저 크롬에서 **[메뉴]-[도구 더보기]-[확장 프로그램]**을 누르면 '확장 프로그램 관리' 화면이 나옵니다. 여기서 앱을 삭제할 수도 있습니다.

MQTTLens 시작하기

브라우저 크롬의 주소 창에 다음을 입력하면 설치된 모든 앱이 표시됩니다.

```
chrome://apps
```

여기서 MQTTLens를 선택하면 앱이 시작됩니다. 시작할 때마다 앱이 다운로드되므로 잠시 기다려야 합니다.

웹 페이지 **MQTT 접속을 위한 모바일 앱**

MQTT는 모바일 앱에서도 쉽게 사용할 수 있습니다. 여기서는 안드로이드 앱인 'MQTT dash'의 사용법을 안내합니다. 별도로 설명하지는 않지만 IOS용으로도 다양한 앱이 있으므로 MQTT dash와 비슷한 방식으로 사용할 수 있습니다.

https://iotmaker.kr/iotbook-mqtt-dash

02 MQTTLens 사용하기

서버와의 연결 만들기

[Connections] 버튼을 누르면 연결 설정 화면이 나타납니다. 이 Connections는 몇 개든지 만들 수 있습니다.

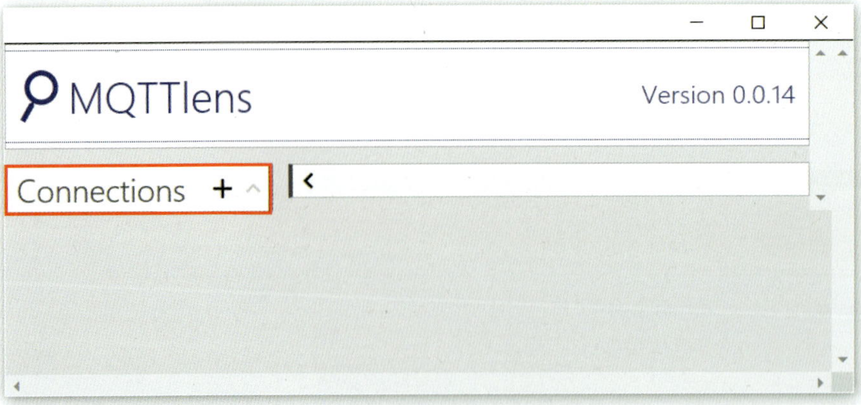

[그림 10-19] MQTTlens 연결 만들기

연결 설정하기

MQTT 서버에 접속하기 위한 필수 정보는 다음과 같습니다.

[표 10-1] MQTT 접속 정보

항목	내용
연결 이름	구분할 수 있는 이름으로 지정함
호스트 이름	localhost, IP 주소 또는 URL
포트 번호	일반적으로는 1883을 사용함
클라이언트 아이디	접속하는 디바이스의 아이디 대체로 자동으로 부여되는 아이디를 사용하면 되며 서버 전체에서 중복되면 안됨
유저네임	MQTT 브로커에 등록되어 있는 유저네임 (예를 들면 pw.txt에 등록된 유저네임)
비밀번호	유저네임에 대한 비밀번호

다음 그림과 같이 연결 정보를 입력하면 됩니다. 유언(Last-Will)이 필요하면 토픽과 메시지를 추가로 설정할 수 있습니다.

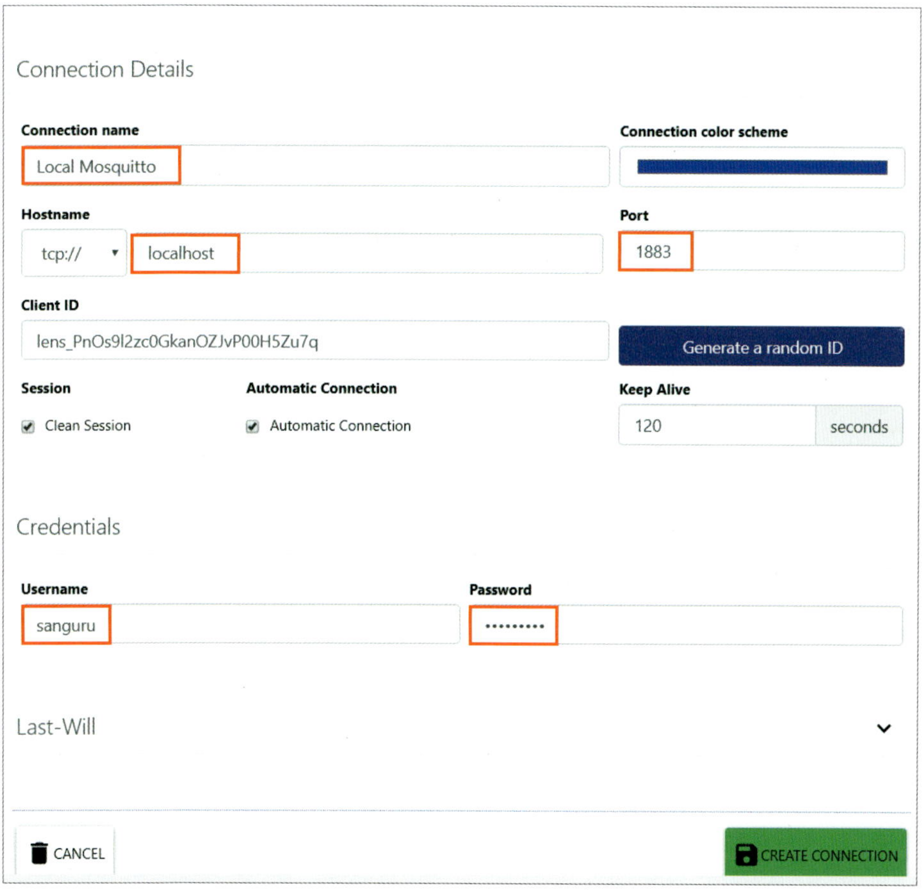

[그림 10-20] MQTT 연결 설정하기

[CREATE CONNECTION]을 누르면 접속 정보가 만들어집니다. 이때 사용할 MQTT 브로커는 실행 중이어야 제대로 접속이 됩니다. 이때 Username과 Password에는 실제로 사용할 내용을 기입하면 됩니다.

구독하기

토픽과 QoS를 입력한 후 **[SUBSCRIBE]** 버튼을 누르면 수신된 페이로드를 표시할 수 있는 섹션이 토픽별로 생깁니다. 이 섹션은 펼치거나 닫을 수 있습니다.

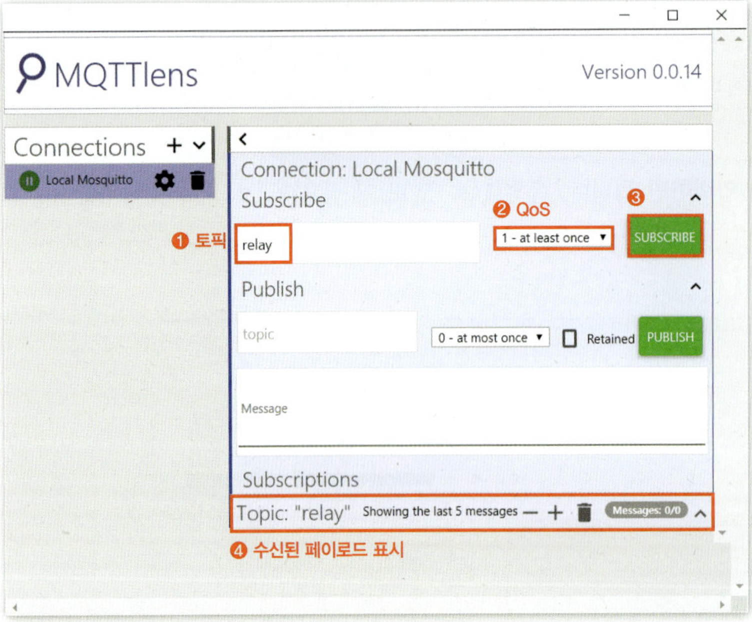

[그림 10-21] 구독하기

발행하기

토픽과 페이로드, 그리고 QoS와 Retained를 입력한 후 **[PUBLISH]** 버튼을 누르면 데이터가 브로커로 송신됩니다. 마침 같은 토픽으로 구독해 두었으므로 송신했던 데이터가 다시 돌아와서 수신이 됩니다. 이처럼 브로커의 기능을 테스트하기 위해 구독해 둔 토픽으로 발행하기도 합니다.

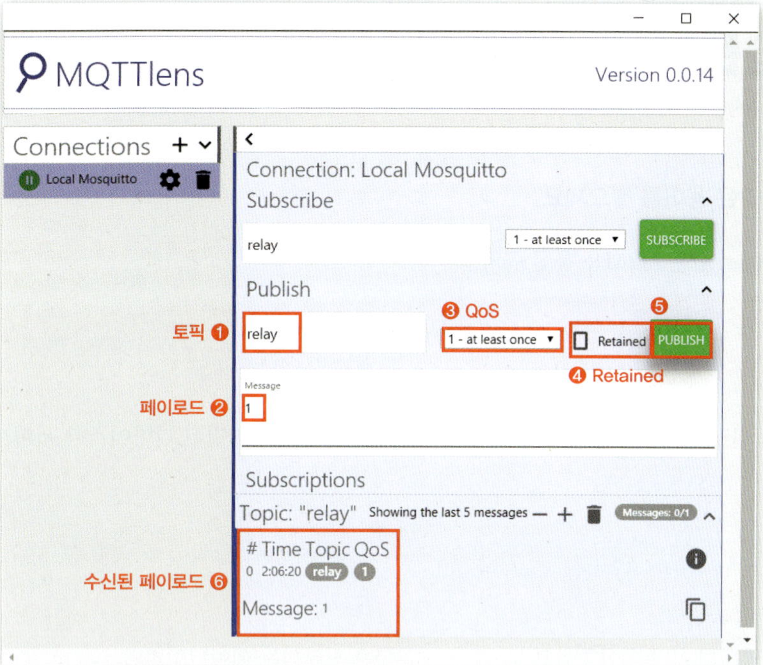

[그림 10-22] 발행하기

웹 페이지 **외부 웹서버에 접속하여 정보 교환하기**

MQTT 서버를 통하지 않고 직접 외부의 웹 서버에 접속하여 정보를 수신할 수도 있습니다. 여기서는 날씨 웹 서버에 속하여 본인이 사는 마을의 온도, 습도, 날씨 정보를 D1 mini로 수신하는 방법을 소개합니다.

`https://iotmaker.kr/iotbook-weather`

CHAPTER 10

연습문제

※ (10.1~10.7) 다음 빈칸에 알맞은 용어를 넣으세요.

10.1 (   )은(는) IBM사에서 만든 M2M용 통신 규약입니다.

10.2 (   )은(는) 데이터 전달의 허브 역할을 하고, (   )은(는) 말단에 연결된 디바이스나 서비스를 말합니다.

10.3 (   )은(는) 송수신되는 데이터의 이름이고, (   )은(는) 전달되는 데이터입니다.

10.4 (   )은(는) 데이터를 브로커로 보내는 행위를 말하고, (   )은(는) 수신하고 싶은 데이터의 토픽을 브로커에 등록하는 행위입니다.

10.5 QoS (   )은(는) 데이터를 전달하고 응답이 없으면 다시 전송하는 품질 수준입니다.

10.6 데이터를 발행할 때, 다음에 접속하는 클라이언트가 그 내용을 수신하기를 원하면 (   )을(를) 지정하면 됩니다.

10.7 브로커 접속에 대한 주요 정보는 (   )와(과) (   )입니다.

CHAPTER

11

Node-RED 설치 및 활용하기

학습목표

- Node-RED의 역할을 이해합니다.
- PC에 Node-RED를 설치하고 실행합니다.
- Node-RED의 코딩 방법을 익힙니다.
- mqtt와 dashboard 노드를 이용하여 플로우를 작성합니다.

이 장의 실습 준비물

부품 이름	대체품	수량	용도
PC		1	소프트웨어 설치
LOLIN(WEMOS) D1 mini	ESP8266 계열의 보드	1	마이크로컨트롤러
USB 마이크로 5핀 케이블		1	보드와 PC 연결

PREVIEW

Node-RED는 IoT 시스템에서 중앙 통제 기능을 하는 대시보드를 구성하기에 적합한 개발 로우코드 플랫폼입니다. 오픈되어 있는 수많은 Node-RED 노드를 활용하면 다양한 IT 기술을 결합한 IoT 시스템을 쉽게 개발할 수 있습니다.

Node-RED 프로그래밍 언어인 자바스크립트는 앞에서 학습한 C++과 문법적인 구조가 비슷하기 때문에 적응하는 데 큰 어려움은 없습니다.

이 장에서는 mqtt 노드와 dashboard 노드를 이용하여 실제로 IoT 대시보드 역할을 하는 플로우를 만들어 보기로 합니다.

SECTION 01

Node-RED에 대하여

01 Node-RED란?

Node-RED는 IBM사에서 만든 프로그래밍 도구이며 오픈 소스로 공개되어 있습니다. 처음부터 IoT를 위해서 만들어졌기 때문에, IoT 기기나 API(응용 프로그램 인터페이스) 또는 여러 서비스를 시각적으로 쉽게 연결할 수 있습니다.

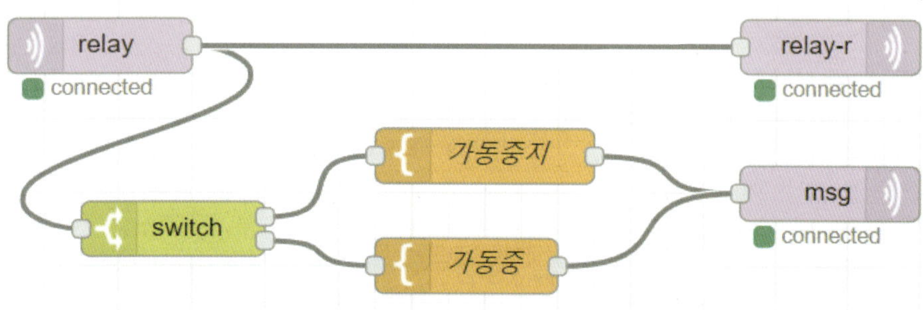

[그림 11-1] Node-RED 플로우

Node-RED는 이름에서 알 수 있듯이 노드(node)를 기본으로 하고, 각 노드를 선으로 연결해서 플로우를 만드는 방식입니다. 노드는 특정 기능을 수행하는 프로그램 묶음을 말합니다.

기본으로 제공하는 노드 외에도 오픈 소스 방식으로 만들어진 수많은 노드가 있으므로 Node-RED로 할 수 있는 일이 대단히 많습니다. 2020년 7월 기준으로 약 2,600여 개의 노드가 등록되어 있습니다.

세상에는 다양한 IT 기술과 환경이 존재하며 계속 발전하고 있습니다. 새로운 IT 기술이나 서비스를 위한 노드는 지속적으로 출현하고 있으므로 Node-RED로 할 수 있는 일은 계속 늘어날 것입니다.

IoT 시스템에는 다수의 기기들이 접속됩니다. 이 기기들은 많은 데이터를 발생시키는데, 이러한 정보는 보기 좋게 표시되고 공유되어야 합니다. 데이터는 축적되고 분석되어야 상황에 맞는 적절한 통제를 할 수 있기 때문입니다.

IoT 시스템의 중심에는 여러 기기들을 통제하는 컨트롤러가 있어야 합니다. 컨트롤러의 주요 역할은 디바이스 통제, 외부 시스템 연계, 그리고 대시보드 기능입니다.

컨트롤러를 구현하는 데 가장 적합한 개발 환경이 Node-RED입니다. Node-RED는 그 자체의 기능도 중요하지만, Node-RED 생태계에 계속해서 추가되는 노드의 확장성에 주목해야 합니다.

02 로우코드와 이벤트 드리븐

로우코드 개발 방법

Node-RED는 로우코드(Low-code) 개발 플랫폼인데, 코드를 적게 작성하고도 응용 시스템을 빠르게 만들 수 있는 개발 환경을 제공합니다. 로우코드 개발 방법에서는 데이터 모델이나 논리의 흐름, 그리고 사용자 인터페이스를 시각적인 방식으로 블록을 연결하여 만들게 됩니다. 복잡한 코딩 작업이 줄어들고 비교적 쉬워서 소프트웨어 전문가가 아닌 사람도 자신의 전문 지식을 기반으로 응용 시스템 개발에 참여할 수 있게 되었습니다.

이벤트 드리븐 작동 방식

아두이노 프로그램을 작성할 때는 실행 순서를 따져서 차례대로 논리를 구현합니다. 그러나 이러한 방식에서 동시 다발적으로 일어나는 여러 상황을 프로그래밍하려면 코드가 너무 복잡해집니다.

반면에 Node-RED에서는 여러 이벤트(상황)가 발생하는 노드를 몇 개든지 나열할 수가 있습니다. 어느 이벤트가 먼저랄 것도 없고, 단지 이벤트 발생 후의 처리 단계와 이벤트 사이의 관계만 정의하면 됩니다. 그래서 Node-RED에서는 동시 다발적으로 일어나는 여러 이벤트를 처리하는 것이 별로 어렵지 않습니다. 이러한 작동 방식을 이벤트 드리븐(Event-driven)이라고 합니다.

03 작동 환경

인터넷 브라우저에서는 동적인 정보를 표현하기 위해서 자바스크립트(Javascript)라는 인터프리터 언어를 사용합니다. 인터넷 브라우저인 크롬의 자바스크립트 런타임 엔진을 브라우저가 아닌 일반적인 컴퓨터에서 작동하도록 한 것이 Node.js인데, Node-RED는 Node.js 환경에서 작동합니다. 그래서 Node.js를 먼저 설치하고 Node-RED를 설치해야 합니다. Node-RED는 대부분의 OS(Operating System, 운영체제)에서 작동합니다.

Node-RED 편집기는 인터넷 브라우저를 사용하면 되고, Node-RED로 구현한 대시보드도 인터넷 브라우저를 이용해서 접속하면 됩니다.

개인이나 소규모 조직에서 IoT 기기 제어용으로 Node-RED를 사용하는 경우에는 라즈베리 파이에 Node-RED를 설치하는 것이 좋습니다. 왜냐하면 기기 제어용으로 사용하기 위해서는 Node-RED를 항상 가동해야 하는데, 전력 사용량이나 구매 가격을 고려할 때 라즈베리 파이가 경제적이기 때문입니다. 다만 이 책에서는 학습의 편의상 Windows에 Mosquitto와 Node-RED를 설치하여 사용합니다.

노드를 연결하고 설정하는 것만으로도 대부분의 일은 해결할 수 있지만, 직접 코딩을 해서 처리해야 할 경우도 있습니다. Node-RED의 기반 언어가 자바스크립트이기 때문에 Node-RED 코딩도 자바스크립트로 해야 합니다. 이미 C++에 익숙하다면 Node-RED에 사용할 정도의 자바스크립트를 익히는 일은 비교적 쉽습니다. 특히 두 언어의 문법 체계나 제어 구조가 유사하므로, 변수 선언과 변수형 변환에 관련된 몇 가지 기능만 익히면 크게 어렵지 않게 적응할 수 있습니다.

Node-RED로 IoT 시스템을 개발할 때 적합한 노드를 찾아서 활용하면, 자바스크립트로 코딩해야 하는 양을 많이 줄일 수 있습니다.

SECTION 02

Node-RED 설치하기

Node-RED를 설치하기 전에 먼저 Node.js와 npm(Node.js package manager)을 설치해야 합니다. 여기서는 Windows10에 설치하는 방법을 설명합니다.

웹 페이지 **라즈베리 파이에서 Node-RED 활용하기**

라즈베리 파이에 Node-RED를 설치하면 사용하기가 훨씬 편합니다. 다음 웹 페이지에서는 라즈베리 파이에 Mosquitto와 Node-RED를 설치하는 방법을 안내합니다.

`https://iotmaker.kr/iotbook-raspberrypi`

01 Node.js 설치하기

1 Node.js 공식 사이트인 `https://nodejs.org/ko`의 첫 화면에서 LTS 버전을 선택합니다. LTS는 Long-term Support의 약어로, 이미 상당한 기간 동안 지원해 왔기 때문에 안정된 버전이란 뜻입니다. 선택한 버전에 맞추어 .msi 파일(이 경우에는 node-v12.13.0-x64.msi)의 다운로드가 시작됩니다.

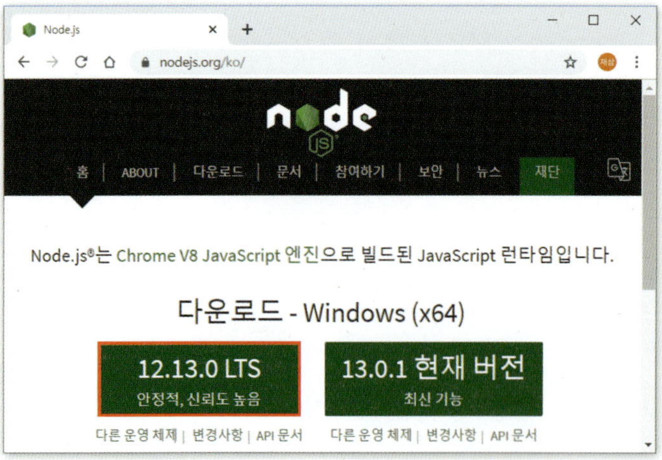

[그림 11-2] Node.js 다운로드 선택

2 다운로드한 파일을 실행하면 설치 화면이 나옵니다. **[Next]**를 누릅니다.

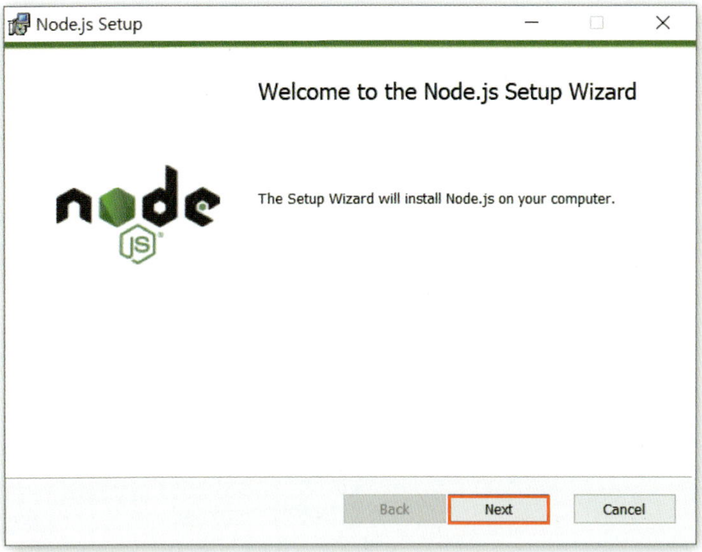

[그림 11-3] Node.js 설치 화면

3 라이선스 조건에 동의하고 **[Next]**를 누릅니다.

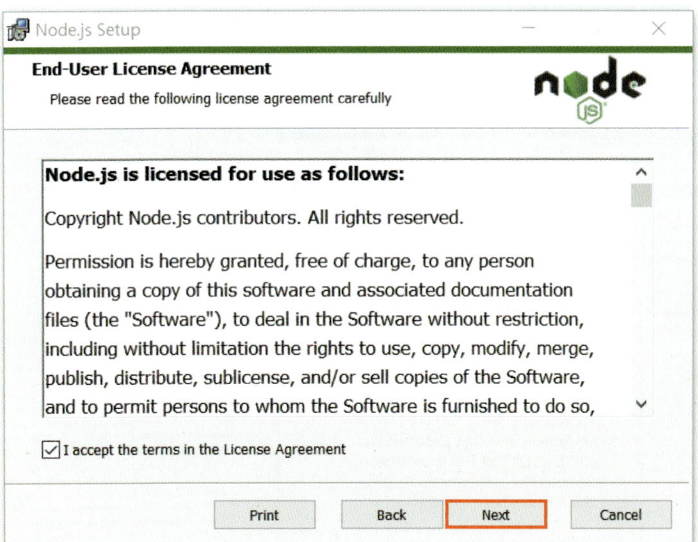

[그림 11-4] Node.js 라이선스 조건

4 기본 설치 위치는 C:\Program Files\nodejs입니다. **[Next]**를 눌러서 계속합니다.

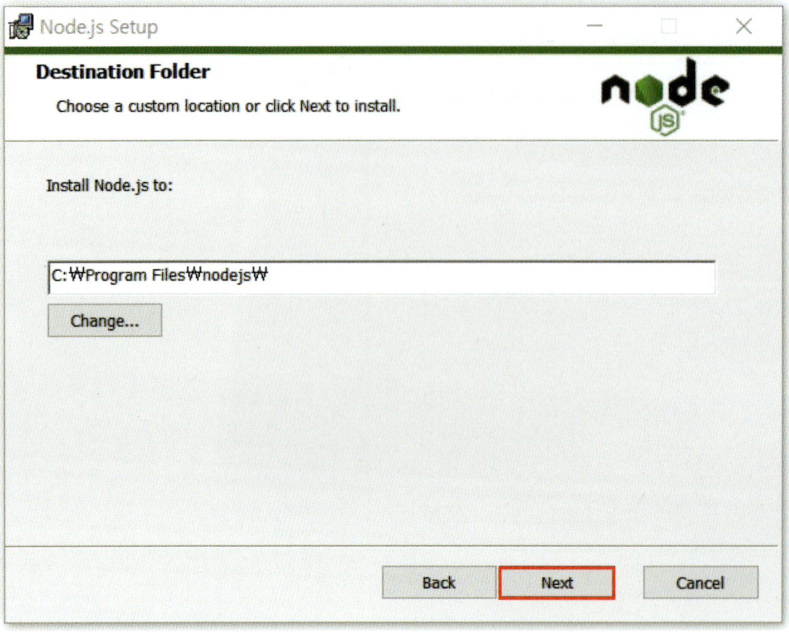

[그림 11-5] Node.js 설치 위치 설정

5 Node.js runtime을 선택하고 **[Next]**를 누릅니다.

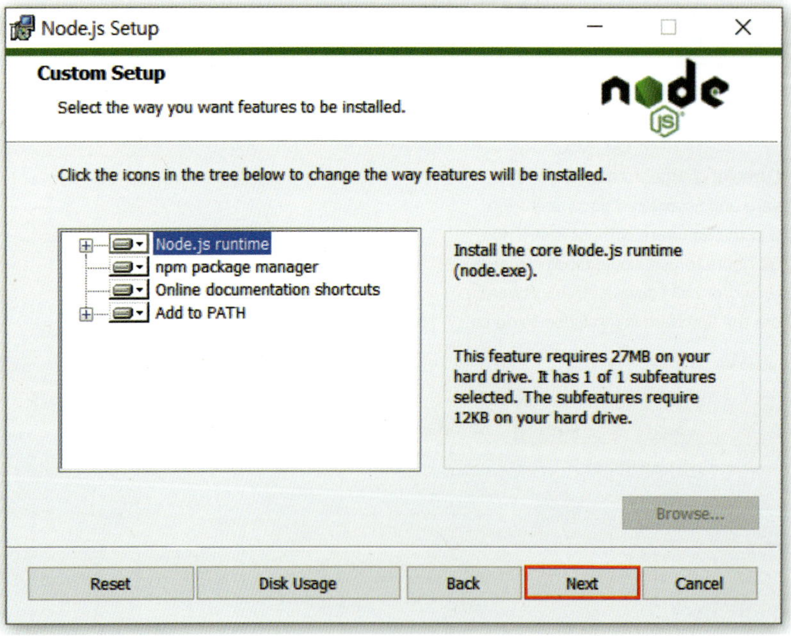

[그림 11-6] Node.js 설정

6 추가로 파일을 설치해야 할 수도 있다는 공지입니다. [Next]를 누릅니다.

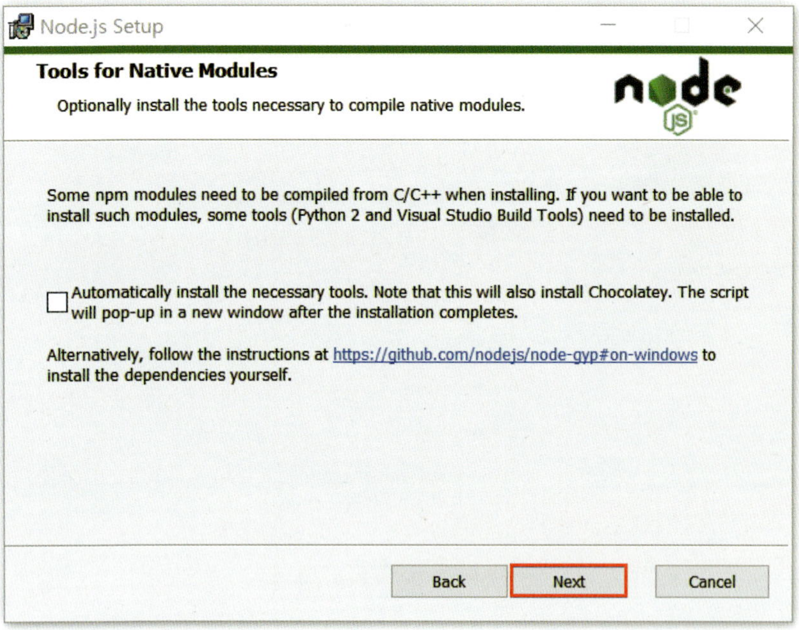

[그림 11-7] Node.js 공지 화면

7 [Install]을 누르면 설치가 시작됩니다.

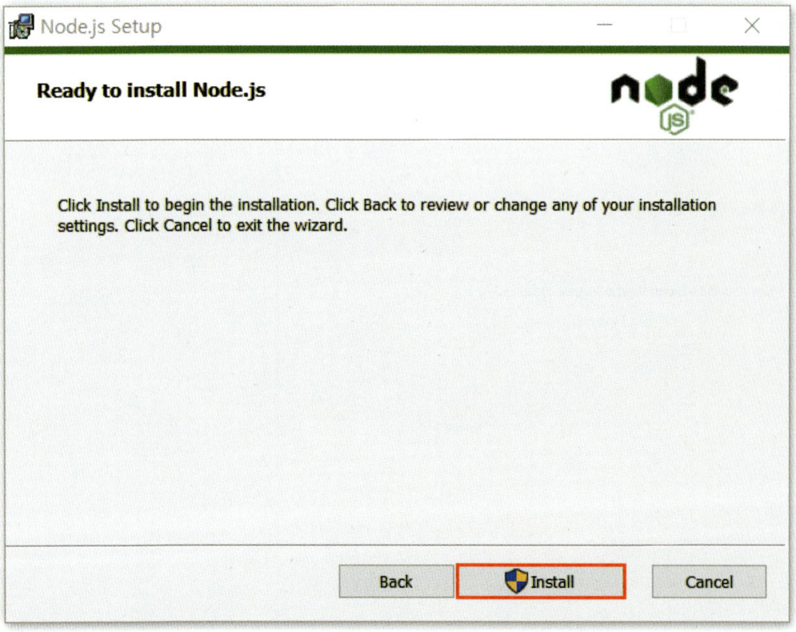

[그림 11-8] Node.js 설치 시작

8 설치 진행 상태가 표시됩니다.

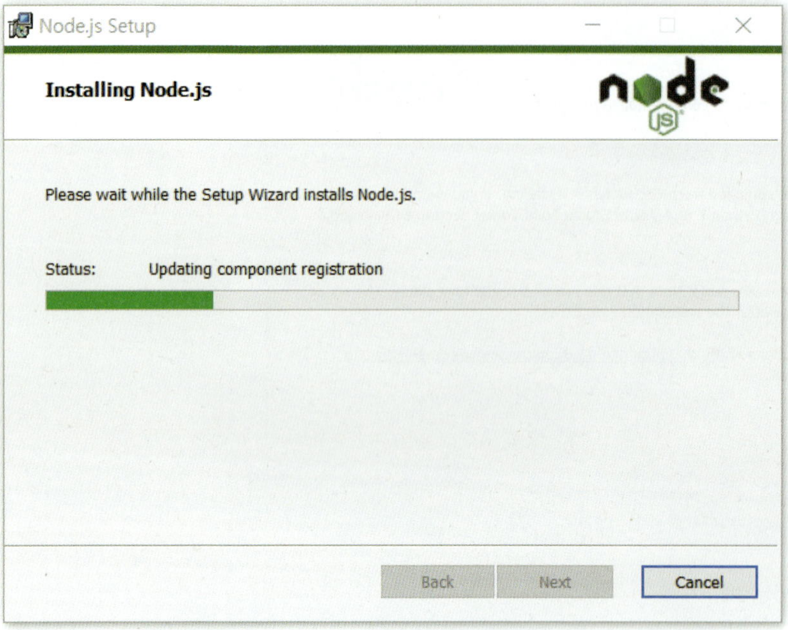

[그림 11-9] Node.js 설치 진행 상태

9 [Finish]를 눌러 설치를 종료합니다.

[그림 11-10] Node.js 설치 완료

설치 확인하기

설치가 완료되었으면 Node.js와 npm이 제대로 설치되었는지 확인해봅시다. npm은 Node.js 패키지를 관리하는 클라이언트 소프트웨어입니다. 이 소프트웨어는 패키지 정보가 등록된 온라인 데이터베이스와 연동되어 Node.js 패키지 관리를 쉽게 할 수 있게 합니다.

1 키보드에서 [⊞]+[R]을 누르면 다음 화면이 나옵니다. 'cmd'를 입력하고 **[확인]**을 누릅니다.

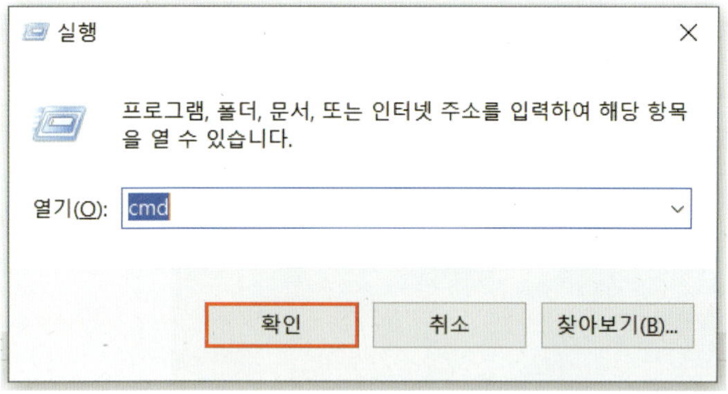

[그림 11-11] '실행' 화면

2 명령 프롬프트에서 다음 명령어를 입력해봅시다.

- 'node -v'를 입력하여 버전 정보가 출력되면 Node.js가 제대로 설치된 것입니다.
- 'npm -v'를 입력하여 버전 정보가 출력되면 npm이 제대로 설치된 것입니다.

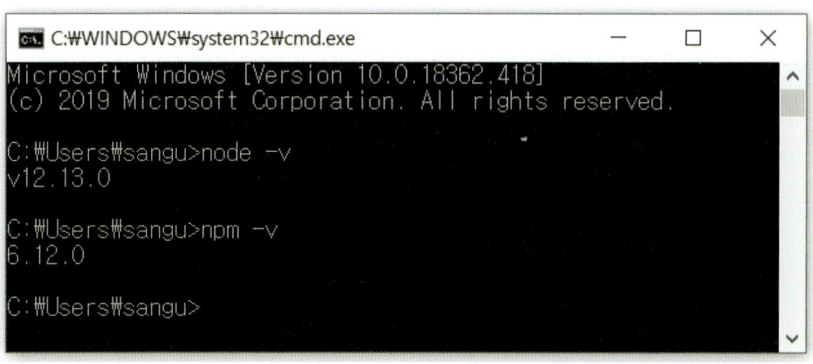

[그림 11-12] Node.js와 npm 설치 확인

02 Node-RED 설치하기

키보드에서 ⊞+R을 눌러 명령 프롬프트를 실행하고, 다음 명령어를 입력하면 설치가 완료됩니다.

```
npm install -g --unsafe-perm node-red
```

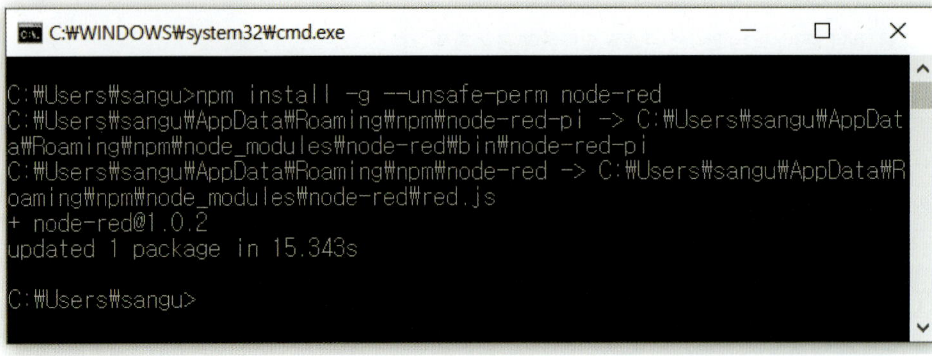

[그림 11-13] Node-RED 설치

이제 다음 명령어를 입력하면 Node-RED를 실행할 수 있습니다.

```
node-red
```

만약 명령어가 실행되지 않으면 Node-RED 설치 디렉토리(폴더)로 이동하여 다시 명령어를 실행하면 됩니다. Node-RED는 사용자의 홈 디렉토리 아래의 .Node-RED 디렉토리에 설치되어 있습니다.

```
cd .node-red
node-red
```

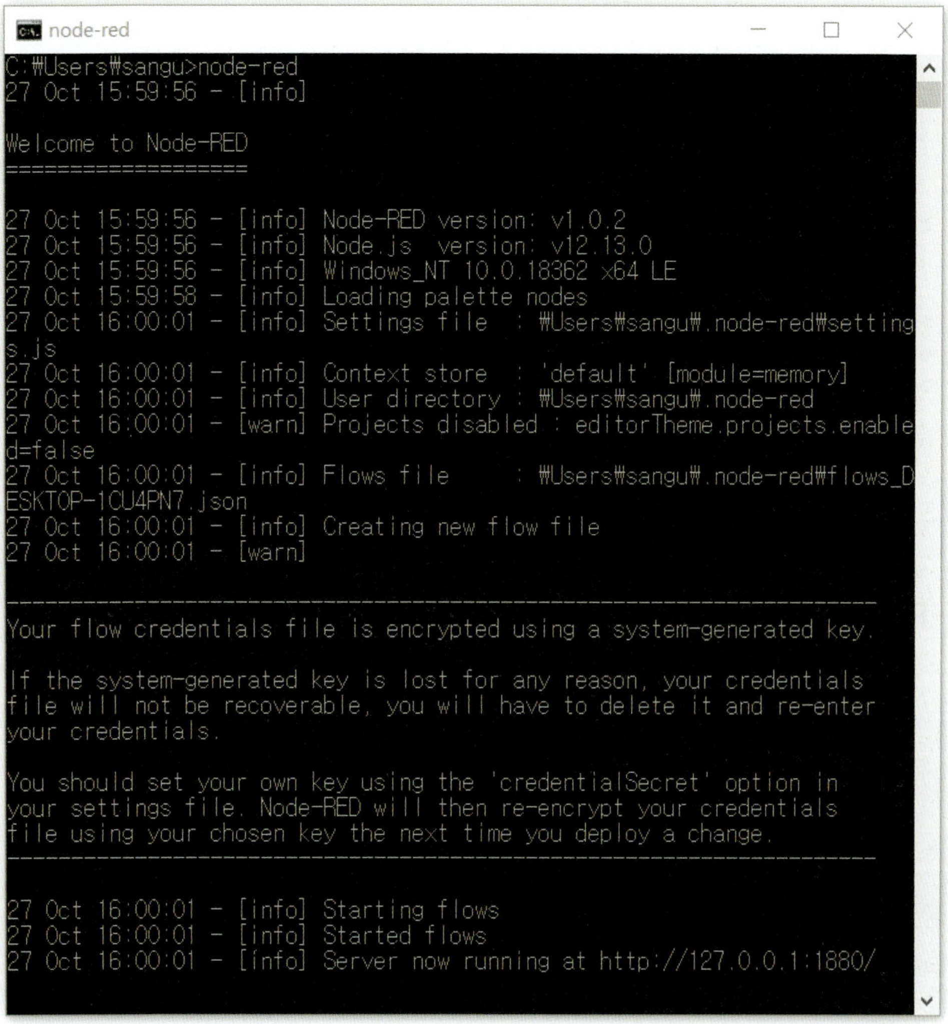

[그림 11-14] Node-RED 실행 화면

Node-RED가 기동되면 명령 프롬프트 화면은 닫지 말고 그대로 두어야 합니다. 닫으면 Node-RED 작동이 중단됩니다. 명령 프롬프트 화면의 맨 아래를 제외하고 다른 곳에 마우스를 잘못 눌러 반전 표시된 곳이 있으면 안됩니다.

.node-red 폴더

Node-RED를 설치하면 사용자의 홈 디렉토리 아래에 **.node-red**라는 폴더가 생기고, 그 아래에 설정 정보, 설치한 모듈, 작성한 플로우가 저장됩니다.

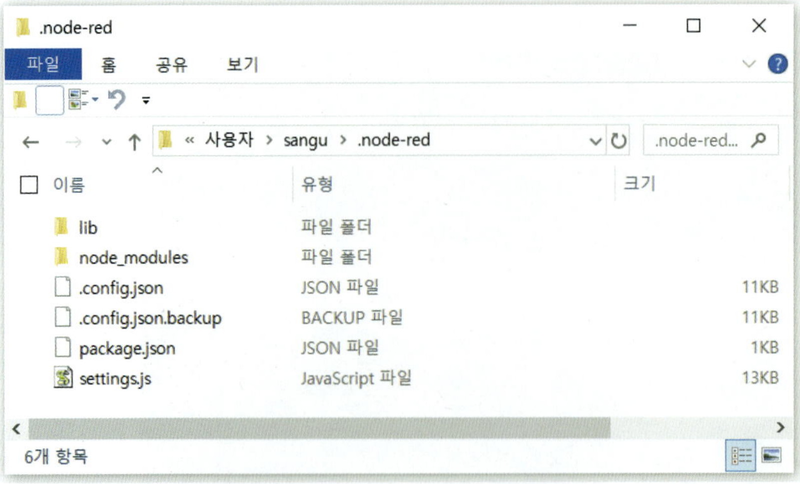

[그림 11-15] Node-RED 사용자 디렉토리

Node-RED 설정 파일(settings.js)

Node-RED의 설정 정보는 settings.js 파일에 보관됩니다. 아직 이 파일을 수정하지 않았기 때문에 Node-RED는 기본적인 모드로 수행됩니다. 보안이 전혀 설정되지 않은 상태이므로 네트워크에 노출되면 곤란합니다. 보안 설정이 완전하지 않은 상태에서는 방화벽 안쪽의 로컬 상태에서만 사용해야 합니다.

웹 페이지 Node-RED 안전하게 사용하기

- **Node-RED 보안 설정하기**

Node-RED를 설치하면 처음에는 비밀번호 없이 누구든지 접속할 수 있습니다. 따라서 유저네임과 패스워드를 설정하여 Node-RED의 접속을 제한해야 합니다. Node-RED에 SSL/TLS(OpenSSL)를 적용하여 외부에서도 안전하게 접속하는 방법을 안내합니다.

`https://iotmaker.kr/iotbook-Node-RED-windows-security`

- **안전하게 원격 접속하는 방법**

이 책에서는 MQTT 브로커인 Mosquitto와 대시보드 용도인 Node-RED를 PC에 설치하여 사용합니다. 그러나 원격에서 안전하게 접속하기 위해서는 추가 작업이 필요합니다.

학습을 위해서는 이 책에서 제시되는 내용만 익히면 되지만, IoT 시스템을 실제로 사용할 때는 다음의 절차에 따라 보안 사항을 적용해야 합니다.

❶ https와 같은 방식인 OpenSSL 적용

❷ 라우터의 포트 포워딩 설정

❸ Dynamic DNS를 위한 Duckdns 설정

`https://iotmaker.kr/iotbook-secure-connection`

03 클라우드 Node-RED 서비스

Node-RED를 직접 설치하여 사용할 수도 있지만 외부의 클라우드를 사용하면 서버와 네트워크를 관리하는 부담을 덜 수 있습니다.

클라우드 Node-RED 서비스는 Node-RED를 직접 호스팅하여 서비스를 제공하는 경우가 대부분입니다. 사용 편의성을 높이기 위해 MQTT 브로커 기능을 제공하거나, 실시간 데이터 보관 서비스를 제공하는 경우도 있습니다. 클라우드 Node-RED는 서비스 특성상 설치할 수 있는 Node-RED 노드가 제한되는 경우가 있으니 잘 살펴봐야 합니다.

Node-RED를 학습하는 동안에는 클라우드 Node-RED 서비스의 무료 계정을 이용하는 것도 좋은 선택이 될 수 있습니다.

웹 페이지 **클라우드 Node-RED 사용하기**

대표적인 Node-RED 클라우드 서비스인 `fred.sensetecnic.com`을 중심으로 소개합니다.

`https://iotmaker.kr/iotbook-node-red-clouds`

SECTION 03

Node-RED 편집하기

01 Node-RED 편집 화면

인터넷 브라우저를 열어서 주소 창에 `localhost:1880`을 입력하면 Node-RED 편집 화면이 나타납니다. 만약 다른 서버에 Node-RED가 설치되어 있거나 클라우드 서비스를 사용하는 경우에는 localhost 대신에 해당 서버의 IP 주소 또는 URL을 지정합니다. 여기서는 사용자의 제한 없이 바로 접근이 가능하지만 보안 설정이 되어 있다면 admin과 user에 대한 비밀번호를 입력해야 합니다.

[그림 11-16] Node-RED 화면 구성

팔레트

화면의 좌측에 해당하는 부분이며, 이미 설치된 노드가 표시됩니다. 여기에 있는 노드를 끌어서 캔버스에 가져오면 됩니다. 노드는 용도별로 구분이 되어 있는데 각각 펼치거나 접을 수 있습니다. 위쪽의 필터에 검색어를 입력하여 필요한 노드를 표시할 수도 있습니다. 화면 중앙 캔버스와의 경계에 마우스를 대면 팔레트에 숨겨져 있는 화살표 아이콘이 나오고, 이 아이콘을 누르면 팔레트가 사라집니다. 다시 맨 좌측 경계에 마우스를 대면 팔레트를 확장할 수 있는 아이콘이 나타납니다. 이 아이콘을 눌러서 팔레트를 다시 표시하면 됩니다.

[표 11-1] 기본 노드 그룹

노드 그룹	내용
공통(common)	플로우의 기본 기능을 수행함
기능(function)	노드의 중간에서 값을 바꾸는 기능을 함
네트워크(network)	MQTT, HTTP, 웹소켓 등의 통신을 담당함
순서(sequence)	플로우를 합치거나 분기하고, 값을 정렬하는 기능을 함
파서(parser)	데이터를 다른 형식으로 변환하거나, 특정 데이터를 추출함
저장(file)	외부 데이터 저장소를 관리함

캔버스

화면의 가운데 부분이며, **노드**와 **와이어**를 이용해서 **플로우**를 그리는 곳입니다. 플로우는 캔버스에서 탭으로 표시됩니다. 탭의 이름을 더블 클릭하면 플로우 정보를 편집할 수 있는 팝업 화면이 나옵니다. + 탭을 눌러서 새로운 플로우를 만들 수 있습니다.

플로우를 편집하면 위쪽의 **[배포하기]** 버튼이 활성화되는데, 이 버튼을 눌러야만 수정된 내용이 보관되고, 플로우가 초기화되어 다시 시작되게 됩니다. **[배포하기]** 버튼은 플로우의 실행 버튼이 되는 셈입니다.

캔버스 우측 아래쪽에 플로우의 크기를 조정할 수 있는 버튼 묶음이 있습니다. 플로우를 축소하면 한 화면에 더 많은 정보가 표시되므로 전체적인 흐름을 파악하기가 쉽습니다.

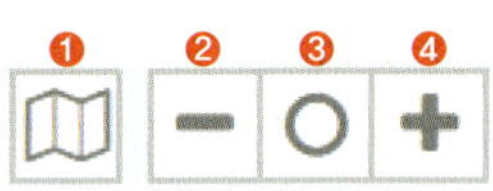

[그림 11-17] 플로우 크기 조정 버튼

❶ **네비게이터** : 전체 플로우와 확대된 플로우 부분을 한꺼번에 보여줍니다.

❷ **축소** : 플로우 크기를 축소합니다.

❸ **초기화** : 확대하거나 축소한 상태에서 처음 상태로 초기화합니다.

❹ **확대** : 플로우 크기를 확대합니다.

우측 사이드 바

캔버스의 우측 영역으로, 선택된 아이콘에 따라 여러 정보가 다양하게 표시되는 곳입니다.

[그림 11-18] 사이드 바 버튼

❶ **노드 정보** : 플로우에서 선택한 노드의 사용 방법을 나타냅니다.

❷ **디버그 메시지** : 디버그 노드에 입력되는 메시지를 출력합니다. 노드의 설정 내용에 따라 간단하게 출력되기도 하고, 오브젝트의 상세한 내용이 출력되기도 합니다.

❸ **대시보드** : 대시보드를 사용하는 노드에 대한 표시 방식을 나타냅니다. 주로 항목이 표시될 곳, 순서 등의 정보가 제공됩니다. 대시보드 노드를 설치해야만 이 아이콘이 표시됩니다.

❹ **노드 설정** : 특정 노드의 기본 정보를 지정하는 곳입니다. 예를 들면 외부에 접속하기 위한 DNS 정보나 비밀번호 등을 지정하는데, 그 내용은 노드에 따라 다릅니다.

❺ **콘텍스트 데이터** : 노드나 플로우 또는 캔버스 전체에 공유할 정적 정보를 보여주는 곳입니다. 기능(function) 노드의 코딩과 관련이 있습니다.

여기서 잠깐 **msg 오브젝트와 프로퍼티**

Node-RED에서는 노드와 노드 사이에 **msg**라는 이름을 가진 **오브젝트**를 전달합니다. 오브젝트에는 여러 데이터가 속할 수 있는데, 그 데이터를 **프로퍼티(property)**라고 합니다. 프로퍼티는 몇 개든지 만들어서 사용할 수 있습니다.

오브젝트와 프로퍼티는 .으로 연결합니다. 예를 들면 **msg** 오브젝트에 속한 temp(온도)라는 프로퍼티는 **msg.temp**와 같이 표현합니다.

msg 오브젝트에는 다음 3개의 프로퍼티가 기본으로 설정되어 있습니다.

- **msg._msgid**
  노드의 아이디가 들어 있는데, 사용자가 그 내용을 알 필요는 없습니다.
- **msg.topic**
  값이 비어 있는 경우가 많습니다. 만약 MQTT 관련 노드라면 여기에 MQTT의 토픽이 들어 있습니다.
- **msg.payload**
  노드 간에 전달되는 가장 중요한 데이터입니다. 대부분의 노드는 msg.payload를 기본적인 입력으로 처리합니다.

노드의 주된 기능은 입력된 **msg.payload** 값을 가공해 새로운 **msg.payload**로 만들어서 다음 노드에 전달하는 것입니다. 중간에 새로운 프로퍼티가 추가되기도 하고 삭제되기도 합니다.

02 플로우 만들기

웹 페이지 **플로우 다운로드하기**

Node-RED 플로우는 확장자 .json 형식의 텍스트 파일로 보관할 수 있습니다. 이 책에서 사용되는 플로우 파일의 템플릿은 다음 웹 페이지에서 다운로드할 수 있습니다. 다운로드한 플로우 파일은 Arduino\iotbook 폴더 아래에 둡니다. 이 파일을 수정하여 Arduino\myPgm\chapterXX 폴더에 보관하는 것이 좋습니다. 이 책의 플로우 그림에는 다운로드한 플로우 파일 이름도 함께 표시했습니다.

`https://iotmaker.kr/iotbook-node-red-flows`

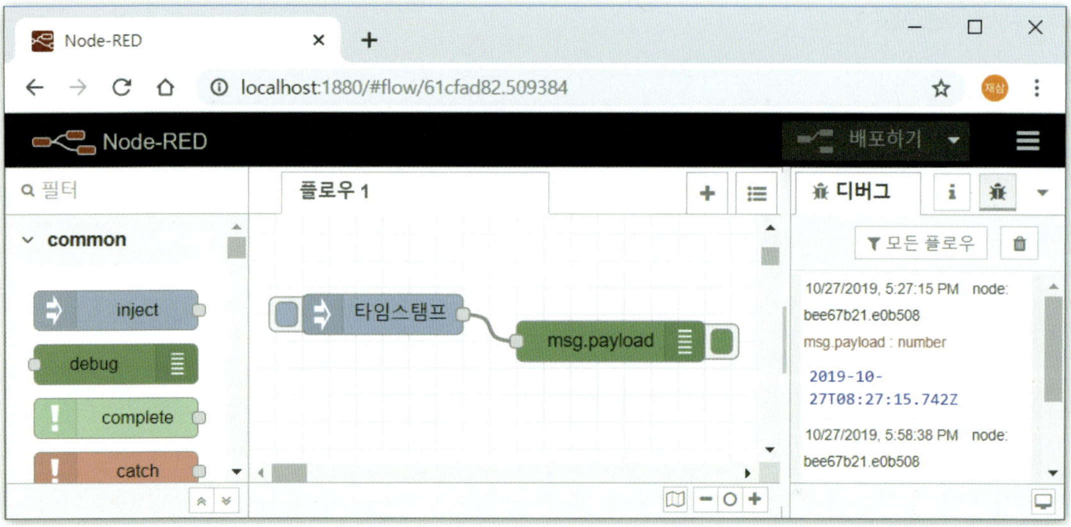

[그림 11-19] 첫 플로우 [flows-11-01-jsonata.json]

두 개의 노드를 연결하여 시간을 출력하는 간단한 플로우를 만들어 봅시다.

1 입력 노드인 inject 노드를 캔버스에 끌어다 놓습니다.

2 출력 노드인 debug 노드를 캔버스에 끌어다 놓습니다.

3 inject 노드의 출력 포트에 마우스를 누른 채 debug 노드의 입력 포트까지 끌면 두 노드가 와이어로 연결됩니다.

4 **[배포하기]**를 누르면 플로우가 보관되고 실행 모드로 바뀝니다.

5 우측 사이드 바에서 🐞 버튼을 누르면 디버그 출력 모드로 바뀝니다.

6 inject 노드의 좌측 버튼을 누르면 우측 사이드 바에 시간을 나타내는 숫자가 출력됩니다.

여기서 잠깐 **유닉스 기준 시간(UNIX Epoch)**

> [그림 11-19] 플로우의 debug 노드에서 출력되는 숫자는 유닉스 시간(UNIX Epoch, 1970년 1월 1일) 기준으로 표시한 밀리초 단위의 시간 정보입니다. 우측 사이드 바에는 디버그(debug) 노드에서 출력된 정보가 표시되는데, 마지막의 숫자 부분을 계속 눌러보면 정수, 세계 표준 시간, 한국 시간, 16진수 정수로 바뀌어 나타납니다. 한국 시간은 UTC+9로 표시됩니다. 이때 UTC(Universal Time Coordinated)는 세계 표준 시간을 말합니다. UTC는 GMT(그리니치 평균 시간, Greenwich Mean Time)라고도 합니다.

inject 노드

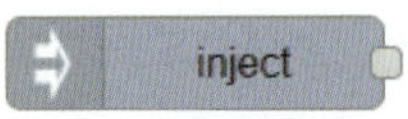

inject 노드는 데이터를 출력하는 기능을 수행합니다. 버튼을 눌러 수동으로 데이터를 출력하거나 정해진 시간 또는 주기적으로 데이터를 출력할 수 있습니다. 기본적으로는 현재 시간을 출력하지만 옵션에 따라 다양한 형식의 데이터를 출력할 수 있습니다. 이 노드는 플로우를 테스트할 때 빈번하게 사용됩니다.

inject 노드를 캔버스에 끌어다 두면 다음과 같은 모양으로 보입니다.

왼쪽의 버튼은 수동으로 데이터를 출력할 때 누르면 됩니다. 오른쪽 위의 파란 동그라미는 **[배포하기]**를 눌러야 할 수정 사항이 발생했다는 것을 알려줍니다. 이 노드를 더블 클릭하면 다음과 같은 편집 창이 나타납니다.

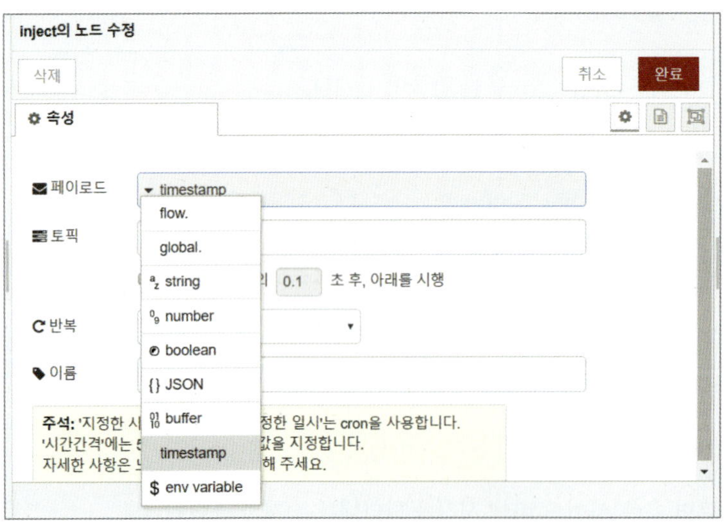

[그림 11-20] inject 노드 '페이로드' 편집

노드 사이에는 **오브젝트**를 통하여 정보가 전달되는데, 대개 payload라는 프로퍼티에 전달할 값이 들어 있습니다. **페이로드(payload)**는 유료 화물이란 뜻인데 '전달 데이터'라고 생각하면 됩니다. 이 노드의 기본 페이로드는 시간(timestamp)이지만, 눌러서 다른 데이터 항목으로 바꿀 수 있습니다. 주로 문자열(string), 콘텍스트(flow), 숫자(number), 참/거짓(boolean) 중에서 선택하면 됩니다. 토픽은 다음 노드에서 따질 필요가 없으면 생략해도 됩니다.

inject 노드에서는 수동으로 데이터를 출력하도록 해도 되지만, 특정 시점이나 주기에 따라 출력하도록 지정할 수도 있습니다. 다음 화면에서는 1초 단위로 페이로드를 출력하도록 지정했습니다.

맨 아래에서는 노드에 표시될 이름을 지정할 수 있는데, 생략하면 페이로드 정보가 자동으로 표시됩니다. 모든 정보 수정이 끝나면 **[완료]**를 눌러서 수정 사항을 보관하면 됩니다.

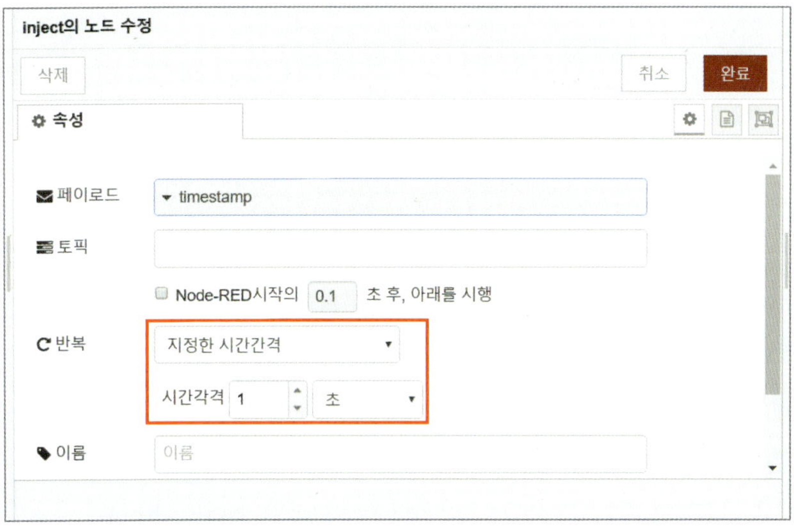

[그림 11-21] inject 노드 '반복' 편집

debug 노드

플로우를 테스트할 때 사용하는 노드입니다. 플로우에 있는 여러 노드에 debug 노드를 연결해 두고, 각각의 노드가 단계마다 어떤 값을 갖는지 추적할 때 사용합니다.

사용 상태

사용 중지 상태

이 노드의 오른쪽 버튼은 **사용 상태**로 되어 있지만, 버튼을 누르면 크기가 줄어들면서 **사용 중지 상태**로 바뀝니다. 실제로 사용할 때는 필요에 따라 ON/OFF하면서 사용하면 됩니다. debug 노드를 더블 클릭하면 출력할 대상을 선택할 수 있는 편집 창이 나옵니다.

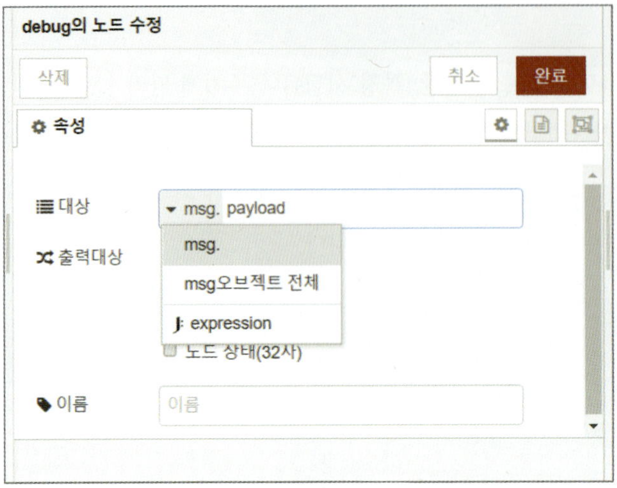

[그림 11-22] debug 노드 '출력 대상' 편집

debug 노드가 생성되면 초기에는 **msg** 오브젝트의 payload 프로퍼티(property, 속성)인 **msg.payload**를 출력하도록 되어 있습니다. 이때 payload 대신 다른 프로퍼티(예를 들면 msg.topic)을 출력하도록 지정해도 됩니다.

msg 오브젝트 전체를 선택하면 msg 오브젝트에 속한 모든 프로퍼티가 출력됩니다. Node-RED 학습 초기에는 **msg 오브젝트 전체**로 지정하여 출력되는 모든 프로퍼티를 살펴보면, Node-RED의 구조를 이해하는 데 도움이 됩니다.

J: expression은 JSONata(제이소나타) 형식으로 페이로드를 지정할 때 사용합니다. JSONata는 JSON 형식의 데이터를 간략하게 표현할 수 있는 체계로, Node-RED에 포함되어 있습니다.

여기서 잠깐 debug 노드에서 timestamp를 JSONata로 출력하기

inject 노드에서 timestamp를 생성하여 debug 노드에 전달합니다. debug 노드에서는 전달받은 유닉스 시간을 JSONata 함수를 이용하여 원하는 시간 형식으로 출력할 수 있습니다.

debug 노드를 더블 클릭하면 다음 화면이 나옵니다. 시간을 JSONata로 출력하기 위해 [그림 11-23]과 같이 대상을 선택해 JSONata 형식 에디터를 열어봅시다.

[그림 11-23] 대상을 JSONata로 선택

에디터에 다음과 같이 입력하면 전달받은 시간을 원하는 형식으로 출력할 수 있습니다.

[그림 11-24] JSONata 함수 입력

- `$fromMillis()`는 시간(UNIX Epoch)을 원하는 형식으로 변환하는 JSONata 함수입니다.
- 2행의 첫 번째 인수는 payload로, 앞 노드에서 전달받은 유닉스 시간입니다.
- 3행의 두 번째 인수는 시간 표시 형식입니다. Y, M, D, h, m, s, P는 각각 년도, 월, 일, 12시간, 분, 초, am/pm 입니다. [D#1]은 두 자리로 날짜를 표시하되, #자리가 0이면 표시하지 않는다는 뜻입니다.
- 4행의 세 번째 인수는 '시간대(time zone)'입니다.

inject 노드에서 입력된 timestamp의 **출력 대상**을 debug 노드에서 세 가지 형식으로 지정하면 다음과 같이 출력됩니다. 각각 msg.payload, msg 오브젝트 전체, `$fromMillis()`로 지정한 JSONata 형식입니다.

[그림 11-25] debug 노드의 다양한 출력 형식

웹 페이지 JSONata와 주요 함수

JSONata와 주요 함수에 대한 안내 페이지입니다.

https://iotmaker.kr/iotbook-jsonata

SECTION 04

MQTT 제어하기

01 화면 구성

MQTT 제어를 학습하기 위해 'relay'라는 토픽을 가진 MQTT 메시지가 수신되면 'text'라는 토픽에 상태 정보를 보내는 플로우를 만들어봅시다. 여기에는 mqtt in, switch, change, template, mqtt out라는 다섯 가지 노드가 사용됩니다. 이 예제는 학습 목적상 일부러 여러 종류의 노드를 섞어서 복잡하게 구현한 것입니다.

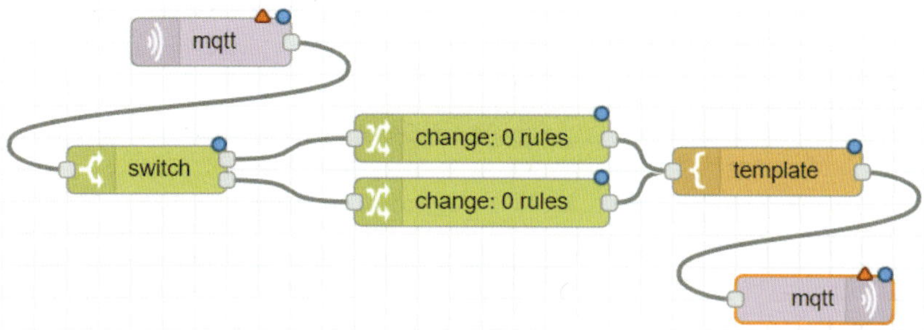

[그림 11-26] MQTT 플로우 예시

02 mqtt in, mqtt out 노드

Node-RED에는 MQTT 입력과 출력용으로 노드가 하나씩 있습니다. MQTT 서버와 관련된 정보는 한 번만 설정하면 두 가지 노드가 서로 공유합니다. 서버 관련 정보는 여러 개 지정할 수 있습니다.

MQTT 노드를 캔버스에 끌어다 놓으면 다음과 같은 모양이 됩니다.

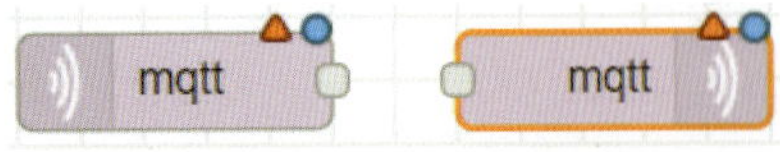

위쪽의 빨간 세모는 MQTT 서버 설정이 되지 않았다는 신호이고, 파란 동그라미는 아직 **[배포하기]**를 누르지 않았다는 의미입니다.

mqtt-broker 노드 타입 추가

첫 번째 **mqtt in** 노드를 더블 클릭하여 MQTT 서버 정보를 설정해봅시다.

[서버]를 누르면 설정되어 있는 모든 MQTT 서버가 나타납니다. 새로운 서버를 설정할 때는 'mqtt-broker의 노드타입 추가…'를 선택하고 [✎]를 눌러서 추가 정보를 입력해야 합니다.

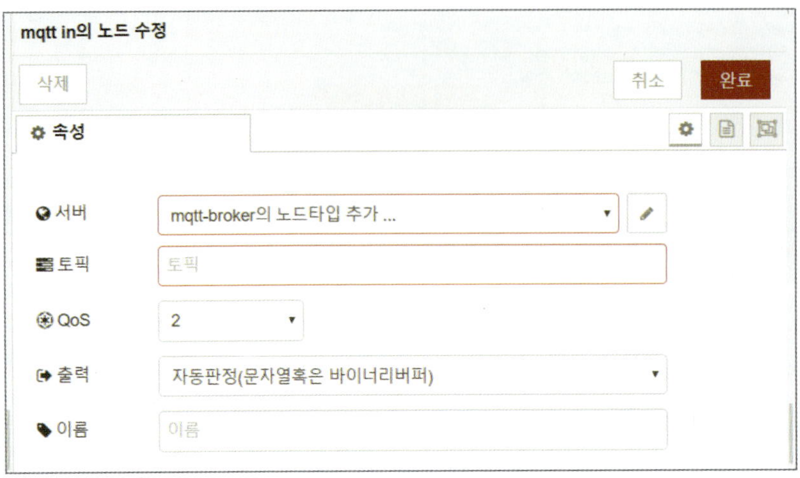

[그림 11-27] mqtt in 노드 수정

서버에는 URL이나 IP 주소를 입력하고 **포트** 번호를 입력합니다. **'SSL/TLS 접속을 사용'**을 체크하면 보안 포트로 접속됩니다. MQTT의 메시지는 기본적으로 암호화되지 않은 채로 전송되므로 외부에서 접속할 때는 SSL/TLS로 암호화하여 보안 수준을 높이는 것이 좋습니다. SSL/TLS를 사용하기 위해서는 Mosquitto 브로커에 별도의 설정 작업을 해야 합니다. MQTT 클라우드 브로커를 사용하는 경우에는 지정된 보안 포트를 사용하면 됩니다.

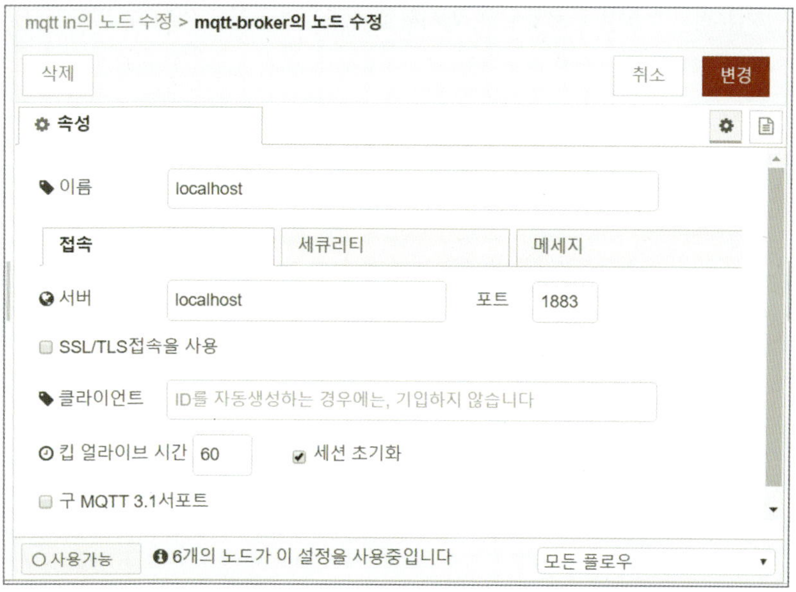

[그림 11-28] mqtt-broker 노드 수정

[표 11-2] mqtt-broker의 설정 정보

항목	입력 방법(예시)
서버	localhost(같은 PC에 Mosquitto가 설치된 경우) anynamexxx.duckdns.org(인터넷 주소) 192.168.xxx.xxx(IP 주소, 같은 공유기나 모바일 핫스팟을 사용할 때) 211.xxx.29.123(IP 주소, 외부에서 접속)
포트	1883(SSL/TLS 접속을 사용하지 않을 때 : 보안 접속 아님) 8883(SSL/TLS 접속을 사용할 때 : 보안 접속) 실제 포트 번호는 서버 설정에 따라 다를 수 있음
SSL/TLS 접속을 사용	체크함(보안 접속) 체크 해제(보안 접속 아님)

유저 정보와 **패스워드**를 입력하면 기본적인 설정은 완료됩니다. **메시지 탭**에는 유언 등을 추가할 수 있습니다.

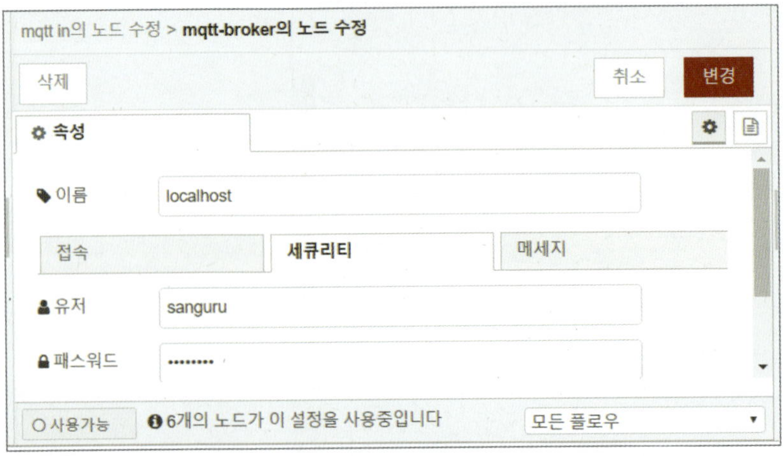

[그림 11-29] mqtt-broker 노드 수정

여기서 잠깐 **SSL/TLS**

SSL(Secure Socket Layer)은 인터넷 태동기에 나타난 보안 프로토콜이고, TLS(Transport Layer Security)는 좀 더 진보된 프로토콜이지만 현재는 거의 같은 의미로 사용되고 있습니다. SSL/TLS와 같이 표기하기도 합니다.

이 방식은 인증서를 기반으로 안전한 서버 접속과 암호화를 보장합니다. 인터넷에서 HTTPS로 접속되는 사이트는 SSL/TLS가 적용된 것입니다. 개인의 경우 OpenSSL을 이용하면 비공인이긴 하지만 무료로 안전하게 접속할 수 있습니다.

Node-RED의 경우에 SSL/TLS를 작용하지 않았다면 대개 포트 번호를 1883으로 하고, 적용 후에는 8883으로 하는 것이 일반적입니다.

mqtt in 노드 토픽 설정하기

이제 mqtt in 노드를 더블 클릭하여 relay 토픽을 설정해봅시다.

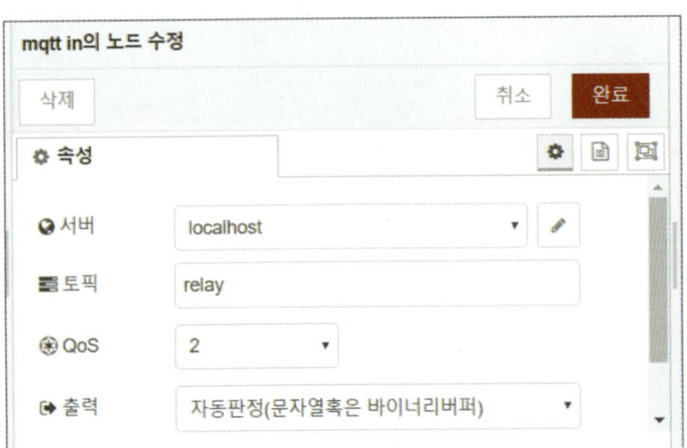

[그림 11-30] mqtt in 노드 설정

만약 개인 용도로 MQTT 브로커를 설치했다면 토픽 지정을 위한 특별한 제한은 없습니다. 그러나 클라우드 MQTT 브로커를 사용할 때는 토픽을 정해진 규칙대로 지정해야 합니다. 예를 들면 클라우드 MQTT 브로커 `io.adafruit.com`은 '〈사용자 ID〉/feeds/'를 토픽 앞에 붙여야 합니다. QoS는 원하는 대로 지정하면 됩니다. 출력 형식은 보통 자동판정으로 둡니다.

mqtt out 노드 토픽 설정하기

mqtt out 노드도 mqtt in 노드와 같은 방식으로 서버와 토픽을 지정하면 됩니다. 여기서는 보존(retained)을 '한다(참)'로 적용했습니다.

[그림 11-31] mqtt out 노드 토픽 설정

03 switch 노드

switch 노드는 입력된 정보에 따라 출력 포트를 지정하여 플로우를 여러 갈래로 나누는 역할을 합니다. 조건식으로 입력된 정보를 선택하여 출력 포트를 정하게 됩니다.

이 플로우에서는 relay 토픽의 페이로드는 '0' 또는 '1'이 되므로 각각 1번과 2번 포트로 출력되도록 지정하고 있습니다.

[그림 11-32]에서와 같이 처음에는 빈 조건식이 하나 있습니다. ❶ '조건식'을 눌러서 리스트에서 '=='를 선택하고, ❷ 값으로 문자(az) '0'을 입력합니다.

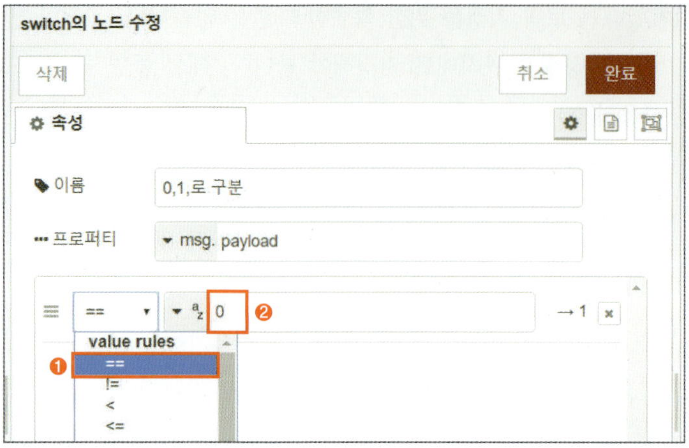

[그림 11-32] 첫 번째 조건 지정

첫 번째 조건식을 익숙한 형식으로 표시하면 다음과 같습니다.

```
if (msg.payload == "0") {
  gotoPort(1);
}
```

왼쪽 아래의 **[추가]** 버튼을 눌러서 두 번째 조건 항목을 추가합니다.

[그림 11-33] 두 번째 조건 지정

완성된 두 개의 조건식을 익숙한 형식으로 표시하면 그 의미가 다음과 같습니다.

```
if (msg.payload == "0") {
  gotoPort(1);
}
else if (msg.payload == "1") {
  gotoPort(2);
}
```

이처럼 switch 노드에서는 코딩 없이 메뉴에서 조건식을 쉽게 만들 수 있습니다.

04 change 노드

change 노드는 입력된 정보를 **대입(set), 치환(replace), 삭제(delete), 이동(move)**하는 역할을 합니다. 여러 개의 조건식을 실행할 수 있으므로 상당히 복잡한 데이터도 처리할 수 있습니다.

[표 11-3] change 노드의 기능

기능	내용
값의 대입	프로퍼티에 값을 지정
값의 치환	프로퍼티에 속한 특정 값을 다른 값으로 치환
값의 삭제	프로퍼티를 삭제
값의 이동	다른 프로퍼티로 값을 이동하고 원래 프로퍼티는 삭제

첫 번째 change 노드

[그림 11-34] msg.payload가 0일 때 change 노드 조건 지정

첫 번째 change 노드는 switch 노드의 첫 번째 포트에서 분기했습니다. 이 change 노드에서는 페이로드 두 개(msg.payload, msg.onoff)를 만들어서 다음 노드에 전달합니다. 그 값은 각각 '꺼짐'과 'OFF'입니다.

두 번째 change 노드

[그림 11-35] msg.payload가 1일 때 change 노드 조건 지정

두 번째 change 노드는 switch 노드의 두 번째 포트에서 분기했습니다. 이 change 노드에서는 페이로드 두 개(msg.payload, msg.onoff)를 사용하여 다음 노드에 전달합니다. 그 값은 각각 '켜짐'과 'ON'입니다.

05 template 노드

새로운 문자열을 생성하는 용도로 사용합니다. 바뀔 문자는 {{프로퍼티}}로 표기해 둡니다. 이러한 {{프로퍼티}} 방식을 Mustache(콧수염)라고 합니다. 이 플로우에서는 payload와 onoff라는 두 개의 사용 가능한 프로퍼티를 이용해서 새로운 문장을 만들고 있습니다.

완성된 문자열의 출력 형식은 평문(plain text), JSON, YAML이 있는데 여기서는 평문을 사용하고 있습니다. YAML은 JSON보다도 간략하고 읽기 쉬운 표기 방법으로 IoT 컨트롤러 중에는 이 표기법을 따르는 경우도 있습니다. 자세한 내용은 `https://yaml.org`를 참고하면 됩니다.

[그림 11-36] template 노드 조건 지정

Mustache {{onoff}}와 {{payload}}는 'OFF'와 '꺼짐' 또는 'ON'과 '켜짐'으로 바뀝니다. 결국 이 template 노드의 출력은 'OFF 릴레이 꺼짐' 또는 'ON 릴레이 켜짐'이 됩니다.

06 완성된 플로우

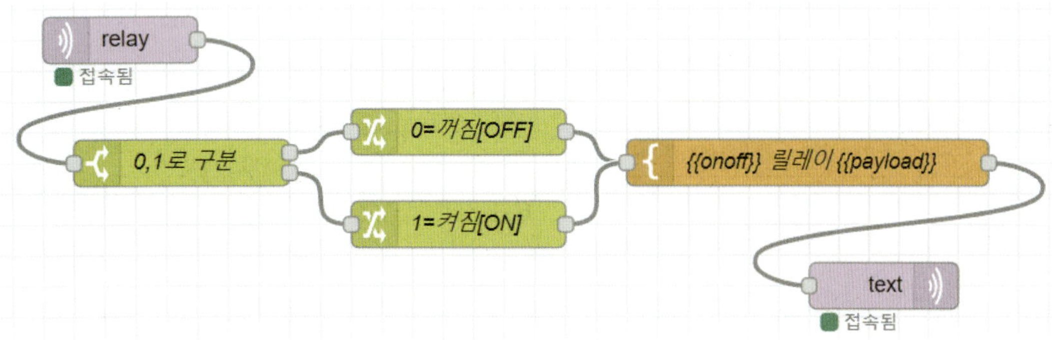

[그림 11-37] 완성된 플로우 [flows-11-02-mqtt-in-mqtt-text.json]

완성된 플로우 테스트하기

완성된 플로우를 테스트할 때는 inject 노드와 debug 노드를 추가하면 됩니다. 다음 플로우는 앞에서 완성한 플로우를 테스트하기 위한 플로우입니다.

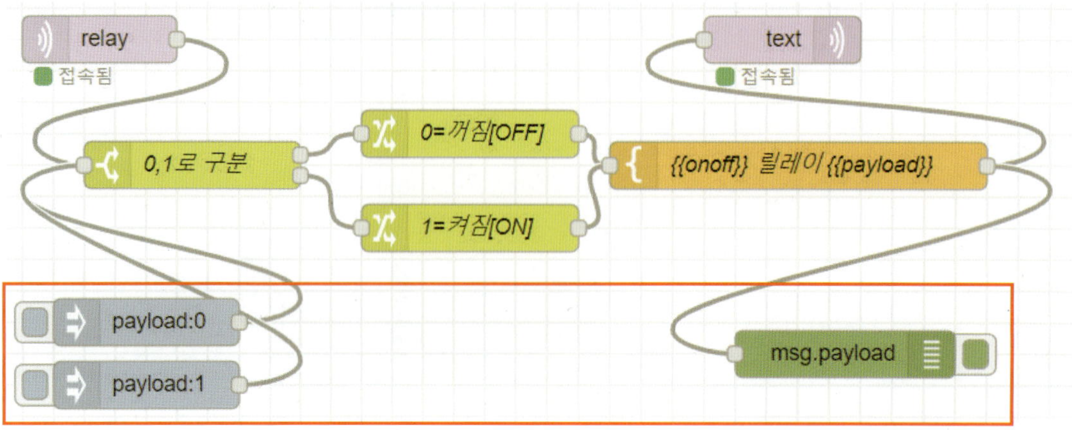

[그림 11-38] 완성된 플로우 테스트하기 [flows-11-03-mqtt-in-mqtt-text-test.json]

첫 번째 inject 노드의 속성은 다음과 같이 지정하면 됩니다.

[그림 11-39] 첫 번째 inject 노드

inject 노드는 기본적으로는 timestamp를 출력하지만 페이로드의 속성을 여러 가지로 바꿔서 수동이나 자동으로 페이로드를 발생하게 할 수 있습니다.

여기서는 inject 노드의 왼쪽 버튼을 누르면 페이로드로 문자(az) '0'이 출력됩니다.

두 번째 inject 노드의 속성은 다음과 같이 지정하면 됩니다.

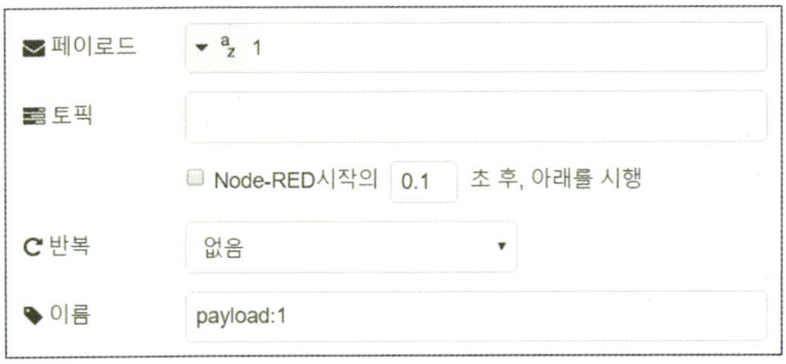

[그림 11-40] 두 번째 inject 노드

두 개의 debug 노드를 눌러보면 다음과 같이 디버그 메시지가 출력됩니다.

[그림 11-41] 디버그 출력 메시지

SECTION 05

자바스크립트로 코딩하기

01 화면 구성

function 노드를 이용하면 자바스크립트로 직접 코딩할 수 있습니다. 이번에는 앞에서 만든 [그림 11-37]의 플로우를 function 노드만 이용하여 재구성해봅시다. 하나의 function 노드로도 문제를 해결할 수 있지만, 학습 목적상 [그림 11-42]와 같이 4개의 function 노드를 만들어보겠습니다.

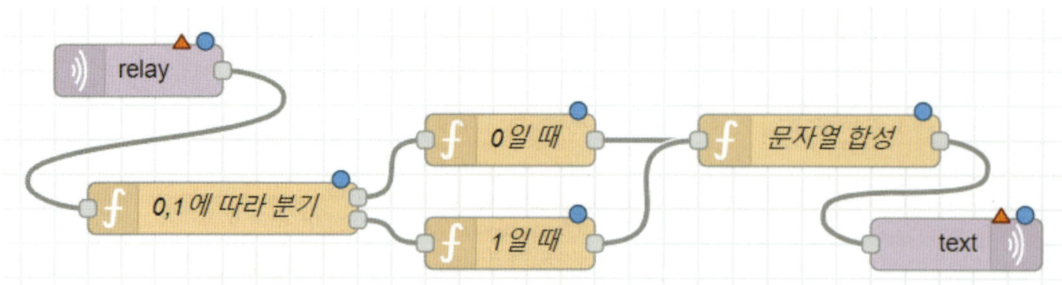

[그림 11-42] function 노드를 이용한 플로우

플로우에서 function 노드를 더블 클릭하면 [그림 11-43]과 같이 자바스크립트 코드를 입력할 수 있는 화면이 나옵니다. function 노드에 입력되는 매개변수는 `msg` 오브젝트인데, 이 정보는 어디에도 표시되어 있지 않기 때문에 기억하고 있어야 합니다. 매개변수로 받은 `msg` 오브젝트를 '`return msg;`' 명령어로 다음 노드에 그대로 전달하므로, 이 function 노드에서는 페이로드를 그대로 통과시키게 됩니다.

[그림 11-43] 빈 function 노드

02 자바스크립트 주요 문법

function 노드를 작성하기 전에 자바스크립트 주요 문법에 대해 알아봅시다.

변수 선언 명령어

var은 변수를 선언하는 명령어입니다. 변수만 선언할 때는 속성이 정해지지 않지만, 값을 지정하면 그 속성이 정해집니다. 그 속성은 **숫자(number)**, **문자열(string)**, **불(boolean)**, **배열(array)**, **오브젝트(object)**입니다.

아두이노에서는 char과 String이 엄격하게 구분되지만, 자바스크립트에는 string만 있습니다. 아두이노의 String과 자바스크립트의 string은 비슷한 개념이지만 사용법에는 많은 차이가 있습니다.

아두이노에서는 int와 float가 엄격하게 나뉘지만 자바스크립트에서는 그냥 Number입니다. 또한 아두이노에서 아스키 문자와 한글은 각각 1바이트와 3바이트를 차지하지만, 자바스크립트에서는 구분 없이 한 글자로 취급합니다(자바스크립트는 모든 글자를 2바이트로 된 유니코드로 처리합니다).

for문이나 if문의 { } 안에서 var문으로 변수를 선언하더라도, 그 변수의 적용 영역은 (C++과 다르게) 그 블록 안이 아니라 **function 노드 전체**입니다.

```
var anyNumber = 3;                 // a number
var anyString = "Hello, World!";   // a string
var anyBoolean = true;             // a boolean
var anyArray = [];                 // an array
var anyObject = {};                // an object
```

변수형 변환

변수의 형 변환과 관련된 오브젝트, 함수 또는 메소드는 다음과 같습니다.

```
var s1 = "123.456";
var n1 = Number(s1);      // 123.456
var n2 = parseInt(s1);    // 123
var n3 = parseFloat(s1); // 123.456
var n4 = n3.toFixed(2);   // 123.46
var s2 = n4.toString();   // "123.46"
var s3 = String(n4);      // "123.46"
```

- **Number**(string)

  오브젝트 Number는 문자열을 숫자로 바꿔서 돌려줍니다.

- **parseInt**(string)

  문자열을 정수로 바꿔서 돌려줍니다.

- **parseFloat**(string)

  문자열을 소수점 있는 숫자로 바꿔서 돌려줍니다.

- **.toFixed**(n)

  숫자를 소수점 이하 n자리의 숫자로 바꿔주는 메소드입니다.

- **.toString**( )

  숫자를 문자열로 바꿔주는 메소드입니다.

- **String**(number)

  오브젝트 String은 숫자를 문자열로 바꿔서 돌려줍니다.

오브젝트 전달

return은 오브젝트를 다음 노드로 전달하는 명령어입니다. 출력 포트가 여러 개이면 [ ]로 묶어 배열로 전달합니다. null로 연결된 노드로는 값이 출력되지 않습니다.

=== 와 ==

===는 변수의 속성과 값이 일치하는 경우에 참이 되고, ==는 변수의 속성이 다르더라도 변환된 값이 일치하면 참이 됩니다. 변수의 변환에 의하여 의도하지 않은 값을 얻을 수 있으므로 ==보다 ===를 사용하는 경우도 많습니다.

콘텍스트

콘텍스트(context)는 코드를 실행할 때 필요한 주변적인 정보를 의미합니다. Node-RED에서는 function 노드를 벗어나면 변수의 값이 사라집니다. 특정 변수의 값을 계속 유지하기 위해 데이터를 정적으로 보관하는 곳이 콘텍스트 스토리지라는 외부 파일입니다. 콘텍스트 스토리지에는 context, flow, global의 세 가지가 있는데, 적용 범위는 각각 해당 노드, 해당 플로우, 전역(모든 플로우)입니다. 그 사용법은 다음과 같습니다.

```
var c = context.get('cnt') || 0; // 노드 콘텍스트 읽기,없으면 0
var f = flow.get('fcnt') || 0;   // 플로우 콘텍스트 읽기,없으면 0
var g = global.get('gcnt') || 0; // 전역 콘텍스트 읽기,없으면 0
context.set('cnt',c); // 노드 콘텍스트 보관
flow.set('fcnt',f);   // 플로우 콘텍스트 보관
global.set('gcnt',g); // 전역 콘텍스트 보관
```

웹 페이지 **Node-RED와 자바스크립트 학습하기**

Node-RED와 자바스크립트를 학습할 수 있는 링크를 정리했습니다.

https://iotmaker.kr/iotbook-node-red-study

03 function 노드 코딩하기

앞에서 배운 자바스크립트 주요 문법을 이용하여 각각의 function 노드에 자바스크립트 코드를 작성해 봅시다.

0, 1에 따라 분기

function 노드에는 매개변수로 항상 msg라는 오브젝트가 전달됩니다. 이전 노드에서 다른 오브젝트 이름으로 return을 하더라도 뒤 노드에는 msg라는 이름으로 전달됩니다. 오브젝트 msg에는 topic, payload, _msgid라는 프로퍼티가 기본적으로 포함되고, mqtt in 노드에서 시작된 경우에는 qos, retain 프로퍼티가 추가됩니다.

여기서는 msg.payload의 값에 따라 분기할 포트를 정하고 있습니다. 출력 포트가 2개이기 때문에 return문에 배열로 2개의 항목을 전달해야 합니다. 배열 항목이 null로 지정된 포트에는 아무런 값이 전달되지 않습니다. '출력 수'에는 출력 포트 수를 지정합니다.

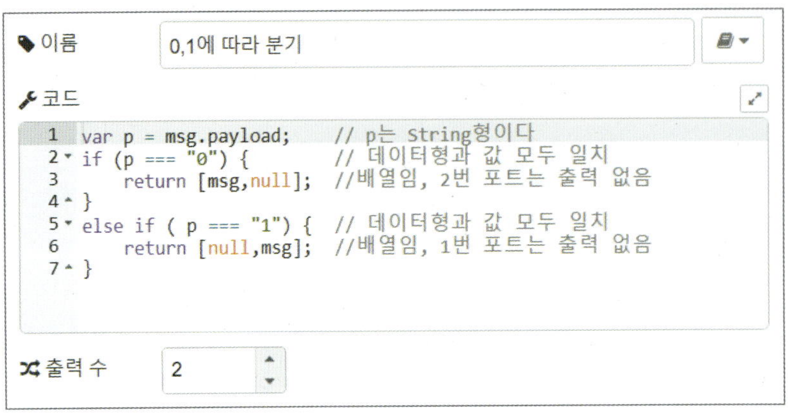

[그림 11-44] 0, 1에 따라 분기하는 function 노드

0일 때

msg.payload의 값을 '0'에서 '꺼짐'으로 바꾸고, msg.onoff라는 새로운 프로퍼티에 'OFF'라는 값을 지정합니다.

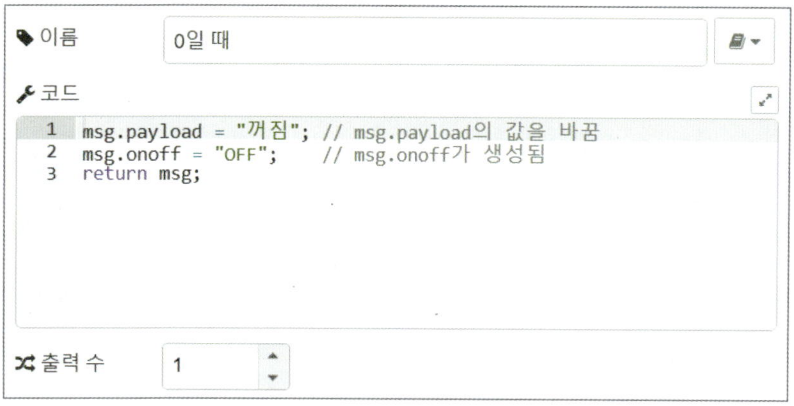

[그림 11-45] msg.payload가 0일 때 작동하는 function 노드

1일 때

msg.payload의 값을 '1'에서 '켜짐'으로 바꾸고, msg.onoff라는 새로운 프로퍼티에 'ON'이라는 값을 지정합니다.

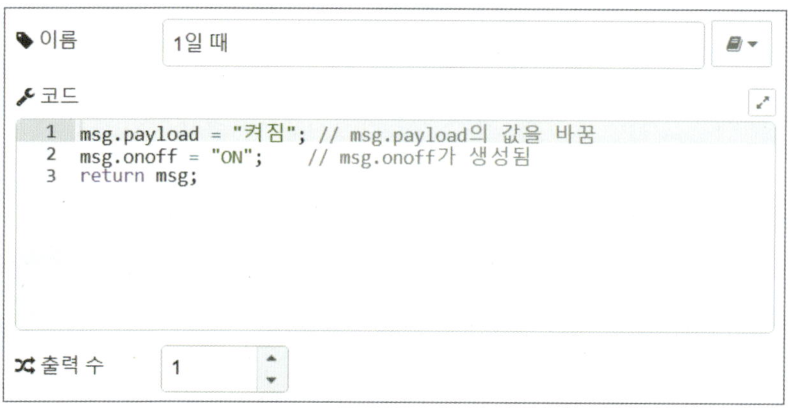

[그림 11-46] msg.payload가 1일 때 작동하는 function 노드

문자열 합성

msg.payload에는 '꺼짐' 또는 '켜짐'이 오고, msg.onoff에는 'OFF' 또는 'ON'이 옵니다. 두 개의 프로퍼티를 이용해서 새로운 문자열을 만들어서 다음 노드에 전달합니다.

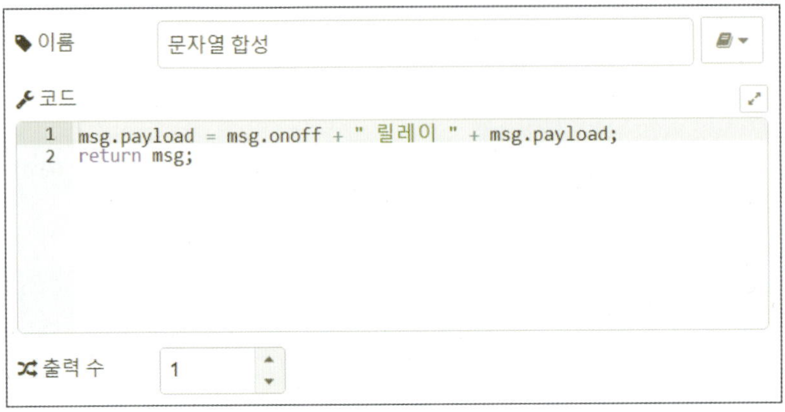

[그림 11-47] 문자열을 합성하는 function

04 완성된 플로우

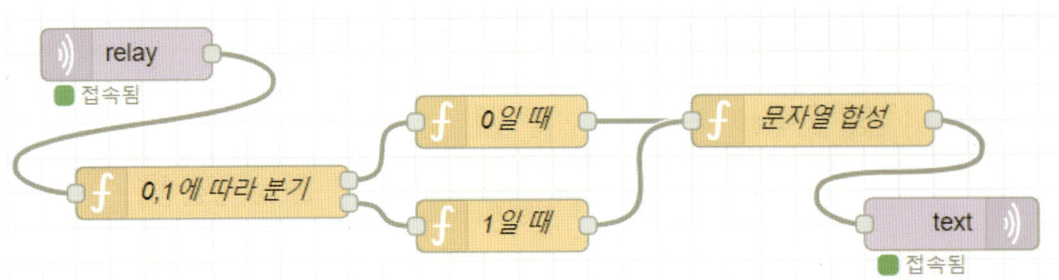

[그림 11-48] 완성된 플로우 [flows-11-04-mqtt-in-mqtt-text-func.json]

SECTION 06 플로우 가져오기와 내보내기

캔버스에 작성한 Node-RED 플로우는 .json 형식의 텍스트 파일로 보관할 수 있습니다. Arduino\iotbook\chapter11 폴더에서 다운로드한 플로우 파일을 불러오겠습니다. 불러온 .json 파일은 템플릿 형식이므로 적절히 수정하여 Arduino\myPgm\chapter11 폴더에 내보내보겠습니다.

01 플로우 가져오기

1 **[메뉴 ☰]-[가져오기]**를 선택하면 다음 화면이 나옵니다. 여기서 **[불러올 파일을 선택하세요]**를 누릅니다.

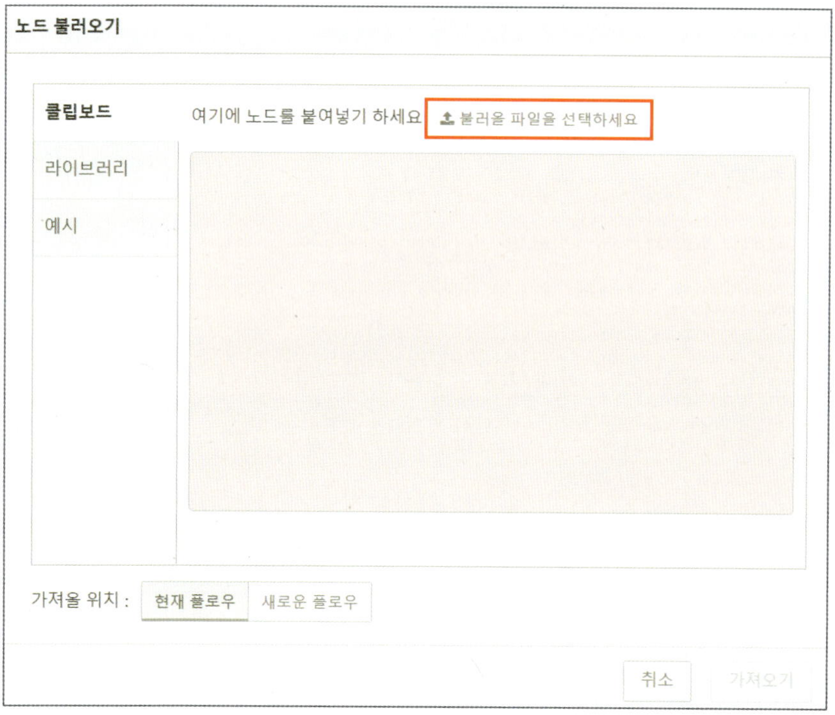

[그림 11-49] 노드 불러오기

2 불러오려는 JSON 파일을 선택합니다.

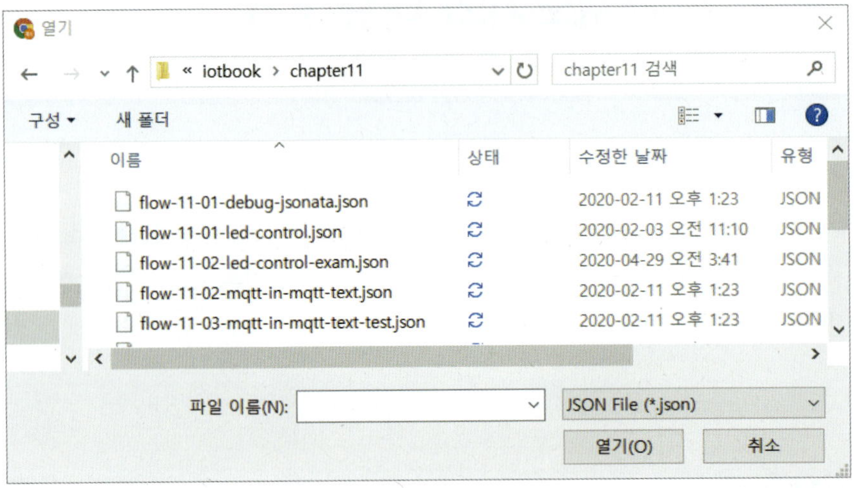

[그림 11-50] JSON 파일 열기

3 불러올 파일의 그 내용이 화면에 표시됩니다. **가져올 위치**를 선택한 다음 **[가져오기]**를 누르면 새로운 플로우가 생성됩니다.

[그림 11-51] 불러온 플로우 파일 내용

여기서 잠깐 **JSON 형식**

Node-RED의 플로우는 편집 창에서는 시각적으로 보이지만 JSON 형식의 텍스트로 표현할 수도 있습니다. 그래서 플로우의 전체 또는 일부분을 복사, 붙여넣기 할 수 있습니다. 파일로 보관할 때는 .json 확장자를 사용합니다.

02 플로우 내보내기

1 **[메뉴]-[내보내기]**를 선택합니다.

2 내보낼 내용을 **'선택된 노드'**, **'현재 플로우'**, **'모든 플로우'** 중에서 선택하고, 선택된 내용을 **다운로드**할지 **클립보드로 내보내기**를 할지 정하면 됩니다. 여기서는 **현재 플로우**를 **다운로드**하기로 합니다.

[그림 11-52] 노드 내보내기

3 저장할 파일 이름을 정하고 **[저장]**을 누르면 다운로드가 완료됩니다.

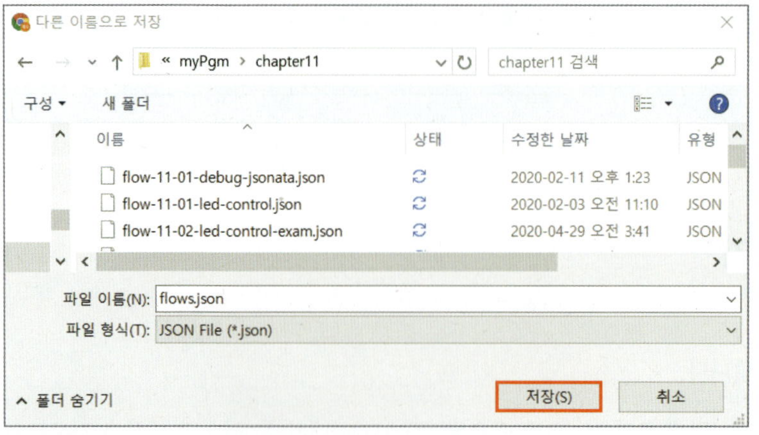

[그림 11-53] JSON 파일 저장하기

여기서 잠깐 **내보낼 수 없는 데이터**

MQTT 서버 접속을 위한 유저네임이나 비밀번호와 같은 비밀 데이터는 내보내기 대상에서 제외됩니다. 그러므로 사용하던 비밀 데이터를 지울 필요는 없습니다.

SECTION 07

대시보드 사용하기

대시보드(dashboard)는 Node-RED가 제공하는 사용자용 인터페이스입니다. 플로우의 편집 창이 로직을 구현하는 곳이라면, 대시보드는 플로우의 수행 결과가 별도 화면에 표시되는 곳입니다.

Node-RED의 기본 노드에는 대시보드용 노드가 포함되어 있지 않으므로 추가로 설치해야 합니다.

01 대시보드 노드 설치하기

[메뉴]-[팔렛트 관리]를 선택하고 **'사용자 설정'** 화면이 나오면 **'설치가능한 노드'** 탭을 눌러봅시다.

검색란에 **'dashboard'**를 입력하면 설치 가능한 여러 개의 dashboard 노드가 표시됩니다. 여기서는 두 번째 **node-red-dashboard**를 설치합니다. 설치가 완료되면 팔레트에는 대시보드 노드가 여러 개 나타납니다.

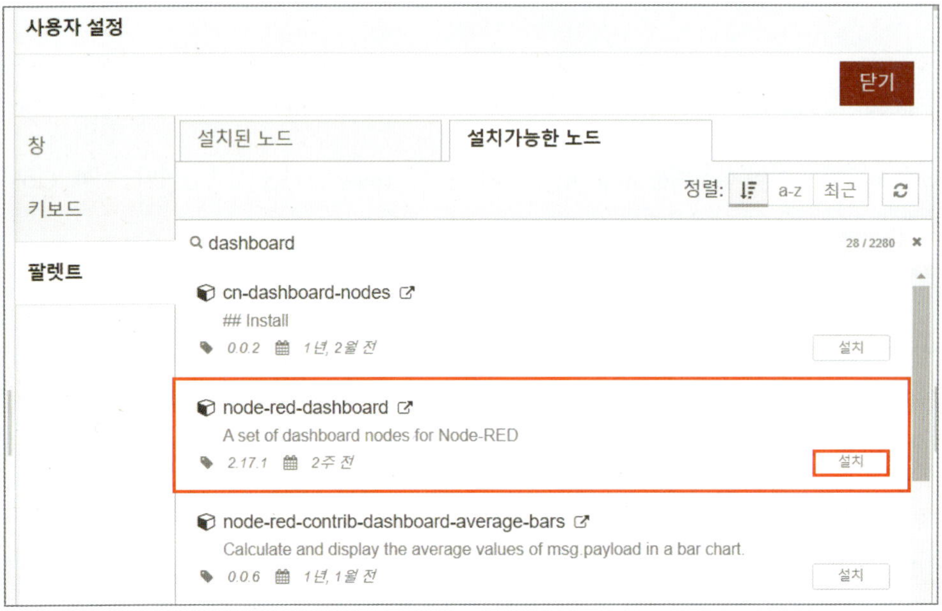

[그림 11-54] 팔레트 관리

02 대시보드 만들기

대시보드에 우선 'relay' 토픽을 제어할 수 있는 스위치를 추가해봅시다.

우선 [그림 11-37]의 플로우를 모두 선택하여 복사하고 새로운 플로우를 추가한 후 붙여넣습니다. 그리고 새로 만든 플로우에 switch 노드와 mqtt out 노드를 추가합니다.

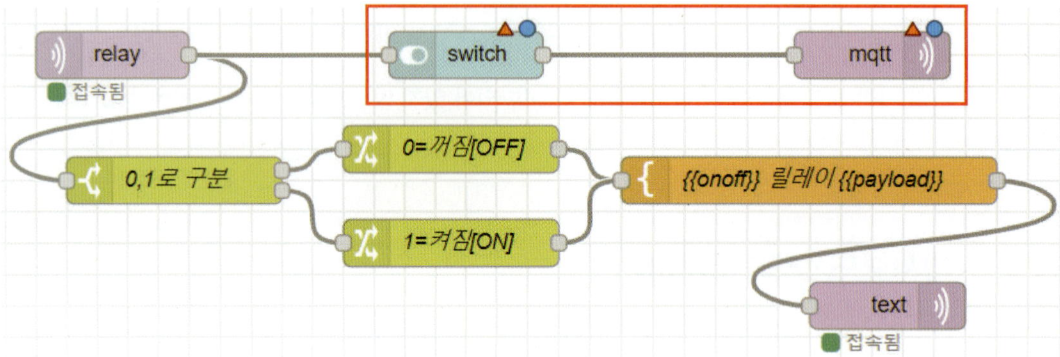

[그림 11-55] switch 노드가 추가된 플로우 [flows-11-05-mqtt-switch-dashboard.json]

여기서 잠깐 **불필요한 플로우 제거하기**

Node-RED 편집 창에서 플로우는 탭에 표시가 됩니다. 이때 불필요한 탭은 더블 클릭하여 '삭제'하는 것이 좋습니다. 보관이 필요한 플로우는 삭제하기 전에 '내보내기'를 하여 파일로 보관해 둡니다.

mqtt out 노드 설정하기

새로운 mqtt out 노드에는 이미 설정해둔 mqtt in 노드와 똑같은 **relay** 토픽을 설정합니다. 이때 'QoS'는 2로 하고 '보존'은 '한다'로 지정합니다.

탭과 UI 그룹 만들기

switch 노드는 relay 토픽의 mqtt in 노드와 mqtt out 노드 중간에 위치합니다. 이 노드를 더블 클릭하여 수정해봅시다.

대시보드 노드를 편집할 때는 먼저 어느 그룹에 속하는지 선택해야 하는데, 지금은 만들어 둔 group이 없으므로 우선 [✎]을 눌러서 새로운 그룹을 만들어보겠습니다.

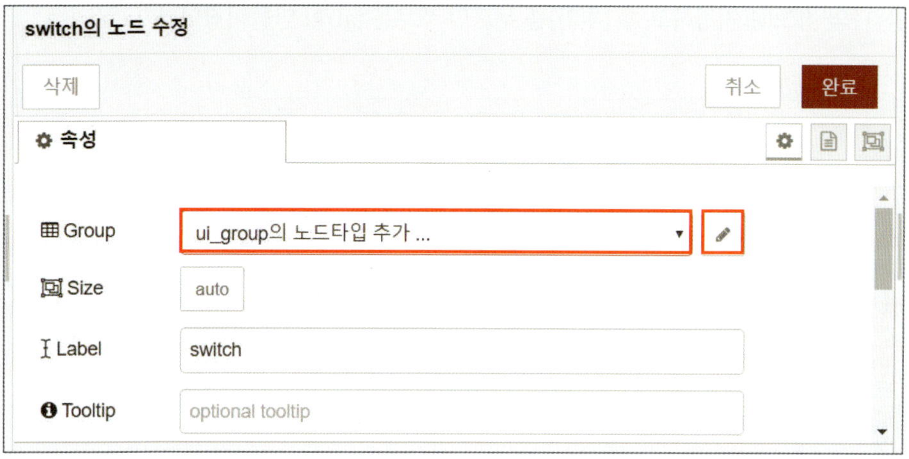

[그림 11-56] 대시보드 노드 수정

group 등록을 하려고 하니 지정된 탭이 없으므로, 다시 tab을 추가해야 합니다. 원래 대시보드는 여러 개의 tab이 있고, 각 tab 안에 여러 개의 group이 올 수 있습니다. 따라서 대시보드 노드를 추가할 때는 tab과 group을 선택해야 합니다. 여기서 다시 [✎]을 눌러서 tab을 추가하겠습니다.

[그림 11-57] 대시보드 group 설정 노드 추가

여기서 ❶ Name을 '나의 집'으로 지정하고 ❷ **[추가]**를 누르면 새로운 tab이 만들어집니다.

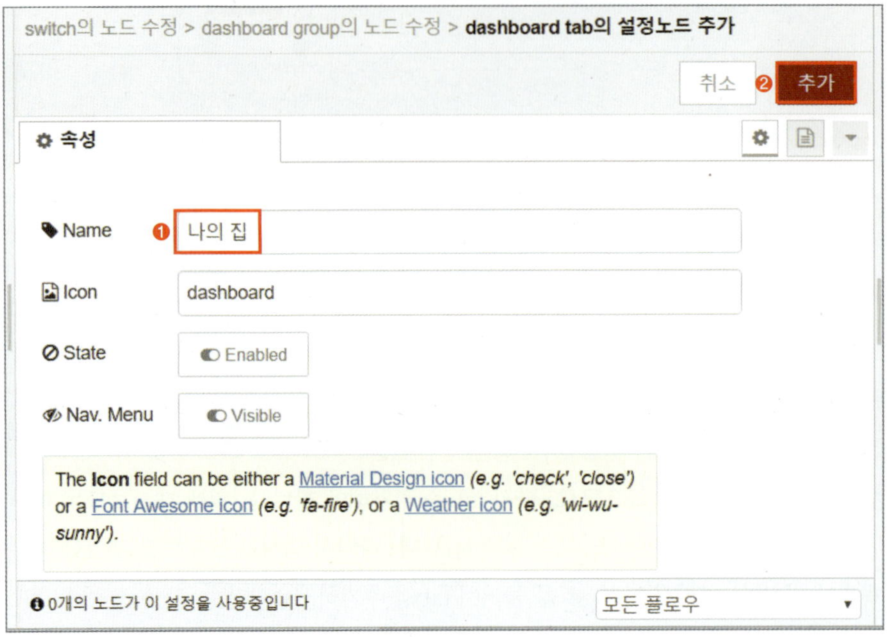

[그림 11-58] 대시보드 tab의 설정노드 추가

tab이 만들어졌으므로 다시 group을 지정하는 화면이 나오는데, ❶ Name은 '거실'이라고 지정하기로 합니다. 이때 group의 크기나 표시 방법을 지정할 수 있습니다. 여기서 ❷ **[추가]**를 누르면 비로소 switch 노드의 수정 화면이 나옵니다.

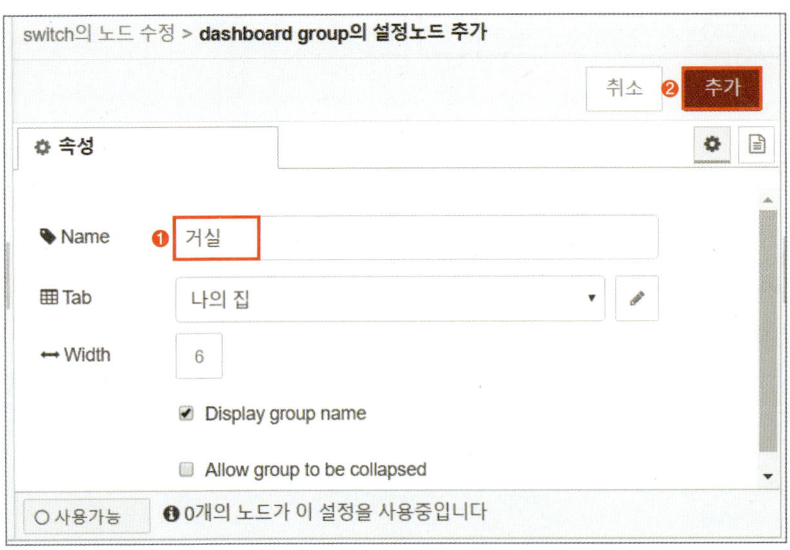

[그림 11-59] 대시보드 그룹의 설정노드 수정

switch 노드 수정하기

Group은 **[나의 집] 거실**을 선택하면 됩니다. Group은 **[tab] group**의 형식으로 표시됩니다. 나머지는 switch 노드의 특성에 맞게 설정하면 됩니다.

여기서 'Pass through msg if payload matches new state'는 새로운 값을 가진 페이로드가 들어오면 통과시킨다는 뜻입니다. 입력과 출력 토픽이 같은 switch 대시보드의 경우는 선택을 해제하여, 입력된 페이로드는 바로 통과시키지 말고 스위치를 눌러 값이 바뀌면 출력되도록 해야 합니다. 만약 앞뒤에 같은 토픽으로 연결된 대시보드의 경우 수신된 값이 그대로 통과하면 시스템이 폭주하므로 주의해야 합니다.

외부에서도 switch 대시보드의 값을 바꿀 수도 있으므로 'Switch icon state of the input'을 선택하는 것이 좋습니다. 만약 'Switch icon shows state of the output'을 선택하면 대시보드에서 스위치를 누른 상태는 표시되지만 외부에서 바꾼 값은 표시되지 않습니다.

그리고 On Payload와 Off Payload는 1과 0으로 표시했습니다. 여기서 **[완료]**를 누르면 switch 노드의 설정이 완료됩니다.

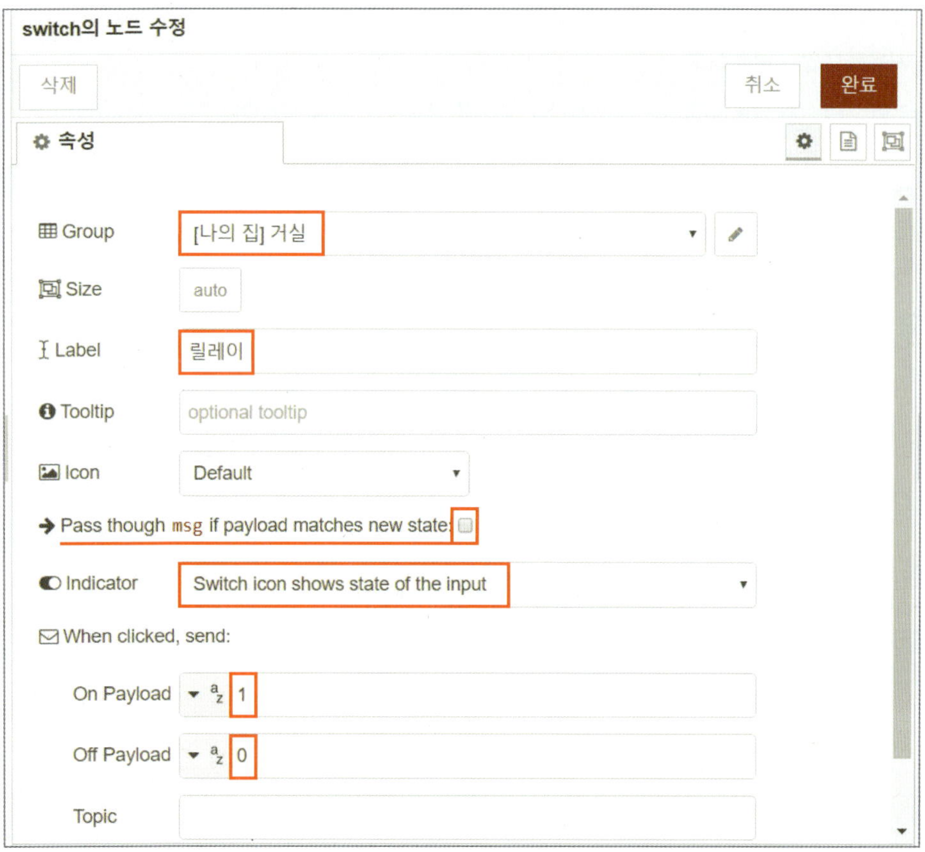

[그림 11-60] switch 노드 수정

우측 사이드 바에서 [아이콘] 버튼을 누르면 tab과 group을 볼 수 있습니다. 여기서는 switch 노드인 '릴레이'가 속한 tab과 group을 보여줍니다. 만약 노드가 여러 개 있으면 표시 순서를 바꿀 수도 있습니다. 여기서 tab이나 group을 추가할 수도 있고 이름을 수정할 수도 있습니다.

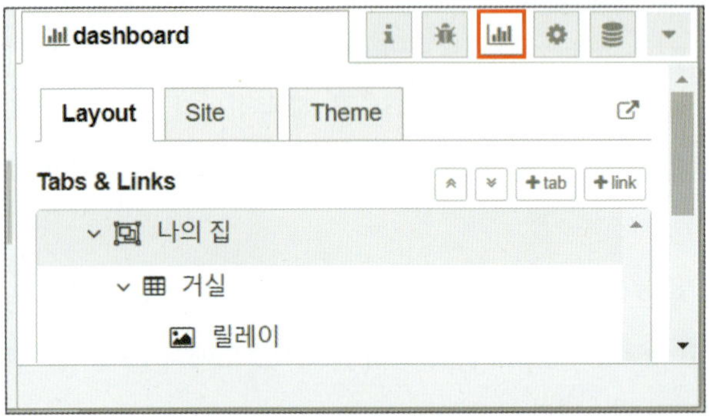

[그림 11-61] 대시보드 tab 설정

플로우 편집 창에서 **[배포하기]**를 누른 후 [아이콘]를 누르면 대시보드 화면이 나타납니다.

여기서 잠깐 **사용하지 않는 설정 노드**

[배포하기]를 누르면 **'사용되지 않는 설정 노드가 있습니다. 여기를 클릭하면 볼 수 있습니다.'**라는 메시지가 뜨는 경우가 있습니다. 이때 해당 메시지가 사라지기 전에 **'여기를 클릭하면 볼 수 있습니다.'**를 클릭하면 설정이 완료되지 않은 노드가 우측 사이드 바에 나타납니다. 불필요한 노드라면 삭제하고, 필요한 노드라면 눌러서 알맞게 설정해야 합니다. 만약 클릭하기 전에 메시지가 사라졌다면 아무 노드나 클릭하여 조금 움직인 후 다시 **[배포하기]**를 누르면 메시지가 나타납니다.

플로우 편집 창과 대시보드는 URL로도 구분이 됩니다. 플로우 편집 창은 `localhost:1880`으로 접속하고 대시보드는 `localhost:1880/ui`로 접속합니다.

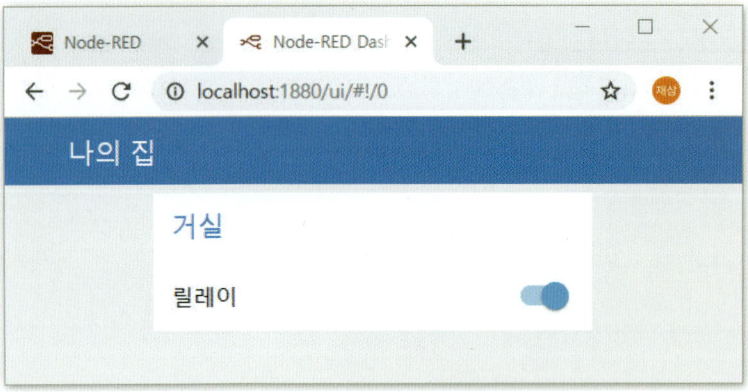

[그림 11-62] 첫 대시보드

03 대시보드에 노드 추가하기

[그림 11-55] 플로우에 text 토픽의 내용을 표시할 수 있도록 새로운 노드를 추가해봅시다. text 토픽의 입력을 위해 mqtt in 노드를 끌어오고, 그 내용을 표시하기 위해 text 노드를 추가한 후 서로 연결했습니다.

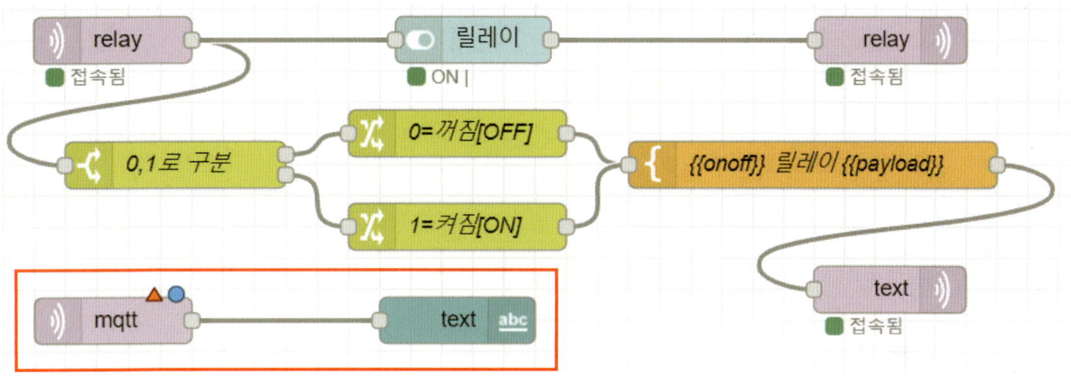

[그림 11-63] mqtt in과 text 노드 추가

mqtt in 노드를 더블 클릭하여 text 토픽을 추가합니다.

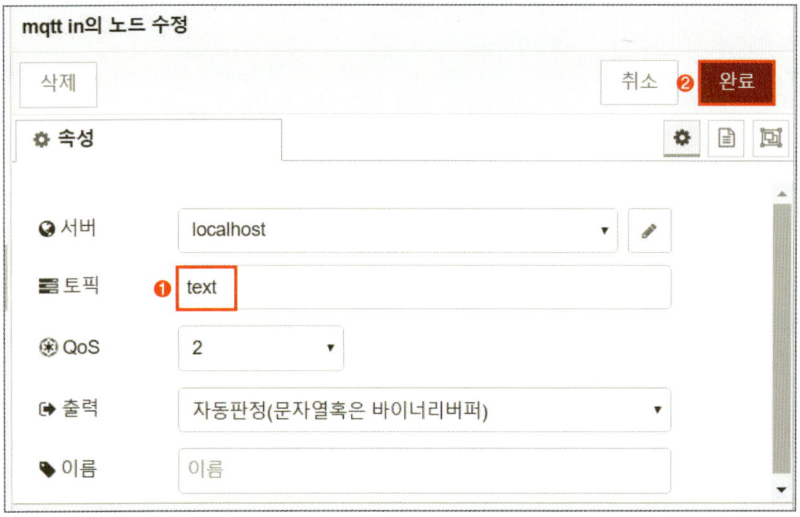

[그림 11-64] mqtt in 노드 수정

text 노드를 더블 클릭하여 우선 Label을 '릴레이 상태'로 지정했습니다. 나머지 옵션도 상황에 맞게 설정하면 됩니다.

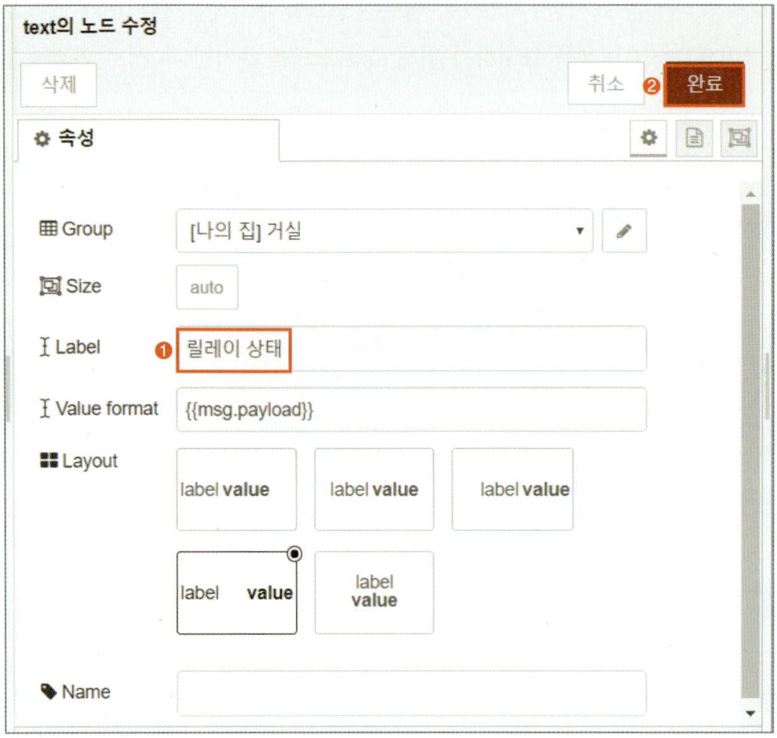

[그림 11-65] text 노드 수정

마지막으로 오른쪽 사이드 바를 열고 를 눌러서 [그림 11-66]과 같이 지정하면 text 노드의 설정은 모두 끝납니다.

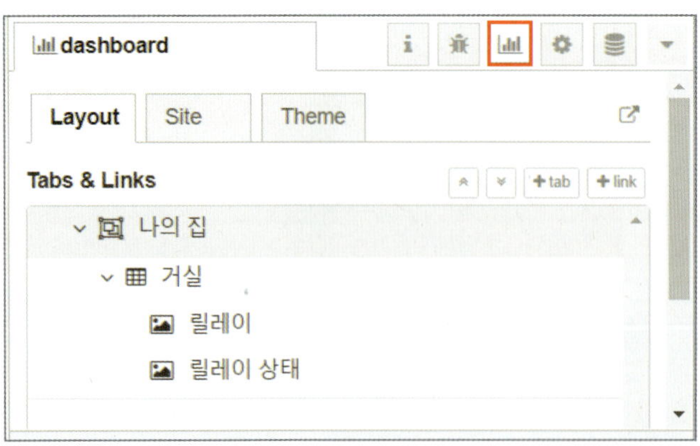

[그림 11-66] text 노드가 포함된 대시보드 수정

추가된 text 노드는 대시보드에 [그림 11-67]과 같이 나타납니다. 릴레이 버튼을 누를 때마다 릴레이 상태의 값이 바뀌면 제대로 설정된 것입니다.

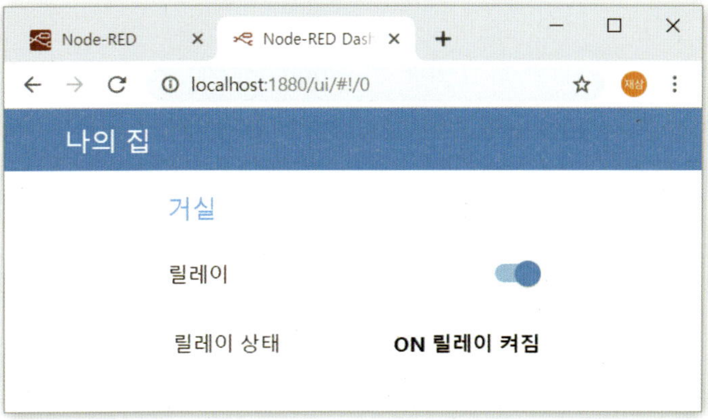

[그림 11-67] text 노드가 포함된 대시보드

04 완성된 플로우

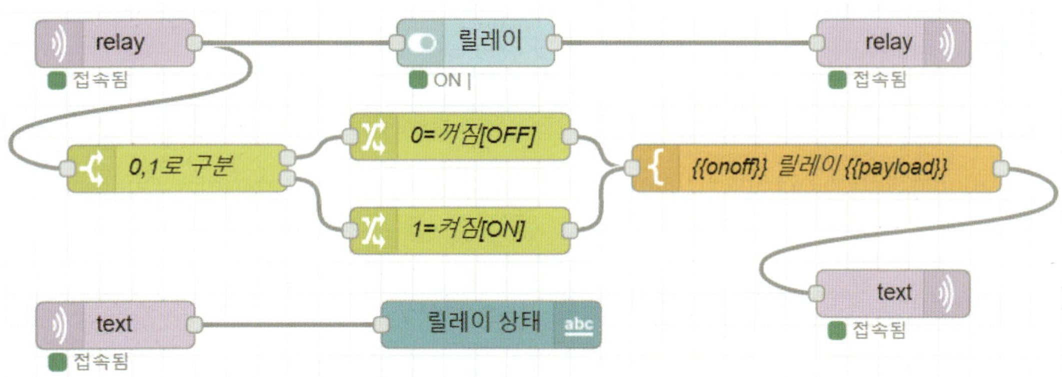

[그림 11-68] 완성된 플로우 [flows-11-06-mqtt-switch-text-dashboard.json]

여기서 잠깐 플로우 실행 중지 방법

Node-RED에서 배포를 마친 모든 플로우는 실행 상태가 됩니다. 여러 플로우 중에서 특정 탭에 속한 플로우의 실행을 중지하는 방법은 다음과 같습니다.

- 실행 중지할 '탭'을 더블 클릭합니다.
- 탭의 좌측 하단의 [○ 사용가능]을 클릭하면 [⊘ 사용불가능]으로 바뀝니다.
- **[완료]**를 누르면 해당 플로우는 사용할 수 없게 됩니다.
- 다시 [⊘ 사용불가능]을 클릭하여 [○ 사용가능]으로 바꾼 후 **[완료]**를 누르면 해당 플로우는 사용할 수 있게 됩니다.

CHAPTER 11

연습문제

11.1 앞 페이지에 있는 [그림 11-68]의 플로우를 [그림 11-69]와 같이 mqtt in(2개), change, mqtt out(2개), switch 대시보드, text 대시보드 노드만 사용하여 구현하고, 파일로 저장하세요.

템플릿 파일

Arduino\iotbook\chapter11\flows-11-07-mqtt-change-dashboard-exam.json

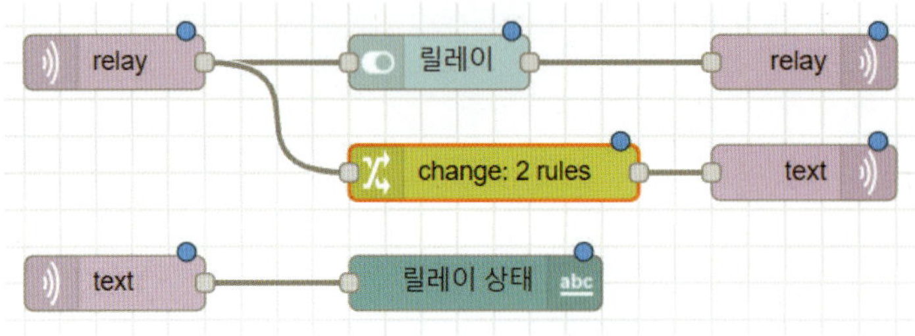

[그림 11-69] 템플릿 플로우 [flows-11-07-mqtt-change-dashboard-exam.json]

11.2 [그림 11-68]의 플로우를 [그림 11-70]과 같이 mqtt in(2개), function, mqtt out(2개), switch 대시보드, text 대시보드 노드만 사용하여 구현하고, 파일로 저장하세요.

템플릿 파일

Arduino\iotbook\chapter11\flows-11-08-mqtt-function-dashboard-exam.json

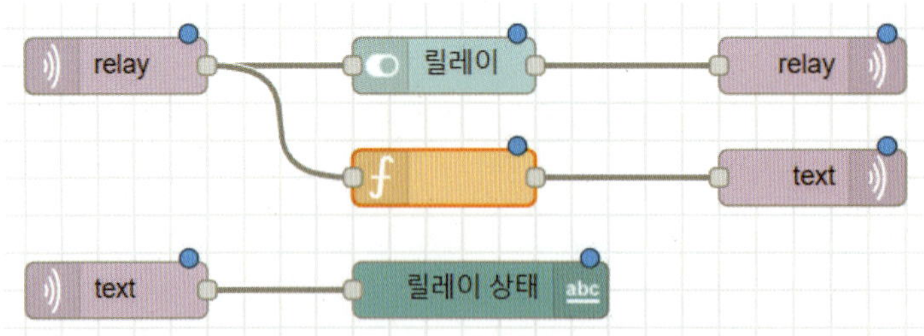

[그림 11-70] 템플릿 플로우 [flows-11-08-mqtt-function-dashboard-exam.json]

CHAPTER

12

MQTT 프로그램 만들기

학습목표

- MQTT 통신 연결 라이브러리의 사용법을 익힙니다.
- MQTT 브로커와 송수신하는 기본 프로그램의 구조를 익힙니다.
- MQTT 브로커와 송수신하는 프로그램을 만들어봅니다.

이 장의 실습 준비물

부품 이름	대체품	수량	용도
PC		1	소프트웨어 설치
LOLIN(WEMOS) D1 mini	ESP8266 계열의 보드	1	마이크로컨트롤러
USB 마이크로 5핀 케이블		1	보드와 PC 연결

PREVIEW

이 장에서는 MQTT 통신 라이브러리인 AimMqtt.h의 사용법을 학습하고, MQTT 브로커와 접속하여 LED를 제어하는 아두이노 디바이스 프로그램을 작성해봅니다.

또한 Node-RED의 대시보드에 수신된 토픽의 정보를 표시하고, 스위치 조작을 통하여 실제로 보드의 LED가 제어되는 플로우를 작성합니다.

SECTION 01

MQTT 통신 라이브러리

01 MQTT 통신에 필요한 기본 라이브러리

ESP8266WiFi.h와 PubsubClient.h는 MQTT 통신을 위한 ESP8266용 기본 라이브러리입니다. 그러나 이 두 라이브러리만을 이용해서 제대로 된 MQTT 프로그램을 작성하려면 추가로 해야 할 코딩이 너무 많습니다. 그래서 이 책에서는 기본 라이브러리를 확장하여 여러 가지 기능을 보강한 AimMqtt.h 라이브러리를 사용합니다.

웹 페이지 **와이파이와 MQTT 기본 라이브러리 사용법**

ESP8266WiFi.h와 Pubsubclient.h 라이브러리의 사용법을 설명합니다. MQTT 통신의 기초 기능을 소개하는 것이므로 필요한 사람만 학습하면 됩니다.

https://iotmaker.kr/iotbook-mqtt-basic

02 AimMqtt.h 라이브러리 AIM

이 라이브러리는 MQTT 디바이스 프로그램 작성에 필요한 여러 기능을 통합하여 제공하며, 쉽게 사용할 수 있도록 만들어져 있습니다. 이 책에서는 이 라이브러리를 이용하여 MQTT 디바이스 프로그램을 작성합니다.

AimMqtt.h의 주요 기능은 다음과 같습니다.

- 와이파이 네트워크에 접속
- MQTT 브로커에 접속
- MQTT 브로커에 데이터를 보낼 때 자동으로 형 변환
- 민감한 정보를 암호화/복호화
- 설정 정보를 보드에 파일로 보관하고 시리얼 모니터에서 수정

SECTION 02

아두이노 디바이스 프로그램

01 주요 기능

디바이스가 MQTT 서버에 접속하여 통신하는 전형적인 프로그램입니다. 이 프로그램의 주요 기능은 다음과 같습니다.

- 와이파이에 접속한 후 MQTT 서버에 접속합니다.
- MQTT 서버에 접속하면 수신할 토픽인 led를 구독 신청합니다.
- 10초 간격으로 숫자를 세어서 토픽 msg로 발행합니다.
- 토픽 led가 수신되면 페이로드에 따라 LED를 ON/OFF하고 LED의 상태를 토픽 led-r로 발행합니다.
- 시리얼 모니터에서 LED의 ON/OFF 명령어를 입력하면, 보드에서 받아서 토픽 led로 발행합니다.

02 예제 프로그램

다음은 AimMqtt.h 라이브러리를 사용하여 대시보드에서 수신한 정보에 따라 LED를 ON/OFF하는 프로그램입니다.

프로그램 12-1 mqtt-led-control

```
// topic
#define TOPIC_LED   "led"   // 1:ON, 0:OFF              ❶ 토픽 정의하기
#define TOPIC_LED_R "led-r" // LED 상태 응답
#define TOPIC_MSG   "msg"   // 진행 상태 보고

// WiFi, MQTT(설정 정보, 라이브러리)
#include <myConfig.h>          ❷ 와이파이와 MQTT 설정 정보 포함하기
#include <AimMqtt.h>           ❸ AimMqtt.h 포함하기

```

```
// 라이브러리
#include <AimOutput.h>
#include <AimSerial.h>
#include <AimTimer.h>

// 오브젝트 생성
AimMqtt mqtt;
AimOutput led(LED_BUILTIN,LOW);
AimSerial mySerial;
AimTimer  timerMsg(10);

void setup() {
  led.off();

  Serial.begin(115200);
  Serial.println();

  mqtt.begin(myMqttSub,myMqttCallback);
  mySerial.begin(mySerialCallback);
}

void loop() {
  mqtt.run();
  mySerial.run();

  if (timerMsg.isOn()) {
    static unsigned long value = 0;
    mqtt.pub(TOPIC_MSG,++value);
  }
}

//-----
// MQTT 서버에 처음/다시 접속할 때마다 수행
//-----
void myMqttSub() {
  int QoS = 1;
  mqtt.sub(TOPIC_LED,QoS);
}

//-----
// TOPIC이 수신될 때마다 수행
//-----
```

❹ 오브젝트 생성하기

❺ 함수 지정하기

❻ 지속적으로 mqtt.run() 실행하기

❼ 주기적으로 토픽 발행하기

❽ myMqttSub() 실행하기

```
052 void myMqttCallback(const String& topic, const String& payload){
053   // 수신된 topic,payload 처리
054   if (topic == TOPIC_LED) {
055     led.set(payload);
056     mqtt.pub(TOPIC_LED_R,led.status(),true);
057   }
058 }
059 
060 //-----
061 // 시리얼 모니터에서 key,val이 입력될 때마다 수행
062 //-----
063 void mySerialCallback(const String& key,const String& val) {
064   if (key == TOPIC_LED) {
065     mqtt.pub(TOPIC_LED,val,true);
066   }
067 }
```

⑨ myMqttCallback( ) 실행하기

⑩ mySerialCallback( )에서 토픽 발행하기

❶ **토픽 정의하기**(2~4행) : 같은 토픽 이름이 여러 곳에서 사용되기 때문에 미리 정의해서 사용하면 오류를 줄일 수 있습니다. 여기서 사용되는 토픽의 역할은 다음과 같습니다.

[표 12-1] 토픽 정보

토픽	페이로드	구독/발행	용도
led	0 : off 1 : on	구독/발행	led의 on/off 명령을 구독/발행
led-r	0 : off 1 : on	발행	led 조작 후 on/off 상태를 발행
msg	nnn	발행	10초마다 카운트한 숫자를 발행

❷ **와이파이와 MQTT 설정 정보 포함하기**(7행) : 와이파이 정보와 MQTT 정보는 여러 프로그램에서 공통으로 사용하게 됩니다. 이 책에서는 설정 정보 파일을 Arduino\libraries\myLib 아래에 myConfig.h라는 이름으로 보관하고 있습니다. 설정 정보 파일은 이름만 달리하여 몇 개든지 만들어둘 수 있습니다.

설정 정보 파일의 형식은 다음과 같습니다. 사용할 때는 빨간색으로 표시한 부분을 실제 정보로 바꿔 기입해야 합니다.

```
// 무선 공유기(AP,엑세스 포인트)의 이름과 비밀번호
#define AP_SSID1  "my-ssid1"
#define AP_PASS1  "my-pass1"

#define AP_SSID2  "my-ssid2"
#define AP_PASS2  "my-pass2"

#define AP_SSID3  "my-ssid3"
#define AP_PASS3  "my-pass3"

// MQTT 설정
#define SERVER   "localhost"
//#define SERVER   "192.168.xxx.xxx"
//#define SERVER   "my-duckdns-id.duckdns.org"
//#define SERVER   "io.adafruit.com"
#define PORT       1883
#define USER       "my-username"
#define PASS       "my-user-pass"
#define DEVICE     "ESP-{{mac}}" //{{auto}},{{mac}},{{user}}
```

- **AP_SSID1~3**

  세 개까지의 SSID[1]를 지정할 수 있는데, 각각 AP_SSID1, AP_SSID2, AP_SSID3입니다. 신호가 강한 쪽에 접속됩니다. ESP8266은 2.4GHz로 된 SSID에만 접속이 가능합니다. 학습 목적일 때는 **모바일 핫스팟**과 고정된 **공유기**의 SSID를 기입해 두면 편합니다. 만약 하나의 SSID만 사용한다면 다음과 같이 지정하면 됩니다.

```
#define AP_SSID1  "my-ssid1"
#define AP_PASS1  "my-pass1"
#define AP_SSID2  ""
#define AP_PASS2  ""
#define AP_SSID3  ""
#define AP_PASS3  ""
```

- **SERVER**

  MQTT 브로커의 URL[2]이나 IP 주소[3]를 지정합니다.

1 Service Set Identifier의 약자로, 와이파이 이름이자 무선 네트워크 식별자입니다.
2 Uniform Resource Locators의 약자로, 인터넷 주소(예 : io.ada.fruit.com)를 의미합니다.
3 Internet Protocol Address의 약자로 4자리 숫자를 '.'으로 구분합니다.(예 : 192.168.35.1)

- **PORT**

  대체로 1883을 사용합니다. 실제 번호는 서버 설정에 따라 바뀔 수 있습니다.

- **USER**

  MQTT 브로커에 등록된 유저네임입니다.

- **PASS**

  MQTT 브로커에 등록된 유저네임에 대한 비밀번호를 지정합니다.

- **DEVICE**

  MQTT 브로커에 접속할 때 사용하는 디바이스 아이디인데 중복되면 안됩니다. `{{mac}}`, `{{auto}}`, `{{user}}`를 사용하면 해당 값으로 바뀝니다. 섞어서 사용할 수도 있습니다.

  `{{mac}}` : 디바이스의 맥 어드레스[4]입니다. (예 : 4C:11:AE:0C:A6:66)

  `{{auto}}` : 6자리의 16진수 난수이며 접속할 때마다 바뀝니다. (예 : 4fdc3e)

  `{{user}}` : 앞에서 지정한 USER입니다. (예 : my-username)

❸ **AimMqtt.h 포함하기**(8행) : 이 문장은 '와이파이와 MQTT 설정 정보(여기서는 `myConfig.h`)'가 포함된 후에 와야 합니다. 왜냐하면 이 라이브러리에서 앞의 설정 정보를 사용하기 때문입니다.

❹ **오브젝트 생성하기**(16행) : 클래스 AimMqtt의 오브젝트 이름을 mqtt로 정했습니다. 이 책에서는 계속 이 이름을 사용합니다.

❺ **함수 지정하기**(27행) : `matt.begin()` 메소드에서 `myMqttSub`와 `myMqttCallback`라는 두 개의 함수를 지정합니다. 여기서 지정한 함수는 아래에 별도로 만들어야 합니다. 이 책에서는 계속 이 이름을 사용합니다.

- `myMqttSub` : 디바이스가 MQTT 서버에 접속 또는 재접속될 때마다 수행됩니다.
- `myMqttCallback` : 구독 신청한 토픽이 수신될 때마다 호출됩니다.

❻ **지속적으로 mqtt.run( ) 실행하기**(32행) : 함수 `loop()` 안에 두기만 하면 됩니다. 이 함수에서는 와이파이나 MQTT 서버와의 접속이 끊어지면 다시 접속합니다.

❼ **주기적으로 토픽 발행하기**(35~38행) : 10초 간격으로 `timerMsg.isOn()`은 참이 됩니다. 그때마다 토픽 'msg'로 value의 값을 1씩 증가시킨 다음 발행합니다.

---

4 Media Access Control address의 약자로, 무선 장치의 하드웨어 번호이며 중복되지 않습니다.

메소드 mqtt.pub()의 사용법은 다음과 같습니다.

[표 12-2] pub() 메소드

메소드	설명
pub(토픽, 페이로드)	• **토픽** : 문자열, 스트링 • **페이로드** : 문자열, 스트링 int, unsigned long, float • **소수점 이하 자릿수** : 페이로드가 float일 때 소수점 이하 자릿수 • **보관 여부** : bool(true 또는 false), 생략하면 false임
pub(토픽, 페이로드, 보관 여부)	
pub(토픽, 페이로드, 소수점 이하 자릿수)	
pub(토픽, 페이로드, 소수점 이하 자릿수, 보관 여부)	

mqtt.pub()의 두 번째 인수는 페이로드입니다. 페이로드의 데이터형은 여러 가지를 사용할 수 있지만 내부적으로는 문자열로 바뀌어서 MQTT 브로커에 전송됩니다. 만약 자동으로 형 변환이 되지 않으면 **String(페이로드)**의 형식으로 먼저 변환 작업을 해야 합니다.

❽ myMqttSub() 실행하기(44~47행) : 이 함수는 mqtt.begin(myMqttSub, myMqttCallback)에서와 같이 mqtt.begin()의 첫 번째 인수로 지정되며 디바이스가 MQTT 서버에 접속될 때마다 호출됩니다. 역할은 수신할 토픽을 구독 신청하는 것입니다. 그래서 이 함수 안에는 여러 개의 mqtt.sub() 명령어가 올 수 있습니다. 필요한 경우 mqtt.Pub() 명령어도 둘 수 있습니다.

메소드 mqtt.sub()의 사용법은 다음과 같습니다.

[표 12-3] sub() 메소드

메소드	설명
sub(토픽)	• **리턴값** : int (true 또는 false) • **토픽** : 문자열, 스트링 • **서비스 품질(QoS)** : int (0 또는 1, 2는 아두이노에서 지원하지 않음)
sub(토픽, 서비스 품질)	

❾ myMqttCallback() 실행하기(52~58행) : 이 함수는 mqtt.begin(myMqttSub, myMqttCallback)에서와 같이 mqtt.begin()의 두 번째 인수로 지정됩니다. 이 함수는 토픽이 수신될 때마다 호출됩니다.

이 함수의 매개 변수(parameter)는 반드시 const String&라는 속성을 가져야 합니다.

MQTT 서버에서 수신된 토픽과 페이로드에 따라서 후속 처리를 하는 것이 이 함수의 역할입니다. 또한 모든 수신된 토픽에 대하여 이 함수가 대응해야 하므로 수신된 토픽을 따져서 후속 처리를 해야 합니다.

여기서는 토픽이 led일 때 다음과 같이 페이로드에 따라 LED를 조작합니다.

```
led.set(payload);
```

LED의 상태는 `led.status()`인데 토픽 led-r로 발행됩니다.

⑨ **mySerialCallback( )에서 토픽 발행하기**(63-67행) : 이 함수는 `mySerial.begin(mySerialCallback)`과 같이 지정됩니다. 이 함수의 매개 변수는 반드시 `const` String&라는 속성을 가져야 합니다.

이 함수는 시리얼 모니터에서 데이터를 입력할 때마다 수신됩니다. 그래서 입력된 키(key)를 따져서 후속 처리를 해야 합니다.

여기서는 키가 led일 때 다음과 같이 토픽 led로 페이로드에 발행하고 있습니다. 프로그램을 실행한 다음에 'led 1' 또는 'led 0'을 입력하면 디바이스의 LED가 점멸합니다.

이처럼 시리얼 모니터를 이용해 토픽을 임의로 발행하여 수신된 토픽이 제대로 처리되는지 테스트할 수 있습니다.

> **웹 페이지** **AimMqtt.h 고급 기능 사용하기**
>
> 지금까지 소개한 내용 외에도 이 라이브러리에는 여러 기능이 있습니다. 보안 기능(SSL)을 사용할 수도 있고, 프로그램을 올린 후에도 시리얼 모니터나 와이파이를 통하여 설정 정보를 변경할 수도 있습니다.
>
> 다음 웹 페이지에서 AimMqtt.h의 고급 기능 사용법을 안내합니다.
>
> `https://iotmaker.kr/iotbook-mqtt-advanced`

03 보드에 프로그램 올리기

AimMqtt.h 라이브러리가 사용되면 프로그램은 SPIFFS[5]라는 파일 시스템에 값을 보관합니다. 그래서 프로그램을 올릴 때 SPIFFS 관련 옵션 선택을 해야 합니다.

프로그램을 올릴 때 그림과 같이 **Flash Size**를 선택합니다. D1 mini인 경우 '4M (1M SPIFFS)'를 선택하고 D1 mini pro인 경우 '16M (14M SPIFFS)'를 선택하면 됩니다.

5 Serial Peripheral Interface Flash File System의 약자로, SPI 방식으로 연결된 플래시 파일 시스템을 말합니다.

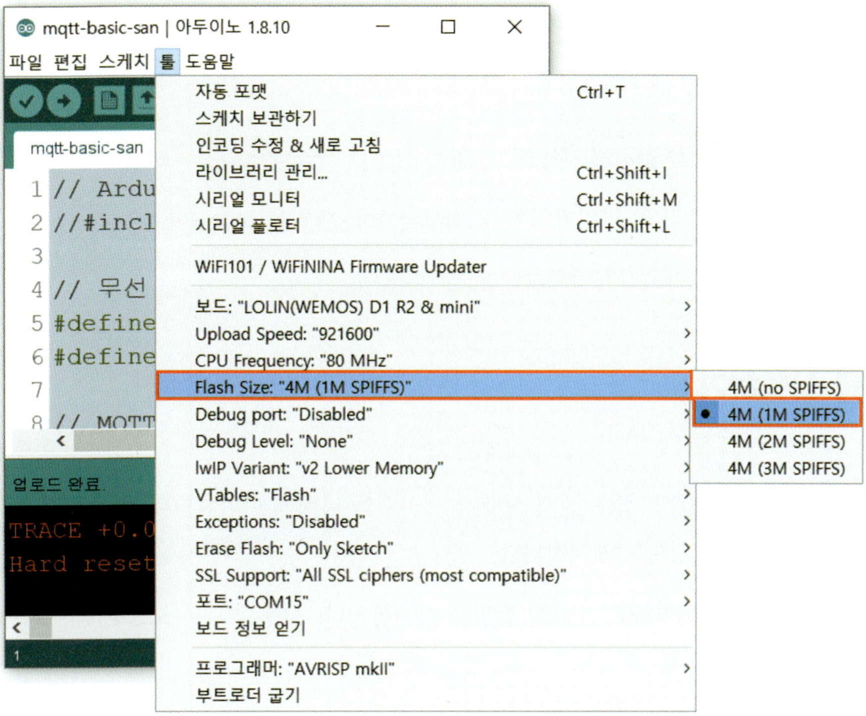

[그림 11-1] 보드 조건 지정(LOLIN(WEMOS) D1 mini)

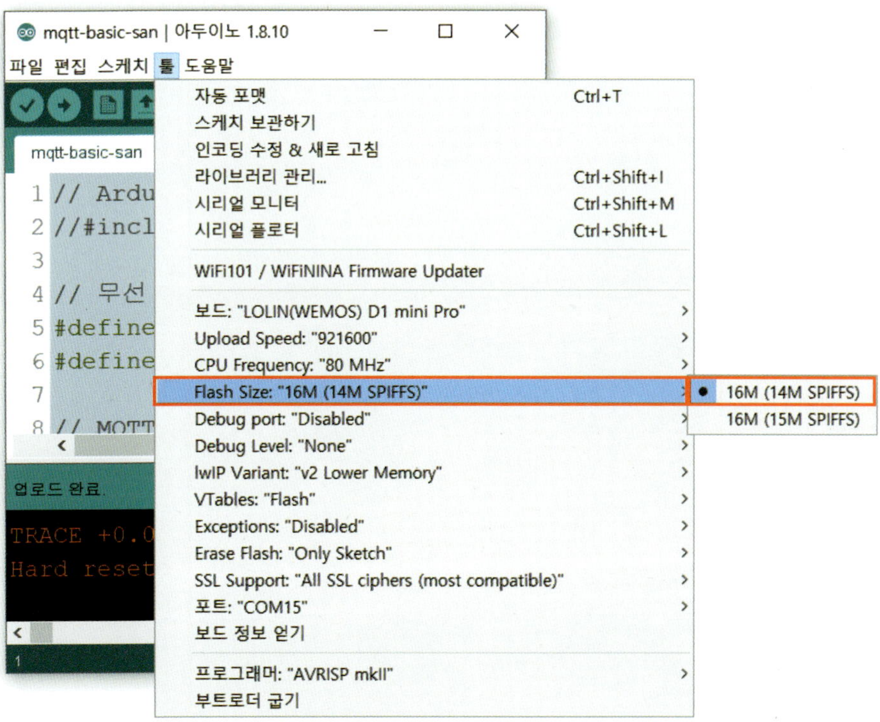

[그림 11-2] 보드 조건 지정(LOLIN(WEMOS) D1 mini pro)

[툴]-[Erase Flash]는 플래시 메모리의 내용을 어디까지 삭제할지를 정합니다. 여기에는 세 가지 옵션이 있는데 대체로 첫 번째 또는 두 번째를 선택하면 됩니다.

- **Only Sketch** : 프로그램만 올립니다.
- **Sketch + WiFi Settings** : 프로그램을 올리고, 와이파이 설정 정보를 지웁니다.
- **All Flash Contents** : 프로그램을 올리고, 와이파이 설정 정보와 모든 파일을 지웁니다.

04 프로그램 실행하기

프로그램을 실행하면 와이파이와 MQTT 접속 진행 상태가 시리얼 모니터에 나타납니다. 또한 MQTT 서버로 구독 신청을 하거나 발행하는 상황도 표시됩니다.

시리얼 모니터에서 'm 1'과 'm 0'을 입력하고 LED의 점멸을 살펴봅시다. 실행 결과는 보드나 와이파이 정보에 따라 다르게 나타날 수 있습니다.

실행 결과

```
Connecting to [my-ssid1],[my-ssid2],[my-ssid3]
.....
Connected to [my-ssid2],IP=192.168.43.29
Attempting MQTT connection...
device=[ ESP-4C:11:AE:0C:A6:66]
SERVER=[localhost],PORT=1883
MQTT connected
-----
SUB: [led],QoS=1
RCV> [led],[0]
PUB: [led-r],[0]
PUB: [msg],[1]
INP> key=[led],val=[1]
PUB: [led],[1]
RCV> [led],[1]
PUB: [led-r],[1]
PUB: [msg],[2]
INP> key=[led],val=[0]
PUB: [led],[0]
RCV> [led],[0]
PUB: [led-r],[0]
```

SECTION 03

Node-RED 플로우 만들기

[프로그램 12-1]에서는 토픽 msg로 10초마다 카운트를 발행하고, 수신된 토픽 led의 페이로드에 따라 LED를 점멸하고 그 상태를 토픽 led-r로 발행하는 프로그램을 만들었습니다. 지금부터는 [프로그램 12-1]에 대응하는 Node-RED 대시보드를 만들어보겠습니다.

01 대시보드와 플로우

[그림 12-3]은 완성된 Node-RED 대시보드입니다.

[그림 12-3] 완성된 Node-RED 대시보드 화면

대시보드에서 LED 버튼이 ON일 때 버튼을 누르면 다음과 같은 순서로 실행이 됩니다. Node-RED, MQTT 서버, 디바이스 사이의 데이터 전달 중심으로 살펴봅시다.

1 **[Node-RED]** LED의 버튼을 누르면 버튼 내부 값이 OFF로 바뀝니다. 이때 버튼 표시는 여전히 ON입니다.

2 **[Node-RED]** 버튼 내부의 변경된 OFF 정보에 따라 MQTT 브로커에 토픽 led로 페이로드 '0'을 발행합니다.

3 **[MQTT 브로커]** 토픽 led의 페이로드 '0'을 Node-RED와 디바이스로 전달합니다.

4 **[Node-RED]** 토픽 led의 페이로드 '0'에 따라 LED 버튼 표시를 OFF로 바꿉니다.

5 **[디바이스]** 수신된 토픽 led의 페이로드 '0'에 따라 내장 LED를 OFF합니다.

6 **[디바이스]** 바뀐 내부 LED의 상태를 MQTT 브로커에 토픽 led-r 페이로드 '0'으로 발행합니다.

7 **[MQTT 브로커]** 토픽 led-r의 페이로드 '0'을 Node-RED로 전달합니다.

8 **[Node-RED]** 수신된 토픽 led-r의 페이로드 '0'에 따라 상태를 '꺼짐'으로 바꿔 표시합니다.

디바이스에서 10초마다 MQTT 브로커에 토픽 msg로 페이로드로 '388'을 발행할 때의 흐름은 다음과 같습니다. 이때 388은 임의의 숫자입니다.

1 **[디바이스]** MQTT 브로커에 토픽 msg 페이로드 '388'을 발행합니다.

2 **[MQTT 브로커]** 토픽 msg 페이로드 '388'은 Node-RED에 전달됩니다.

3 **[Node-RED]** 수신된 토픽 msg의 페이로드인 '388'을 메시지에 표시합니다.

다음은 앞에서 제시한 흐름을 지원하는 Node-RED의 플로우 다이어그램입니다.

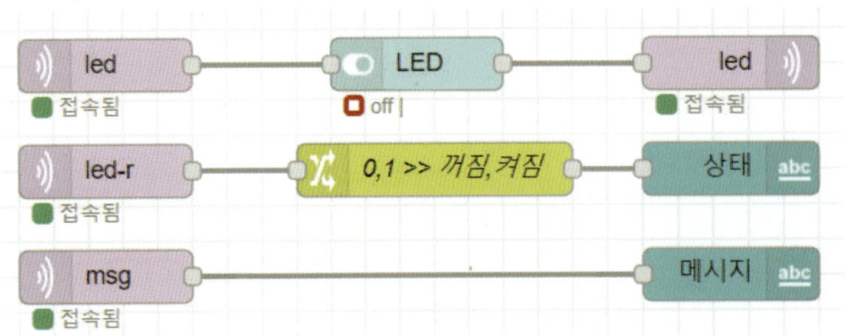

[그림 12-4] LED 제어하기 [flows-led-control.json]

플로우 flows-led-control.json은 폴더 Arduino\iotbook\chapter12에 들어 있습니다. 그러나 이 플로우는 나중에 참고 용도로만 사용하고, 이 책의 설명에 따라 플로우를 직접 만든 후 폴더 Arduino\myPgm\chapter12에 같은 이름으로 보관하기 바랍니다. 이 책의 뒷부분에 나오는 모든 플로우도 이와 같은 방식으로 실습하기 바랍니다.

02 노드 설정하기

mqtt in 노드(led)

서버는 한 번만 등록해 두면 계속 사용할 수 있습니다. QoS는 레벨이 높을수록 통신량이 늘어납니다. 응답 속도가 중요하거나, 중복이나 누락이 있어도 문제가 적은 경우는 낮은 레벨로 설정할 수 있습니다. led-r 노드도 동일하게 설정합니다.

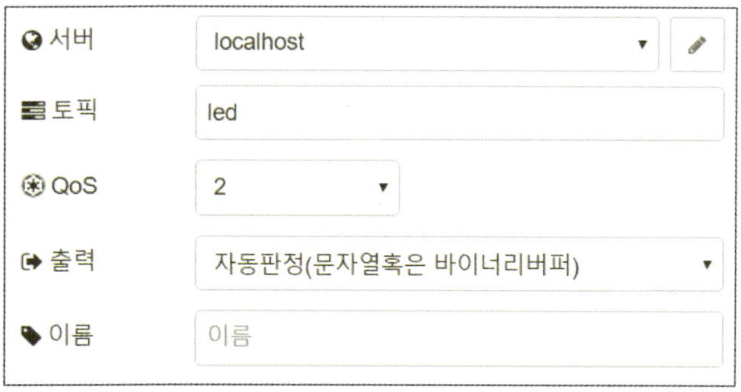

[그림 12-5] mqtt in 노드 설정

switch 대시보드 노드(LED)

토픽 led의 상태를 표시하고 ON/OFF하는 역할을 합니다. switch 대시보드에서 'Pass through msg if payload matches new state'는 선택을 해제하여, 입력된 페이로드는 바로 통과시키지 말고 스위치를 눌러 값이 바뀔 때 출력되도록 해야 합니다. 만약 앞뒤에 같은 토픽으로 연결된 대시보드의 경우 수신된 값이 그대로 통과하면 시스템이 폭주하므로 주의해야 합니다.

switch 대시보드의 ON/OFF 모양은 입력된 값에 따라 바뀔 수 있도록 'Switch icon state of the input'을 선택해야 합니다.

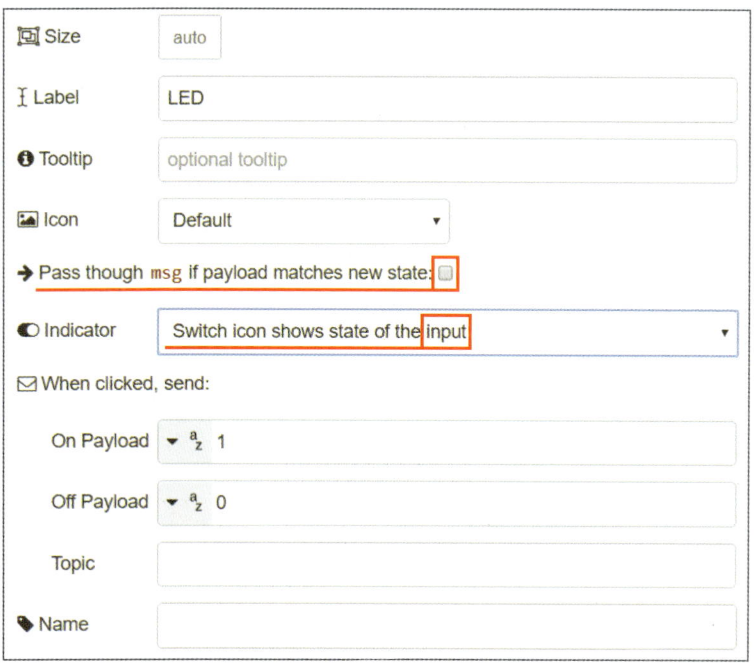

[그림 12-6] switch 대시보드 설정

mqtt out 노드(led)

토픽 led의 경우는 대시보드의 값과 실제 디바이스의 상태가 일치해야 합니다. 그래서 mqtt out 노드에서 발행(publish)될 때 보존하도록(retained) 하는 것이 좋습니다. 그러면 기기가 새로 접속되더라도 대시보드와 상태를 일치시킬 수 있습니다. 만약 보존하지 않는다면 새로 접속된 기기의 상태를 브로커로 전송하여 상태를 일치시키는 것이 좋습니다.

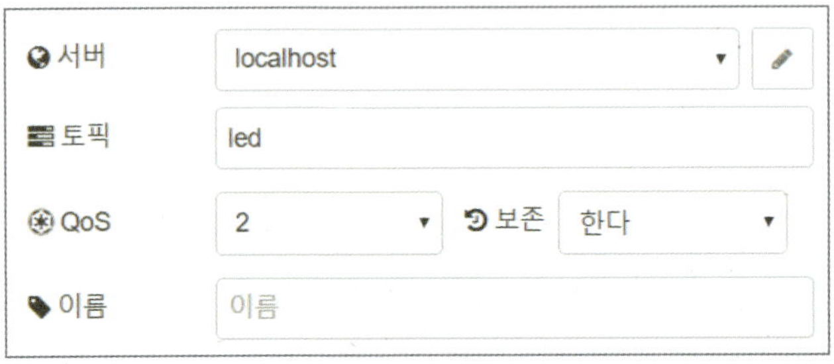

[그림 12-7] mqtt out 노드 설정

change 노드(0/1〉〉꺼짐/켜짐)

토픽 led-r의 값에 따라 문장을 만듭니다. 다음과 같이 설정하면 됩니다.

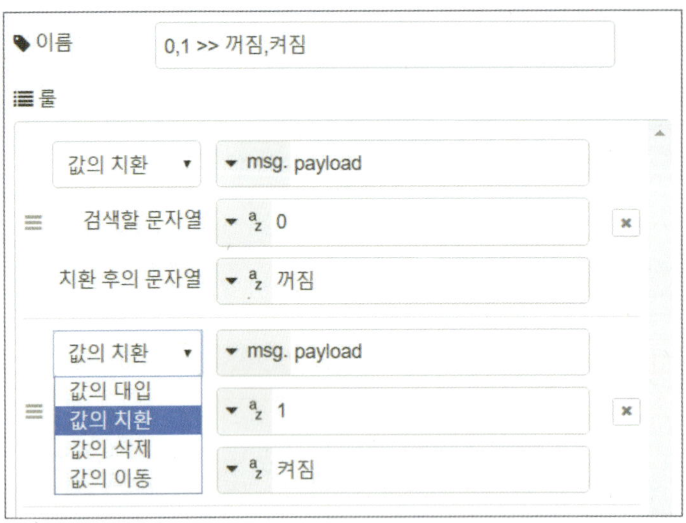

[그림 12-8] change 노드 설정

text 대시보드(상태)

토픽 led-r의 상태를 '꺼짐/켜짐'으로 표시합니다. [그림 12-9]와 같이 설정하면 됩니다.

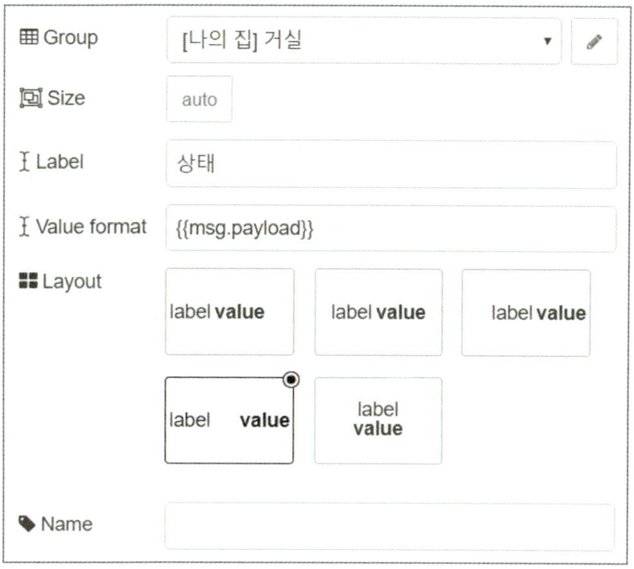

[그림 12-9] text 대시보드 설정

mqtt in 노드(msg)

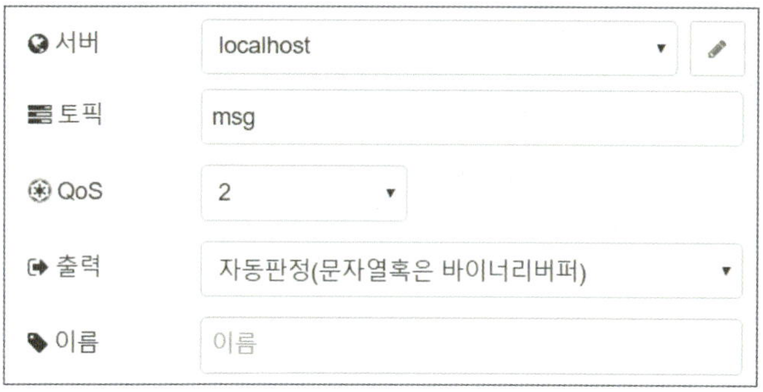

[그림 12-10] mqtt in 노드 설정

text 대시보드 노드(메시지)

토픽 msg의 내용을 표시합니다.

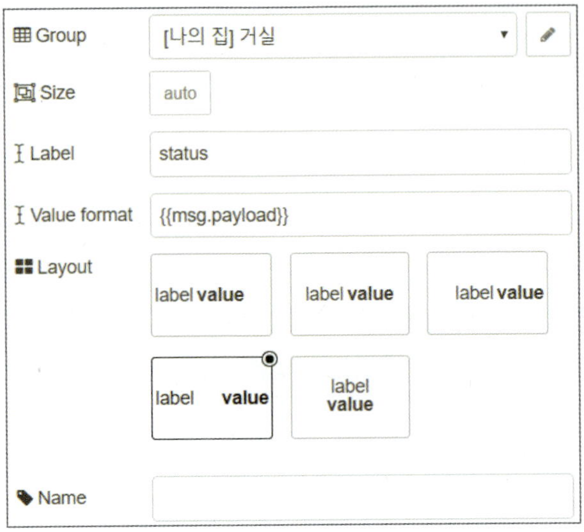

[그림 12-11] text 대시보드 설정

03 완성된 대시보드

플로우를 완성한 후 브라우저의 URL에 `localhost:1880/ui`를 입력하면 대시보드가 나타납니다.

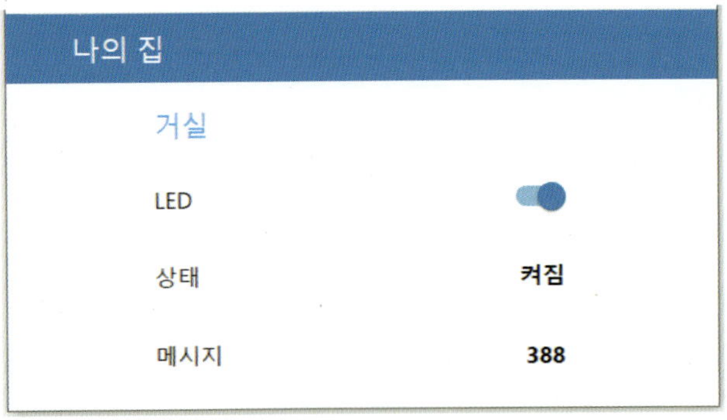

[그림 12-12] LED 제어하기

- LED 버튼 상태에 따라 디바이스의 LED가 바뀌면 디바이스에서의 구독은 제대로 작동하는 것입니다.
- 상태가 꺼짐/켜짐으로 바뀌면 Node-RED의 change 노드가 제대로 작동하는 것입니다.
- 메시지의 값이 10초마다 바뀌면 디바이스에서의 발행은 제대로 되고 있는 것입니다.

CHAPTER

12 연습문제

12.1 [프로그램 12-1]을 활용하여 다음에 제시되는 내용에 따라 MQTT 프로그램을 만들어보세요.

과제

프로그램 mqtt-led-control-exam을 아래 주어진 조건에 맞추어 수정하여 mqtt-led-control-answer로 보관하고, 플로우 flows-led-control-exam.json을 수정하여 flows-led-control-answer.json으로 보관하세요.

기능

이 프로그램은 MQTT 브로커와 접속하여 통신합니다.

- 수신된 토픽의 내용에 따라 보드에 내장된 LED를 ON/OFF합니다.
- LED를 제어한 후 그 결과를 토픽 led-r로 전송합니다.
- LED를 제어한 후 그 결과를 토픽 text로 'ON' 또는 'OFF'로 전송합니다.
- 10초마다 카운트를 해서 토픽 msg로 전송합니다.

조건

- **토픽 정보**

[표 12-4] 토픽 정보

토픽	페이로드	구독/발행	용도
led	0 : off 1 : on	구독	LED를 on/off
led-r	0 : off 1 : on	발행	LED 조작 후 상태를 발행
text	OFF ON	발행	LED 조작 후 상태를 발행
msg	nnn	발행	10초마다 카운트 숫자가 포함된 문장 전송

• **플로우 정보**

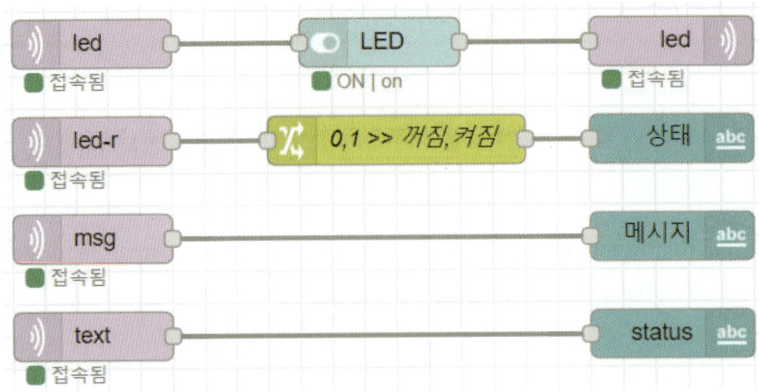

[그림 12-13] LED 제어하기 [flows-led-control-exam.json]

수신된 토픽을 표시할 4개의 대시보드 노드가 필요합니다.

- 토픽 led가 수신되면 switch 노드는 ON/OFF를 바꿔서 같은 토픽으로 다시 전송합니다.
- 토픽 led-r이 수신되면 change 노드에서 0/1을 꺼짐/켜짐으로 바꿔서 text 노드로 내보냅니다.
- 토픽 msg는 내용을 그대로 text 노드로 전달합니다.
- 토픽 text는 내용을 그대로 text 노드로 전달합니다.

• **대시보드 정보**

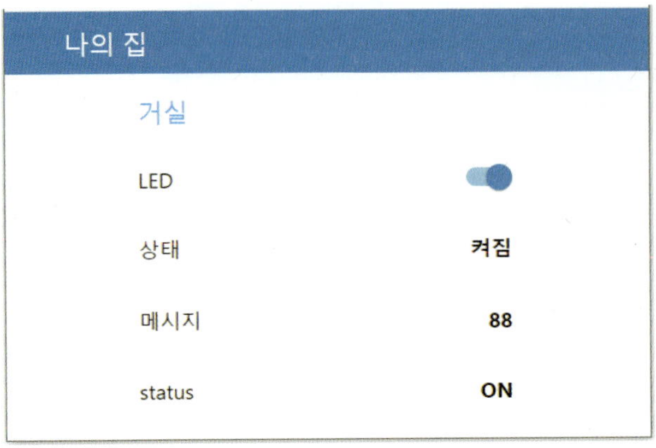

[그림 12-14] LED 제어하기

CHAPTER

13

보드와 실드 다루기

학습목표

- ESP8266 기반의 개발 보드를 이해합니다.
- LOLIN D1 mini 보드의 특징을 이해합니다.
- 개발 보드와 연결하여 사용할 수 있는 실드를 이해합니다.

이 장의 실습 준비물

부품 이름	대체품	수량	용도
없음			

PREVIEW

시중에는 마이크로컨트롤러 ESP8266을 채택한 다양한 개발 보드가 존재합니다. 이 장에서는 개발 보드 중의 하나인 LOLIN D1 mini의 특징을 이해합니다.

또한 개발 보드와 함께 사용할 수 있는 다양한 실드를 이해하고, 새로운 실드를 만드는 과정을 확인합니다.

SECTION 01

ESP8266과 LOLIN D1 mini 보드

01 | ESP8266

ESP8266은 에스프레시프 시스템이라는 회사의 마이크로컨트롤러입니다. 이 마이크로컨트롤러는 와이파이 기능이 내장되어 있고 80킬로바이트의 램을 가지고 있으며, 프로그램을 보관하는 플래시 메모리는 별도로 외부에 장착하도록 하고 있습니다.

아두이노 우노가 2킬로바이트 크기의 램과 32킬로바이트의 프로그램용 메모리를 가진 반면 ESP8266 기반의 보드는 80킬로바이트의 램과 512킬로바이트~16메가바이트의 외부 플래시 메모리를 가지고 있습니다. 그래서 ESP8266 기반의 보드를 사용하면 복잡한 통신용 프로그램을 부담 없이 실행할 수 있습니다.

02 | LOLIN D1 mini

LOLIN D1 mini는 위모스사에서 만든 ESP8266 기반의 개발 보드입니다. 이 보드에는 ESP8266의 핀은 대부분 노출되어 있으며, 크기가 작고, 다양한 실드(shield)를 적층하여 사용할 수 있습니다. USB 기능을 내장하고 있어서 PC와 연결하여 IDE에서 아두이노 프로그램을 올릴 수도 있습니다.

이 책에서는 개발 보드의 회로 구성을 LOLIN D1 mini 기준으로 제시합니다. 프로그램을 올릴 때에는 IDE에서 **[툴]-[보드]-[LOLIN(WEMOS) D1 R2 & mini]**를 선택하면 됩니다.

[그림 13-1] LOLIN(WEMOS) D1 mini

LOLIN D1 mini의 사양을 아두이노 우노와 ESP32 기반의 보드와 비교하면 다음과 같습니다.

[표 13-1] 아두이노 우노, LOLIN D1 mini, ESP32 DEVKIT 비교

항목	아두이노 우노	LOLIN D1 mini	ESP32 DEVKIT
마이크로컨트롤러	ATmega328P	ESP-8266EX	ESP-WROOM-32
사용자 데이터 램	2킬로바이트	80킬로바이트	320킬로바이트
프로그램 저장 메모리	32킬로바이트	1020킬로바이트	1280킬로바이트
디지털 핀	13개	11개	32개
아날로그 입력 핀	6개	1개	16개
작동 전압	5V	3.3V	3.3V
와이파이	지원하지 않음	지원	지원
블루투스, BLE	지원하지 않음	지원하지 않음	지원

03 | LOLIN D1 mini pro

LOLIN D1 mini pro는 16메가바이트의 플래시 메모리를 가진 모델로, 사용법은 LOLIN D1 mini와 동일합니다. 배터리 연결 단자와 I2C 연결 단자가 준비되어 있으며, 마이크로컨트롤러의 슬립 모드(sleep mode)를 사용할 수 있도록 납땜 패드도 준비되어 있습니다.

프로그램을 올릴 때에는 IDE에서 **[툴]-[보드]-[LOLIN(WEMOS) D1 mini Pro]**를 선택합니다.

[그림 13-2] LOLIN(WEMOS) D1 mini pro

04 | LOLIN D1 mini 호환 ESP32 보드

ESP8266의 후속 마이크로컨트롤러인 ESP32를 장착한 보드로, 일부 핀이 LOLIN D1 mini와 호환되게 배치되어 있습니다. 양쪽에 핀이 2줄로 배치되어 있는데, 안쪽 줄의 핀이 LOLIN D1 mini와 호환됩니다. 사용할 때는 ESP32의 핀 번호를 지정해도 되고, LOLIN D1 mini의 핀 이름인 A0, D0~D8을 사용해도 됩니다. 바깥 줄의 핀은 실드에는 연결이 되지 않지만 부품을 직접 연결하여 사용할 수 있습니다.

ESP32는 와이파이 뿐만 아니라 블루투스와 BLE(저전력 블루투스, Bluetooth Low Energy)까지 지원하고, 핀의 개수가 많고 기능도 다양해서 점점 활용 범위가 넓어지고 있습니다.

이 책에서 소개되는 Aim 라이브러리는 ESP8266과 ESP32를 모두 지원합니다.

프로그램을 올릴 때에는 IDE에서 **[툴]-[보드]-[WEMOS D1 MINI ESP32]**를 선택합니다.

[그림 13-3] LOLIN D1 mini 호환 ESP32 개발 보드(MINI-KIT32)

웹 페이지 **다양한 폼 팩터의 개발 보드 사용하기**

D1 mini 보드도 사물인터넷을 학습하기에 적합하지만, 완성도 높은 디바이스를 만들기 위해서는 적합한 기능과 폼 팩터를 가진 개발 보드를 사용하는 것이 좋습니다.

특히 최근에는 디스플레이, 버튼, 배터리 그리고 다양한 센서가 기본으로 내장되어 있는 개발 보드가 출시되고 있습니다. 이러한 개발 보드를 사용하면 디바이스를 만드는 데 필요한 노력을 많이 줄일 수 있습니다.

몇 가지 개발 보드와 간단한 사용법을 다음 웹 페이지에서 소개합니다.

`https://iotmaker.kr/iotbook-dev-boards`

SECTION 02 LOLIN D1 mini 실드

01 | 실드

보드에 적층하여 기능을 확장하는 데 사용하는 모듈을 **실드(shield)**라고 합니다. 실드에는 다양한 부품이 장착되어 있으므로, 적합한 기능을 가진 실드를 사용하면 보드의 기능을 손쉽게 확장할 수 있습니다. 모든 D1 mini 실드의 핀 배열은 D1 mini 보드와 똑같습니다. 그래서 D1 mini 보드와 실드는 서로 위치를 바꿔서 장착할 수도 있습니다. 출시되어 있는 실드만 연결해도 기본적인 IoT 디바이스를 만들 수 있습니다.

여기서 잠깐 **D1 mini 보드나 실드에 납땜하기**

D1 mini 보드나 실드는 핀이 납땜되지 않은 상태로 판매됩니다. 대체로 3가지의 핀이 제공되는데, 보드나 실드가 장착될 위치에 따라 핀을 선택하여 납땜하면 됩니다.

[그림 13-4] LOLIN D1 mini 보드에 3가지의 핀을 납땜한 예

02 | 베이스 실드

D1 mini 보드에 실드를 직접 적층할 수도 있지만, 장착할 실드의 개수가 많아지면 기반이 되는 실드가 필요합니다. 이때 사용하는 실드를 **베이스 실드(base shield)**라고 합니다. '이중 베이스 실드'에는 두 개의 실드를 나란히 장착할 수 있고, '삼중 베이스 실드'에는 세 개의 실드를 나란히 장착할 수 있습니다.

D1 mini ESP32 보드는 D1 mini 보드보다 크기 때문에 D1 mini ESP32 보드에는 장착 공간이 넓은 '이중 베이스 실드'를 사용합니다.

베이스 실드를 사용하면 상하좌우로 실드를 여러 개 장착할 수 있으므로 상당히 복잡한 디바이스도 구성할 수 있습니다.

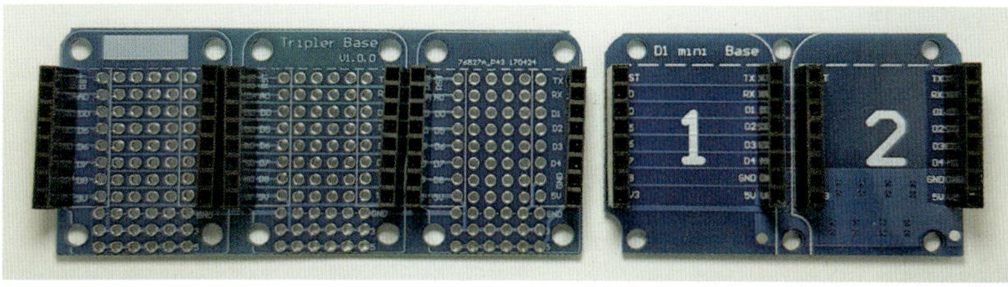

[그림 13-5] 삼중 베이스 실드와 이중 베이스 실드

03 | 자주 사용되는 실드

D1 mini에 호환되는 실드는 여러 가지가 있지만 그중에서 자주 사용되는 실드를 소개합니다. 각 실드에는 기본값으로 사용하는 핀이 지정되어 있지만, 기본값으로 연결된 핀의 회로를 자르고 다른 핀에 납땜할 수도 있습니다.

[표 13-2] 자주 사용되는 실드

이름	모양	용도	사용 핀
OLED 0.66 실드		**0.66인치 디스플레이** 해상도 64×48	I2C D1(GPIO5) : SCL D2(GPIO4) : SDA
1버튼 실드		**1개의 버튼** 버튼이 GND와 핀에 연결됨 INPUT_PULLUP으로 사용	D3(GPIO0)

이름	모양	용도	사용 핀
릴레이 실드		10A 릴레이	D1(GPIO5)
DHT 온습도 실드		**DHT12 온습도 센서** 온도 : −20~60ºC 습도 : 20~95% * DHT11이나 DHT22 실드를 대신 사용 가능	I2C D1(GPIO5) : SCL D2(GPIO4) : SDA
RGB LED 실드		**7개의 컬러 LED** WS2812B−mini 모듈 24비트 컬러 세팅 *하나의 핀으로 7개의 컬러 LED를 조절	D4(GPIO2)
프로토보드 실드		**납땜 회로 구성** 임의로 부품을 장착해서 회로를 구성할 수 있음	임의
버저 실드		**수동 버저** MLT−8540 모듈 *수동 버저이므로 멜로디를 만들어서 사용해야 함	D5(GPIO14)
PIR 실드		**동물 동작 감지** 동물의 체열을 이용하여 동작을 감지	D3(GPIO0)

[그림 13-6] 베이스 실드에 적층된 D1 mini와 여러 실드

04 | 커스텀 실드

PCB를 별도로 만들어서 사용 목적에 맞게 다양한 부품을 장착한 실드를 **커스텀 실드(custom shield)**라고 합니다.

[그림 13-7]은 저자가 만든 커스텀 실드입니다. 이 실드에는 버저, LED, 버튼, 부품 연결 단자까지 준비되어 있습니다. 이처럼 용도에 맞게 PCB를 설계하여 원하는 실드를 만들 수 있습니다.

[그림 13-7] 커스텀 실드용 PCB와 완성된 커스텀 실드

웹 페이지 **이 책에서 사용하는 커스텀 실드**

이 책에서 사용하는 다양한 커스텀 실드에 관한 정보는 다음 웹 페이지에서 소개합니다.

https://iotmaker.kr/iotbook-components

CHAPTER

13 연습문제

※ (13.1~13.4) 다음 빈칸에 알맞은 용어를 넣으세요.

13.1 D1 mini 보드에 새로운 기능을 추가하기 위해 적층해서 사용할 수 있도록 만든 모듈을 (   )(이)라고 합니다.

13.2 LOLIN(WEMOS) D1 mini는 양쪽에 (   )개의 핀을 가지고 있습니다.

13.3 여러 개의 보드나 부품을 한꺼번에 여러 개 설치할 때 필요한 기반이 되는 실드를 (   ) 실드라고 합니다.

13.4 부품을 임의로 장착하여 사용할 수 있게 만든 실드를 (   ) 실드라고 합니다.

CHAPTER

14

핀 사용법 이해하기

학습목표

- 디지털 핀의 입출력을 이해합니다.
- 전류 싱킹과 전류 소싱의 차이를 이해합니다.
- 풀업 회로와 풀다운 회로를 이해합니다.
- PWM 방식을 이용한 아날로그 출력을 이해합니다.
- 아날로그 핀으로 전압을 읽는 방법을 익힙니다.

이 장의 실습 준비물

부품 이름	대체품	수량	용도
PC		1	소프트웨어 설치
LOLIN(WEMOS) D1 mini	ESP8266 계열의 보드	1	마이크로컨트롤러
USB 마이크로 5핀 케이블		1	보드와 PC 연결
LED 5mm		2	
버튼		2	
퍼텐쇼미터		1	
저항 330Ω		2	
저항 10kΩ		3	
듀폰 케이블(M-M)		약간	

PREVIEW

이 장에서는 디지털 핀과 아날로그 핀을 제대로 다룰 수 있도록 D1 mini 보드의 핀 구성과 특성을 학습합니다.

또한 LED를 전류 소싱 방식과 전류 싱킹 방식으로 연결하여 사용하는 방법을 익히고, 버튼을 풀업과 풀다운 방식으로 연결하여 사용하는 방법을 학습합니다. 이어서 PWM 기법을 이용하여 아날로그 출력을 하고 아날로그 핀으로 전압을 읽어서 활용하는 방법을 소개합니다.

SECTION 01 LOLIN D1 mini 보드의 핀 구성

01 ESP8266과 외부와의 연결

와이파이로 연결

ESP8266 마이크로컨트롤러에는 와이파이 기능이 내장되어 있습니다. 프로그램을 실행하는 데 사용되는 메모리는 80킬로바이트나 되며, 프로그램이나 파일을 보관하는 플래시 메모리도 대개 1메가바이트 이상이 되므로 메모리를 많이 차지하는 IoT 프로그램을 실행할 수 있습니다. 그래서 ESP8266을 내장한 디바이스는 와이파이 기능을 이용하여 인터넷과 쉽게 연결됩니다. 실제로 상용으로 판매되는 IoT 제품 중에는 ESP8266 마이크로컨트롤러가 내장되어 있는 경우가 많습니다.

핀으로 연결

이 책에서 중점적으로 사용하는 D1 mini 모듈에는 ESP8266 마이크로컨트롤러를 기반으로 4메가바이트의 플래시 메모리가 장착되어 있고, 16개의 핀이 노출되어 있습니다.

핀에 여러 가지 센서나 모듈을 연결하여 다양한 IT 디바이스를 만들 수 있습니다.

02 | LOLIN D1 mini 핀과 실드 정보

LOLIN D1 mini 핀 맵

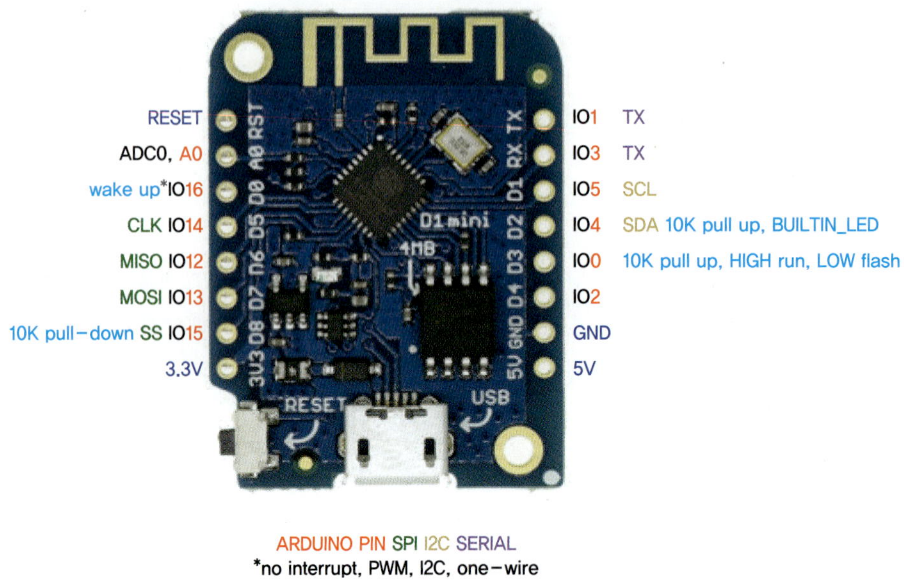

[그림 14-1] LOLIN D1 mini 핀 맵(pin map)

LOLIN D1 mini 실드 정보

[표 14-1] LOLIN D1 mini 핀과 실드 정보

<table>
<tr><th>표시</th><th>GPIO</th><th>통신</th><th>사용</th><th>용도</th><th colspan="2">실드</th></tr>
<tr><td>TX</td><td>1</td><td>TX</td><td>자제</td><td></td><td colspan="2"></td></tr>
<tr><td>RX</td><td>3</td><td>RX</td><td>자제</td><td></td><td colspan="2"></td></tr>
<tr><td>D0</td><td>16</td><td></td><td>주의</td><td>RST와 연결하여 슬립 모드 탈출
(인터럽트, PWM, I2C, one-wire, INPUT_PULLUP 안됨)</td><td colspan="2"></td></tr>
<tr><td>D1</td><td>5</td><td>SCL</td><td>좋음</td><td></td><td rowspan="2">OLED
DHT12</td><td>relay</td></tr>
<tr><td>D2</td><td>4</td><td>SDA</td><td>좋음</td><td></td><td>RGB</td></tr>
<tr><td>D3</td><td>0</td><td></td><td>주의</td><td>10K 풀업. 부팅 모드 설정 위해 사용. HIGH run, LOW flash</td><td colspan="2">버튼</td></tr>
<tr><td>D4</td><td>2</td><td></td><td>주의</td><td>10K 풀업. BUILTIN_LED(싱크 모드)</td><td colspan="2">DHT22</td></tr>
<tr><td>D5</td><td>14</td><td>SCK</td><td>좋음</td><td></td><td colspan="2">버저</td></tr>
<tr><td>D6</td><td>12</td><td>MISO</td><td>좋음</td><td></td><td colspan="2"></td></tr>
<tr><td>D7</td><td>13</td><td>MOSI</td><td>좋음</td><td></td><td colspan="2"></td></tr>
<tr><td>D8</td><td>15</td><td>SS</td><td>주의</td><td>10K 풀다운</td><td colspan="2"></td></tr>
<tr><td>A0</td><td></td><td></td><td></td><td>아날로그 입력(최대 3.3V)</td><td colspan="2"></td></tr>
</table>

LOLIN D1 mini에는 11개의 디지털 핀과 한 개의 아날로그 핀이 있습니다. 여기서 모든 디지털 핀의 상태가 동일한 것은 아닙니다. 핀이 풀업 또는 풀다운되어 있는 경우도 있고, 부팅할 때 특별한 상태를 유지해야 하는 핀도 있으므로 주의해서 사용해야 합니다.

아두이노 프로그램에서 핀을 지정할 때는 보드에 표시된 TX, RX, D0~D8, A0를 사용하거나 GPIO 번호를 사용합니다. GPIO(General-Purpose Input/Output)는 다용도 입출력이라는 뜻인데 여기서는 디지털 핀을 의미합니다.

A0 핀은 아날로그 입력 용도로만 사용할 수 있습니다. 아두이노 우노에서는 아날로그 핀을 디지털 입출력 용도로 사용할 수 있지만 ESP8266에서는 허용되지 않으므로 주의해야 합니다.

D1(GPIO5)과 D2(GPIO4)는 두 개를 묶어서 I2C용 핀으로 사용합니다. I2C핀에는 여러 개의 I2C 모듈이 병렬로 연결될 수 있습니다. 그러나 두 핀 중에서 한 개를 다른 용도로 사용하면 더 이상 I2C용 핀으로 사용할 수 없습니다.

SECTION 02

핀 관련 아두이노 함수

마이크로컨트롤러의 핀을 제어하는 일은 상당히 까다롭고 복잡한 일이지만 아두이노에서는 간단한 함수를 이용해서 복잡함을 극복할 수 있습니다.

다음 표는 핀과 관련된 아두이노 함수의 사용법을 입출력 방식에 따라 구분하여 설명한 것입니다.

[표 14-2] 입출력 함수 사용법

입출력 방식	사용 함수	함수 사용법
디지털 출력	`pinMode(핀 번호, OUTPUT)`	• 핀 번호 : 0에서 255까지의 값(아래의 모든 핀 번호에 적용됨) • OUTPUT : 출력 모드
	`digitalWrite(핀 번호, 출력값)`	• 출력값 : LOW 또는 0이면 0V가 출력됨 HIGH 또는 1이면 3.3V가 출력됨
디지털 입력	`pinMode(핀 번호, INPUT)` 또는 `pinMode(핀 번호, INPUT_PULLUP)`	• INPUT : 입력 모드 • INPUT_PULLUP : 입력 모드(보드의 풀업 회로 사용)
	`입력값 = digitalRead(핀 번호)`	• 입력값 : LOW(0) 또는 HIGH(1)를 가짐
아날로그 출력	`pinMode(핀 번호, OUTPUT)`	• OUTPUT : 출력 모드
	`analogWrite(핀 번호, 출력값)`	• 출력값 : 0에서 1023까지의 값
아날로그 입력	`입력값 = analogRead(핀 번호)`	• 입력값 : 0에서 1024(우노의 경우 1023)까지의 값

코딩할 때는 '핀 번호' 부분에 보드에 표시된 이름을 사용할 수도 있고 GPIO 번호를 지정해도 됩니다. 예를 들면 D1 mini에서 보드에 표시된 이름 D6과 GPIO 번호 12는 같은 핀을 나타냅니다.

SECTION 03 디지털 출력

디지털 출력은 특정 핀에 HIGH 또는 LOW값을 지정하여 3.3V 또는 0V를 선택해서 출력하는 것입니다. 디지털 핀에는 2.5V와 같은 중간 전압은 출력할 수 없습니다.

01 | 전류 소싱과 전류 싱킹

LED는 한 방향으로만 전류가 흐르는 부품입니다. 그래서 핀에 연결된 LED를 켤 때는 전류가 흐르는 방향에 따라 핀의 출력값을 달리해야 합니다.

LED는 두 다리의 길이가 서로 다른데, 다리가 긴 쪽을 애노드(Anode), 짧은 쪽을 캐소드(Cathode)라고 합니다. 애노드를 VCC(+)에 연결하고 캐소드는 GND(−)에 연결하면 전류가 흘러 불이 켜지게 됩니다. 만약 반대로 연결되거나 양측에 같은 전압이 걸리면 LED에는 불이 켜지지 않습니다. LED가 반대로 연결되면 전류가 흐르지 않을 뿐이지 부품이 손상되는 것은 아닙니다.

전류 소싱

LED의 애노드(+)를 보드의 핀에 연결하고 캐소드(−)는 GND에 연결하는 방식을 전류 소싱(current sourcing)이라고 합니다. 전류 소싱은 디지털 핀에 HIGH를 출력하여 핀에 연결된 부품을 활성화시키는 방식으로, 대개는 이러한 방식으로 회로를 구성합니다.

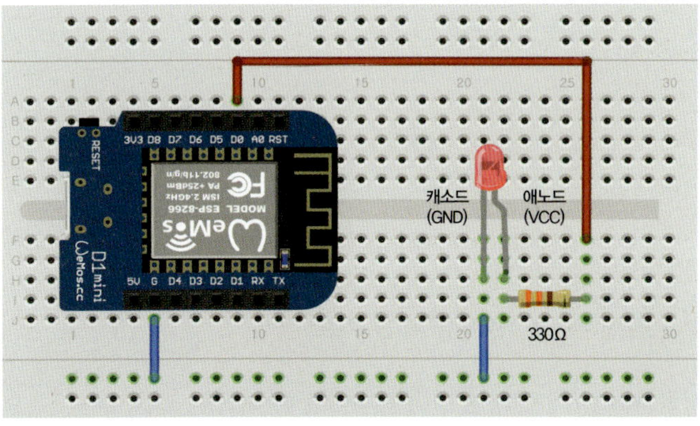

[그림 14-2] 전류 소싱 방식으로 연결된 LED

전류 싱킹

보드의 핀에 LED의 캐소드(−)를 연결하고 애노드(+)는 3.3V에 연결하는 방식을 전류 싱킹(Current sinking)이라고 합니다. 전류 싱킹은 디지털 핀에 LOW를 출력하여 핀에 연결된 부품을 활성화시키는 방식입니다.

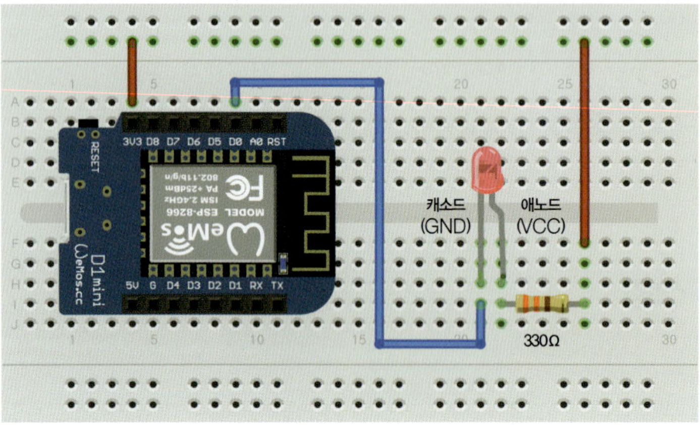

[그림 14-3] 전류 싱킹 방식으로 연결된 LED

여기서 잠깐　디지털 핀으로 내보낼 수 있는 전류

하나의 디지털 핀으로 출력할 수 있는 전류는 10mA 정도 밖에 안됩니다. 원래 디지털 핀은 참 또는 거짓이라는 신호를 표현하기 위해서 미세한 전류만 출력합니다. 디지털 핀으로는 작은 LED 정도를 밝힐 수 있습니다.

핀의 전류로 LED 같은 외부 모듈을 가동할 때에 전류를 제한하지 않고 계속 연결해 두면, 과전류가 흘러서 LED나 디지털 핀이 고장 나기도 하고 보드가 고장 날 수도 있습니다. 그래서 LED를 연결할 때는 전류를 제한하기 위해 적합한 저항을 중간에 연결해야 합니다. 통상적으로 330Ω에서 560Ω 사이의 저항을 사용합니다.

수 암페어(A) 이상의 전류가 필요한 직류 기기는 모스펫(MOSFET) 모듈을 사용하여 제어하면 되고, 대용량의 전력이 필요한 전기기기에는 직류나 교류 제한 없이 릴레이 모듈을 사용하면 됩니다.

즉 디지털 핀의 미세한 전류로 트랜지스터, 모스펫 또는 릴레이를 제어하고 이 모듈이 큰 전류나 전압이 필요한 장치를 다루도록 하면 됩니다.

02 | 예제 프로그램

다음 프로그램은 보드에 내장되어 있는 LED를 1초 동안 켜고 0.3초 동안 끄기를 반복합니다. D1 mini의 LED는 전류 싱킹 방식으로 연결되어 있으므로 핀에 LOW값을 출력해야 LED가 켜집니다.

프로그램 14-1 led-blink

```
001 #define LED_PIN LED_BUILTIN                                  ❶ LED ON/OFF값 지정하기
002 #define LED_ON  LOW          // current sinking
003 #define LED_OFF HIGH         // current sinking
004 int ledVal = LED_OFF;
005 
006 void setup() {
007   pinMode(LED_PIN,OUTPUT);                                    ❷ 핀 모드 지정하기
008   digitalWrite(LED_PIN,ledVal);  // OFF
009 }
010 
011 void loop() {
012   static unsigned long nextMil = 0;                           ❸ 주기적으로 LED를 ON/OFF하기
013   if (millis() > nextMil) {
014     if (ledVal == LED_ON) {
015       nextMil = millis() + 300;  // 0.3초 후
016       ledVal = LED_OFF;
017     }
018     else {
019       nextMil = millis() + 1000; // 1초 후
020       ledVal = LED_ON;
021     }
022     digitalWrite(LED_PIN,ledVal);
023   }
024 }
```

❶ **LED ON/OFF값 지정하기**(1~3행) : 1행에서 LED_PIN은 LED_BUILTIN으로 지정되어 있습니다. LED_BUILTIN은 '보드에 내장된 LED'라는 뜻으로, 그 값은 보드에 따라 미리 정해져 있습니다. D1 mini의 경우 내장 LED가 D4(GPIO2)에 연결되어 있습니다. 따라서 다음의 3가지 지정 방식은 모두 같은 뜻입니다.

```
#define LED_PIN LED_BUILTIN
#define LED_PIN D4
#define LED_PIN 2
```

D1 mini의 내장 LED는 전류 싱킹 방식으로 연결되어 있으므로 핀에 LOW값을 출력해야 LED가 켜집니다. 그래서 LED_ON과 LED_OFF는 각각 2행, 3행과 같이 지정해 둡니다.

❷ **핀 모드 지정하기**(7~8행) : 7행은 `LED_PIN`을 출력 모드로 사용하도록 지정합니다. 이 명령을 수행하면 `LED_PIN`에는 LOW값이 출력됩니다. 그런데 `LED_PIN`은 전류 싱킹 방식으로 작동하므로 LOW값에 의해 의도하지 않게 LED가 켜지게 됩니다. 그래서 8행과 같은 명령어로 LED를 꺼 둬야 합니다.

❸ **주기적으로 LED를 ON/OFF하기**(12~23행) : 다음은 이 과정을 주기적으로 실행하는 일반적 루틴입니다.

```
static unsigned long nextMil = millis() + 지속 시간;
if (millis() > nextMil) {
  nextMil = millis() + 지속 시간;
  // 처리 루틴
}
```

16행과 20행의 변수 `ledVal`에는 LED 핀의 출력값이 들어 있습니다. 여기서는 현재 출력 중인 값과 다른 값을 지정하여 출력합니다. 결국 ON, OFF 상태가 서로 바뀌게 됩니다.

이때 ON 시간이 1초이고 OFF 시간이 0.3초이므로 `nextMil`을 ON 지속 시간과 OFF 지속 시간으로 구분하여 지정합니다.

웹 페이지 **ESP32의 아날로그 핀 사용법**

마이크로컨트롤러 ESP32의 아날로그 출력은 ESP8266과 상당히 다르고, 아날로그 입력도 다소 차이가 있습니다. ESP8266과 비교한 ESP32의 아날로그 입출력 방법을 다음 페이지에서 소개합니다.

`https://iotmaker.kr/iotbook-esp32-analog`

SECTION 04

디지털 입력

핀에 걸리는 전압을 디지털 방식으로 읽으면 LOW(0) 또는 HIGH(1) 값을 얻게 됩니다. 핀에 걸리는 전압이 정확히 0V나 3.3V가 아니라고 해도 그 범위를 양분하여 LOW 또는 HIGH로 정하게 됩니다.

핀에 걸리는 전압이 0V에서 0.8V 사이이면 LOW를 돌려주고, 2.4V보다 높으면 HIGH를 돌려줍니다. 0.8V와 2.4V 사이의 전압은 불안정한 영역에 속합니다. 만약 0.8V와 2.4V 사이의 전압이 입력된다면 결과를 신뢰할 수 없으므로 보드에 연결된 회로를 바꿔야 합니다.

01 | 풀업 회로와 풀다운 회로

버튼을 보드와 연결할 때는 10kΩ 정도의 저항으로 입력 핀과 3.3V 또는 GND를 항상 연결해 둬야 합니다. 그렇지 않으면 버튼이 눌리지 않은 상태일 때 입력 핀의 전압이 외부의 전자기장의 영향을 받아 수시로 바뀌는 현상이 나타납니다. 이 현상은 핀이 플로팅(floating)하는 것으로, 반드시 피해야 하는 상황입니다.

풀업 회로

10kΩ 정도의 저항을 통해 핀을 3.3V에 연결해 둘 수 있는데, 전압을 높여 둔다는 의미로 이러한 회로를 풀업(PULL UP) 회로라고 합니다.

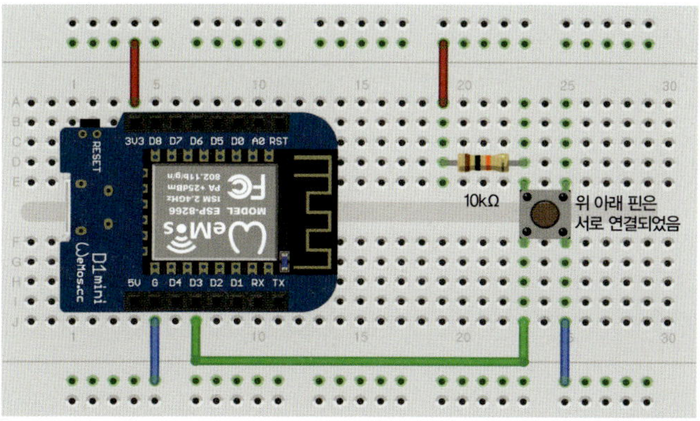

[그림 14-4] 풀업 회로

풀업 방식으로 회로를 구성하면, 버튼이 눌리지 않았을 때는 입력 핀에 **HIGH**(3.3V)가 걸리고, 버튼을 누르면 입력 핀에 **LOW**(0V)가 걸립니다. 그러나 회로를 구성할 때 버튼 외에도 저항을 추가로 설치해야 하므로 부담이 됩니다. 풀업 회로를 사용하기 위해서는 setup()에서 다음과 같이 선언하면 됩니다.

```
pinMode(핀 번호, INPUT);
```

내부 풀업 회로

내부 풀업(INTERNAL PULL UP) 회로는 외부에는 풀업 회로가 없지만 마이크로컨트롤러 내부의 풀업 회로를 깨워서 마치 외부에 풀업 회로가 있는 것처럼 사용하는 방법입니다.

[그림 14-5] 내부 풀업 회로

외부 풀업 회로와 마찬가지로 버튼이 눌리지 않을 때는 입력핀에 **HIGH**가 걸리고, 버튼을 누르면 입력핀에 **LOW**가 걸립니다. 그러나 버튼 외에 추가 회로가 없어도 되므로 특별한 사정이 없는 한 이 방식을 사용하는 것이 좋습니다. 내부 풀업 회로를 사용하기 위해서는 사용 전에 다음과 같이 선언하면 됩니다.

```
pinMode(핀 번호, INPUT_PULLUP);
```

이 책에서도 버튼 회로 구성은 내부 풀업 방식을 사용합니다.

풀다운 회로

10kΩ 정도의 저항을 통해 핀을 GND에 연결해 둘 수 있는데, 전압을 낮추어 둔다는 의미로 이러한 회로를 풀다운(PULL DOWN) 회로라고 합니다.

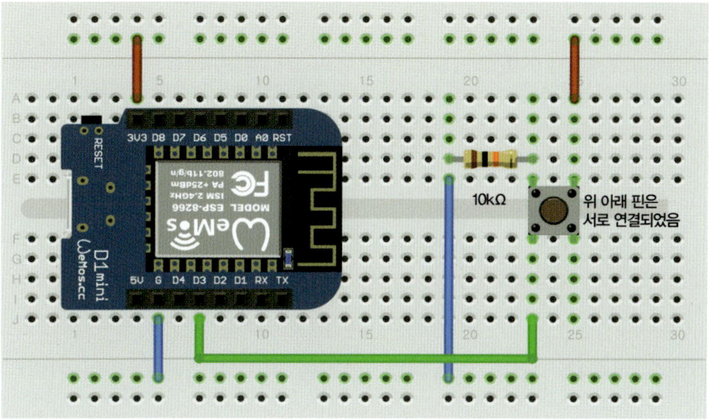

[그림 14-6] 풀다운 회로

이 방식으로 회로를 연결하면 버튼이 눌리지 않았을 때는 입력 핀에 **LOW**가 걸리고, 버튼을 누르면 입력 핀에 **HIGH**가 걸립니다. 그러나 회로를 구성할 때 버튼 외에도 저항을 추가로 설치해야 하므로 부담이 됩니다. 풀다운 회로를 사용하기 위해서는 사용 전에 다음과 같이 선언하면 됩니다.

```
pinMode(핀 번호, INPUT);
```

여기서 핀 모드는 INPUT_PULLUP이 아니라 INPUT입니다.

02 바운스와 디바운스

버튼을 누르거나 뗄 때 아주 짧은 시간 동안 물리적으로 접점이 수차례 붙었다 떨어지는 현상이 있을 수 있습니다. 이러한 진동을 바운스(Bounce) 또는 채터링(Chattering)이라고 합니다. 마이크로컨트롤러는 이 미세한 진동까지 감지하므로 정상적으로 프로그램이 실행되는 데 방해가 됩니다.

바운스를 회피하는 것을 디바운스(Debounce)라고 합니다. 가장 완벽한 디바운스 방법은 특별한 전자 회로로 만들어진 버튼을 사용하는 것이지만, 비용이 높아지므로 현실성은 없습니다. 아두이노에서 주로 사용하는 방법은 버튼의 접점 변화가 감지되면 20밀리초 정도 delay했다가 다시 실행을 계속하는 것입니다. 20밀리초 정도로도 디바운스가 되지 않으면 그 시간을 늘리면 됩니다.

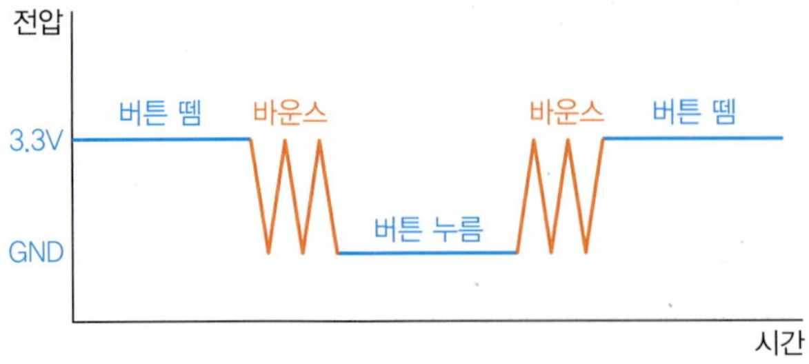

[그림 14-7] 풀업 회로의 바운스

03 | 인터럽트

인터럽트(Interrupt)는 프로그램의 진행을 멈추는 신호를 말합니다. 디지털 핀의 상태가 바뀌면 인터럽트를 발생시키고, 인터럽트가 발생하면 실행하던 프로그램을 멈추고 미리 정해 둔 함수인 ISR을 실행시킬 수 있습니다. ISR의 실행이 끝나면 멈추었던 프로그램을 다시 실행합니다.

인터럽트를 사용하기 위해서는 다음의 절차를 따릅니다.

❶ ISR에서 사용될 변수에 `volatile`을 붙여서 선언합니다.

❷ ISR을 만듭니다.

❸ 인터럽트를 활성화합니다. 이때 핀 번호, ISR, 작동 방식을 지정합니다.

❹ 인터럽트의 결과를 주기적으로 확인합니다.

인터럽트의 활용 사례

인터럽트는 대기 없이 핀의 상태 변화를 즉각적으로 인지할 수 있으므로 여러 용도로 사용할 수 있습니다. 대표적인 사례를 살펴봅시다.

- **유량 측정**
  전기장 안에서 자석을 움직이면 전압 변화가 나타나는데, 이를 홀 효과(hall effect)라고 합니다. 홀 효과를 이용하면 유량 센서 안에서 물의 흐름에 따라 회전하는 프로펠러의 회전수를 측정할 수 있습니다. 이 회전수를 이용해 유체가 흐른 양을 계산할 수 있습니다.
- **팬 회전 속도 측정**
  팬에 구멍이 여러 개 뚫린 원판을 달아 두면, 팬과 원판이 회전할 때 수신 센서에 들어오는 적외선이 끊기는 횟수를 셀 수가 있습니다. 이 횟수를 이용하여 팬의 회전수를 계산할 수 있습니다.
- **로터리 스위치의 좌우 움직임 감지**

- **동작 센서의 움직임 감지**

  센서가 동작을 감지하여 HIGH값을 출력하면 즉시 대응합니다.

- **버튼 눌림 감지**

04 | 예제 프로그램

예제 프로그램 1 : 내부 풀업 회로, 디바운스

다음은 [그림 14-5] 내부 풀업 회로를 이용하여 버튼을 누를 때마다 LED를 ON/OFF하는 프로그램입니다. 버튼을 눌렀을 때 delay(20)을 이용하여 디바운스합니다.

프로그램 14-2 debounce

❶ 버튼 ON/OFF값 지정하기

```
#define BTN_PIN D3          // GPIO0
#define LED_PIN LED_BUILTIN

#define BTN_ON  LOW         // INPUT_PULLUP
#define BTN_OFF HIGH        // INPUT_PULLUP

#define LED_ON  LOW         // current sinking
#define LED_OFF HIGH        // current sinking

int ledVal = LED_OFF;

int btnVal   = BTN_OFF;
int SVbtnVal = BTN_OFF;     // SV(save) btn

void setup() {
  pinMode(LED_PIN,OUTPUT);       // pin에 LOW 출력되어 ON됨
  digitalWrite(LED_PIN,ledVal);  // OFF
  pinMode(BTN_PIN,INPUT_PULLUP); // 내부 풀업 회로 사용
}

void loop() {
```

② 버튼 눌림 테스트하기

```
  btnVal = digitalRead(BTN_PIN);
  // 버튼이 눌렸을 때
  if (SVbtnVal == BTN_OFF && btnVal == BTN_ON) {
    delay(20);                    // 디바운스
    ledVal = !ledVal;             // LED의 ON/OFF 바꿈
```

```
027     digitalWrite(LED_BUILTIN,ledVal);
028   }
029   SVbtnVal = btnVal;                      // 버튼 값 보관
030 }
```

❶ **버튼 ON/OFF값 지정하기**(1~5행) : 1행에서와 같이 버튼은 관행적으로 D3(GPIO0)에 연결합니다. 이 버튼은 D3과 GND에 연결되어 있으므로 내부 풀업 방식으로 사용해야 합니다. 내부 풀업 방식에서는 버튼을 눌러서 회로가 연결되면 핀에 LOW값이 읽힙니다. 그래서 4행과 5행에서 BTN_ON과 BTN_OFF는 각각 LOW와 HIGH로 지정합니다.

❷ **버튼 눌림 테스트하기**(22~29행) : 버튼 눌림을 처리하는 전형적인 루틴입니다. 26~27행은 버튼이 눌릴 때 할 일을 지정합니다.

예제 프로그램 2 : 인터럽트

다음은 버튼을 누른 횟수를 세어 5초 간격으로 출력해주는 프로그램입니다. 5초 동안에 버튼을 한 번 누르면 1이 출력되어야 하지만, 바운스 때문에 더 큰 수가 출력되는 경우가 생기기도 합니다.

프로그램 14-3 interrupt-btn

```
#define BTN_PIN  0 // D3

// ISR에서 사용되는 변수는 volatile로 선언합니다
volatile int cnt = 0;

// ISR 이름 앞에는 ICACHE_RAM_ATTR을 붙여서
// 항상 RAM에서 대기하도록 합니다.
void ICACHE_RAM_ATTR btnCntISR() {
  cnt++;
}

void setup() {
  Serial.begin(115200);
  Serial.println();
  pinMode(BTN_PIN,INPUT_PULLUP);
  attachInterrupt(digitalPinToInterrupt(BTN_PIN),
                  btnCntISR,FALLING);
}

```

❶ volatile로 선언하기

❷ ISR 만들기

❸ 인터럽트 활성화하기

```
020 void loop() {
021   static unsigned long nextMil = millis() + 5000;
022   if (millis() > nextMil) {
023     nextMil = millis() + 5000;
024     noInterrupts();   // interrupt 중지
025     int newCnt = cnt; // 임시 변수로 옮겨둡니다
026     cnt = 0;          // 초기화
027     interrupts();     // interrupt 재개
028     Serial.printf("btn cnt=%d\n",newCnt);
029   }
030 }
```

❹ 인터럽트 결과 활용하기 (023~028행)

실행 결과

```
btn cnt=1
btn cnt=2
btn cnt=5
btn cnt=2
btn cnt=1
```

❶ **volatile로 선언하기**(3~4행) : ISR 안에서 사용되는 변수는 4행과 같이 volatile 속성을 붙여서 선언해야 합니다.

프로그램 실행 중에 변수의 값이 변경되면 메모리에 즉시 반영하지 않고 임시 영역에 보관하고 있다가 나중에 반영되는 경우가 있습니다. 이는 프로그램의 실행 속도를 올리기 위한 방법인데 일반적인 프로그램에서는 전혀 문제가 되지 않습니다. 그러나 ISR의 경우는 프로그램의 실행을 갑자기 중지시키고 독자적으로 실행되므로 최신 값이 반영되지 못한 메모리를 읽을 수도 있습니다. 이런 경우에 값의 불일치가 생기게 됩니다. volatile이 붙은 변수는 값이 바뀔 때마다 즉시 메모리에 값이 반영됩니다. 그래서 값의 불일치가 생기지 않습니다.

❷ **ISR 만들기**(6~10행) : ISR은 특수한 함수입니다. 값을 돌려줄 수도 없고 인수를 지정할 수도 없습니다. 항상 메모리에 상주하고 있어야 하는 함수이므로 이름 앞에 8~10행과 같이 ICACHE_RAM_ATTR을 붙여야 합니다.

ISR을 만들 때 주의해야 할 점은 다음과 같습니다.

- 가능한 간결하게 만듭니다. 주로 카운트 값을 증가시키는 명령어를 둡니다.
- Serial.print()와 같이 외부 환경에 영향을 받는 명령어를 사용하면 안 됩니다.
- millis()의 값은 ISR이 실행되는 동안 증가하지 않으므로 millis()를 사용할 때 조심해야 합니다.

❸ **인터럽트 활성화하기**(16~17행) : `attachInterrupt()`의 인수로는 `digitalPinToInterrupt(핀 번호)`로 변환한 인터럽트 번호, ISR 함수 이름, 동작 방식을 지정하면 됩니다. 동작 방식은 핀의 상태 변화를 기준으로 **FALLING**(HIGH → LOW), **RISING**(LOW → HIGH), **CHANGE**((HIGH → LOW, LOW → HIGH) 중에서 선택하면 됩니다.

아두이노 우노에서는 디지털 핀 D2, D3에만 인터럽트를 활성화할 수 있습니다. 반면에 ESP8266에서는 GPIO16(D1 mini의 D0) 핀을 제외한 모든 디지털 핀에 인터럽트를 활성화할 수 있습니다.

❹ **인터럽트 결과 활용하기**(23~28행) : 인터럽트의 결과를 활용하기 위해서는 먼저 `noInterrupts()` 함수를 실행하여 추가적인 인터럽트가 발생하지 않도록 해야 합니다. 그리고 ISR에서 갱신된 값을 임시 변수에 옮기고 값을 초기화합니다. `interrupts()` 함수를 실행하여 인터럽트를 다시 활성화한 뒤 임시 변수의 값을 사용하여 필요한 루틴을 수행하면 됩니다.

여기서 잠깐 **전압 분배 회로**

D1 mini의 핀은 3.3V까지 읽을 수 있습니다. 그보다 높은 전압이 핀에 걸리면 핀이나 보드가 고장 날 수 있습니다. 그래서 D1 mini의 핀에 걸리는 전압이 최대 3.3V가 넘지 않도록 회로를 추가해야 하는 경우도 있습니다. 이때 두 개의 저항을 이용하여 전압을 낮추는 회로를 전압 분배 회로라고 합니다.

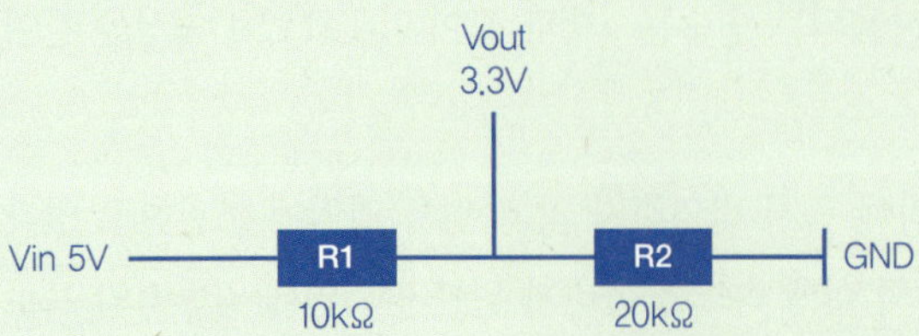

[그림 14-8] 전압 분배 회로

[그림 14-8]과 같이 Vin(입력 측)에 5V를 걸면 Vout(출력 측)에는 3.3V의 전압이 출력됩니다. 그 계산식은 다음과 같습니다.

$$Vout = Vin\frac{R2}{R1+R2}$$

$$Vin\frac{R2}{R1+R2} = 5 \times \frac{20}{10+20} = 3.3$$

저항 R2의 값을 작게 하면 더 높은 전압을 3.3V로 바꿀 수 있습니다.

전압 분배 회로에는 값이 큰 저항이 사용되므로 출력되는 전류의 양은 미세합니다. 이 회로는 신호로 사용되는 전압을 낮추는 용도로만 사용해야 합니다. 따라서 USB로 입력된 5V 전원을 3.3V로 낮추어서 다른 부품에 공급하고 싶으면 별도의 전압 강화 모듈을 사용해야 합니다.

SECTION 05

아날로그 출력

ESP8266에서는 핀에 0V 또는 3.3V만 출력할 수 있으며, 0V와 3.3V 사이의 전압을 임의로 정하여 아날로그 방식으로 출력할 수는 없습니다. 그러나 다음에 소개하는 PWM 기법을 사용하면 디지털 핀으로 출력 전압을 조절하는 효과를 낼 수 있습니다. 이러한 '디지털 핀의 PWM 출력'을 아두이노에서는 일반적으로 '아날로그 출력'이라고 표현합니다.

01 | 디지털 핀의 PWM 출력

LED의 밝기를 조절하고 싶으면 어떻게 하면 될까요? 전류나 전압을 조정하지 않고 LED를 어둡게 조절하고 싶으면, 사람이 인식하지 못할 정도의 빠른 속도로 LED의 ON/OFF를 반복하면 됩니다.

이와 같이 아주 짧은 시간 동안 ON/OFF를 반복하여 아날로그와 유사하게 출력값을 조절하는 방법을 PWM(진폭변조, Pulse Width Modulation)이라고 합니다. 이때 ON되는 시간(폭, Width)의 비율에 따라 출력 전압을 조절하는 효과를 낼 수 있습니다.

듀티 사이클

PWM에서 핀의 신호가 ON되는 비율을 듀티 사이클(Duty Cycle)이라고 합니다. 다음은 듀티 사이클의 예시입니다.

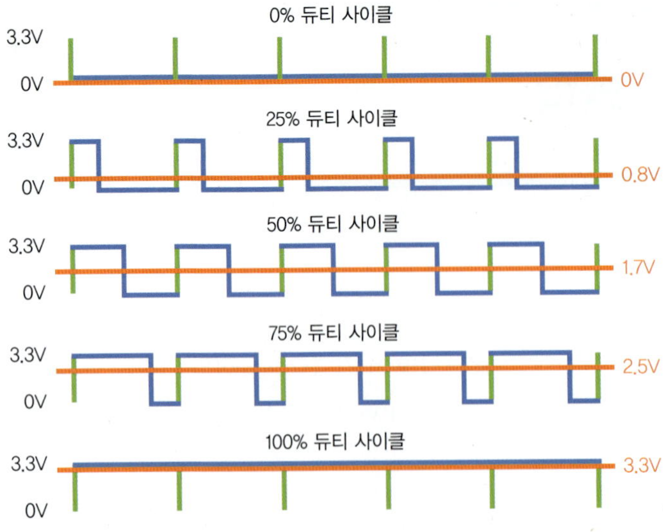

[그림 14-9] PWM 듀티 사이클

[그림 14-9]에서 붉은 가로선은 PWM 듀티 사이클에 대응하는 전압을 나타냅니다. 예를 들어 75% 듀티 사이클이면 2.5V(=3.3×0.75)를 출력하는 효과가 나옵니다.

02 | 예제 프로그램

다음은 LED를 끈 다음 점점 밝게 만들기를 반복하는 프로그램입니다.

프로그램 14-4 analogWrite-led

```
#define LED_PIN LED_BUILTIN // current sinking

void setup() {
  pinMode(LED_PIN,OUTPUT);
}

void loop() {
  for (int i = 0; i <= 100; i++) {
    //int v = map(i,0,100,0,1023); // 어두워짐
    int v = map(i,0,100,1023,0);   // 밝아짐
    analogWrite(LED_PIN,v);
    delay(50);
  }
}
```

❶ 버튼 핀 지정하기
❷ 핀 모드 지정하기
❸ LED를 점점 밝게 하기

❶ **버튼 핀 지정하기**(1행) : 버튼의 핀을 지정합니다.

❷ **핀 모드 지정하기**(4행) : 출력 모드로 지정합니다.

❸ **LED를 점점 밝게 하기**(8~13행) : 출력값으로는 0에서 1023 사이의 정수를 지정합니다. ESP8266은 10비트(2^{10}=1024)의 해상도이므로 출력값으로 0에서 1023까지의 값을 지정하면 되고, 아두이노 우노는 8비트(2^8=256)의 해상도이므로 0에서 255까지의 값을 지정하면 됩니다.

```
analogWrite(핀 번호, 출력값);
```

출력값을 백분율로 지정하는 것이 직관적일 수 있습니다. 이런 경우에는 map() 함수를 사용하여 해상도 값을 백분율로 변환하면 됩니다.

```
변환된 값 = map(입력값, 입력 시작값, 입력 끝값, 변환 시작값, 변환 끝값);
```

예를 들어 75% 듀티 사이클을 지정하는 코드는 다음과 같습니다.

```
int v = map(75,0,100,0,1023);
analogWrite(LED_PIN,v);
```

변수 v에는 767(=1023×0.75)이 들어옵니다.

이렇게 지정한 출력값을 바탕으로 8~13행은 1% 단위로 50밀리초마다 밝기를 올립니다. LED_PIN이 전류 싱킹 방식으로 연결되어 있으므로 백분율로 된 듀티 사이클을 0에서 1023이 아니라 1023에서 0 사이의 값으로 바꿉니다.

SECTION 06

아날로그 입력

아날로그 핀은 전압을 읽어서 전압에 대응하는 값으로 알려줍니다. ESP8266의 아날로그 핀(A0)에는 ADC(Analog to Digital Converter)가 연결되어 있습니다. 이 ADC는 측정한 전압을 10비트(2^{10}=1024) 해상도로 알려줍니다. 즉 입력 전압이 0V이면 0을 돌려주고, 3.3V이면 1024를 돌려줍니다.

01 | 아날로그 핀에 퍼텐쇼미터 연결하기

퍼텐쇼미터(potentiometer)는 전압을 조절하여 출력할 수 있는 부품입니다. 내부에는 가변 저항이 들어 있어서 노브[1]를 돌리면 저항이 바뀌어 출력되는 전압도 바뀝니다. 이 부품을 D1 mini에 연결하면 입력 전압을 0V에서 3.3V 사이에서 조절할 수 있습니다.

퍼텐쇼미터는 디바이스에 특정한 값을 입력할 수 있는 좋은 장치입니다.

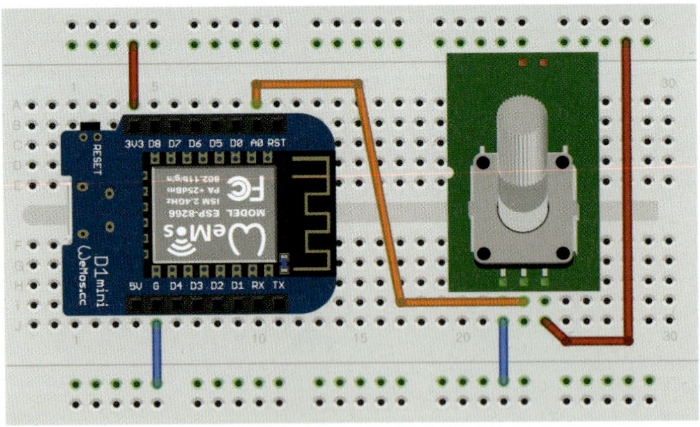

[그림 14-10] 아날로그 핀에 연결된 퍼텐쇼미터

1 시계 방향이나 반시계 방향으로 돌려 값을 조절하는 둥근 모양의 손잡이를 말합니다.

02 | 예제 프로그램

다음은 [그림 14-10]과 같이 연결된 퍼텐쇼미터의 값을 읽어서 그 값과 전압을 1초 간격으로 시리얼 모니터에 출력하는 프로그램입니다. 또한 그 값의 간격에 따라 LED를 ON/OFF합니다. 퍼텐쇼미터의 노브를 돌려보면서 시리얼 모니터로 출력되는 내용과 LED의 점멸 간격을 살펴봅시다.

프로그램 14-5 potentiometer

```
#define POT_PIN A0
#define LED_PIN LED_BUILTIN

#define LED_ON  LOW
#define LED_OFF HIGH

#define HIGH_VOLTAGE 3.3
#define RESOLUTION 1024

void setup() {
  Serial.begin(115200);
  Serial.println();
  pinMode(LED_PIN,OUTPUT);
}

void loop() {
  int val = analogRead(POT_PIN);

  // 읽은 값과 전압을 1초 간격으로 출력
  static unsigned long nextPrintMil = millis() + 1000;
  if ( millis() > nextPrintMil) {
    nextPrintMil = millis() + 1000;
    float vol = val * HIGH_VOLTAGE / RESOLUTION;
    Serial.printf("val=%d,vol=%.1f\n",val,vol);
  }

  // val 간격 만큼 ON/OFF
  static int ledVal = LED_OFF;
  static unsigned long nextLedMil = 0;
  if ( millis() > nextLedMil) {
    nextLedMil = millis() + val;
    ledVal = !ledVal;
    digitalWrite(LED_PIN,ledVal);
  }
}
```

실행 결과

```
val=1024,vol=3.3
val=938,vol=3.0
val=825,vol=2.7
val=618,vol=2.0
val=3,vol=0.0
```

아날로그 핀의 입력값을 구할 때는 analogRead() 함수를 사용합니다. pinMode()를 지정하지 않아도 됩니다.

```
읽은 값 = analogRead(핀 번호);
```

ESP8266의 경우 '핀 번호'는 항상 A0입니다. 이 함수를 사용하면 해당 핀에 걸리는 전압을 읽어서 0(0V)에서 1024(3.3V)까지의 값을 돌려줍니다.

analogRead()로 읽은 값은 전압으로 환산할 수 있습니다.

```
전압 = 읽은 값 * 최대 전압 / 해상도
```

다음은 아날로그 핀으로 읽은 값을 전압으로 바꾸는 코드의 일부입니다.

```
#define HIGH_VOLTAGE 3.3
#define RESOLUTION 1024
int val = analogRead(POT_PIN);
float vol = val * HIGH_VOLTAGE / RESOLUTION;
```

CHAPTER 14 연습문제

14.1 다음 그림을 보고 올바른 답을 선택하세요.

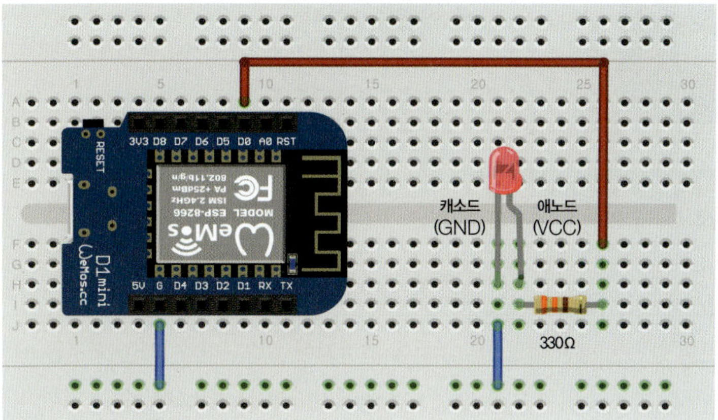

[그림 14-11] 연습문제 1

> 핀 D0에 **(①HIGH, ②LOW)**값을 출력하면 LED의 애노드와 캐소드에 0V가 걸리게 되어 전류가 흐르지 않게 되므로 LED는 꺼집니다. 핀 D0에 **(①HIGH, ②LOW)**값을 출력하면 애노드에는 3.3V가 걸리고 캐소드에는 0V가 걸리게 되어 전류는 애노드에서 캐소드로 흐르게 되므로 LED가 켜집니다.

14.2 다음 그림을 보고 올바른 답을 선택하고, 밑줄 친 부분에 들어갈 적절한 말을 채우세요.

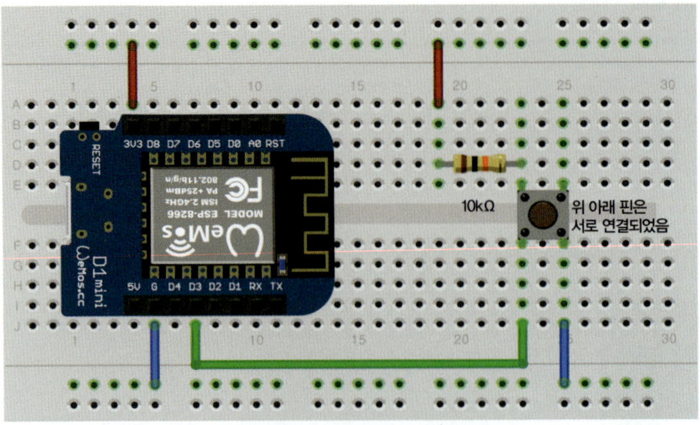

[그림 14-12] 연습문제 2

[그림 14-12]에서 버튼의 한쪽 핀에는 10kΩ의 저항이 연결되어 있습니다. 이러한 회로를 **(①풀업, ②풀다운)** 회로라고 합니다. 버튼이 열려 있을 때는 D3 핀에 **(①HIGH, ②LOW)**값이 읽히고, 버튼이 닫혀 있을 때는 D3 핀에 **(①HIGH, ②LOW)**값이 읽힙니다.

앞의 그림에서 10kΩ 저항을 제거하여 버튼만 남긴 후 마이크로컨트롤러에 내장된 풀업 회로를 활성화하는 것이 일반적입니다. 이때 핀 모드는 다음과 같이 지정합니다.

```
pinMode(D3,__________);
```

CHAPTER

15

릴레이 제어하기

학습목표

- 릴레이 모듈의 사용법을 이해합니다.
- 릴레이 제어를 하는 Node-RED 대시보드를 만들어봅니다.
- 릴레이 제어용 추가 타이머 노드의 사용법을 익힙니다.

이 장의 실습 준비물

본문에서 제시합니다.

PREVIEW

전원 제어는 IoT 시스템에서 주요한 기능입니다. 이러한 전원 제어 기능을 수행하는 엑추에이터는 릴레이입니다. 이 장에서는 릴레이를 제어하는 디바이스 프로그램을 만들고, 이 디바이스에 대응하는 Node-RED 플로우를 작성합니다.

릴레이를 제어하는 다양한 Node-RED 노드가 있음을 이해하고, 그 중에서 하나의 노드를 설치해 Node-RED 플로우에 추가하여 릴레이를 세밀하게 제어하는 방법을 실습해보겠습니다.

SECTION 01

회로 구성하기

이 장에서는 디바이스에 릴레이를 연결한 후, 디바이스의 버튼을 눌러 릴레이를 ON/OFF하거나 MQTT 서버에 연결된 대시보드에서 릴레이를 조작하는 실습을 합니다.

01 | 브레드보드를 이용한 구성

브레드보드를 사용하여 릴레이 제어를 위한 회로를 다음과 같이 구성할 수 있습니다.

[그림 15-1] 브레드보드를 이용한 구성

[표 15-1] 브레드보드를 사용할 때의 소요 부품

부품 이름	수량	용도	핀 번호
D1 mini (pro)	1	제어용 마이크로컨트롤러	
브레드보드	1	기판	
버튼	1	입력	D3
듀폰 케이블(M–M)	약간	부품 연결	
5V 릴레이 모듈	1	전원 제어	D1

02 | 실드를 이용한 구성

실드를 사용하면 다음 그림과 같이 구성할 수 있습니다.

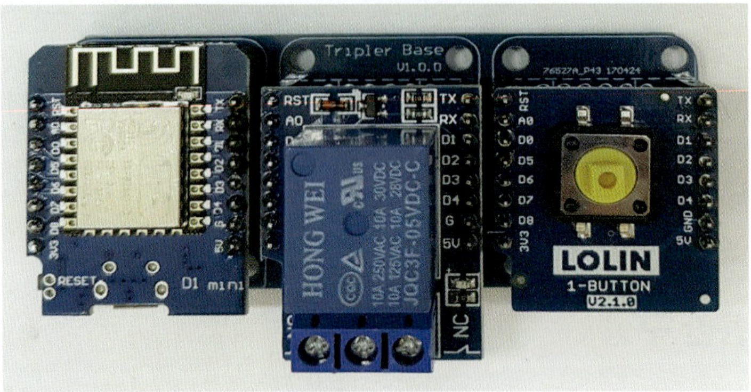

[그림 15-2] 실드를 이용한 구성

[표 15-2] 실드를 사용할 때의 소요 부품

부품 이름	수량	용도	핀 번호
D1 mini (pro)	1	제어용 마이크로컨트롤러	
트리플 실드	1	기반 실드	
버튼 실드	1	입력 장치	D3
릴레이 실드	1	전원 제어	D1

03 | 릴레이 모듈 사용법

릴레이 모듈은 물리적인 접점을 가진 전자기식(Electromagnetic) 스위치입니다. 이런 류의 릴레이 소자 안에는 전자석이 있어서 전류가 흐르면 접점이 움직여 ON 상태가 됩니다. 실제로 릴레이 모듈을 작동하면 '딸깍' 하는 소리가 들립니다. 물리적으로 회로가 구성되는 방식이므로 직류나 교류 모두에 적용할 수 있습니다.

[그림 15-3]의 모듈은 5V를 구동 전력으로 사용하고, 제어 신호는 3.3V 또는 5V를 사용합니다. 여기서는 D1 mini의 핀에서 나오는 3.3V를 제어 신호로 사용합니다. 핀에서 HIGH 신호가 나오면 릴레이가 활성화되어 켜지고, LOW 신호가 나오면 꺼집니다. 그러나 전류 싱킹 모드로 만들어진 모듈의 경우 LOW 신호에서 릴레이가 작동되므로 주의해야 합니다.

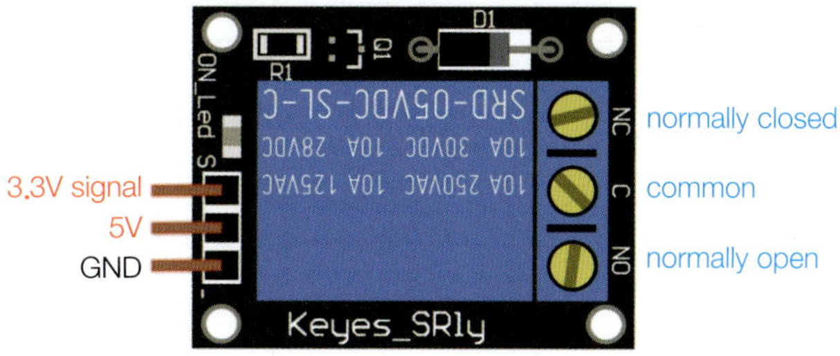

[그림 15-3] 릴레이 모듈

릴레이 모듈에는 세 개의 스크류 단자가 있는데 여기에 다루고자 하는 전원을 연결하면 됩니다. 세 개의 스크류 단자는 각각 **NO(평상 시 연결 안됨, normally open), C(공통, common), NC(평상 시 연결됨, normally closed)**라는 이름을 갖고 있습니다.

통제하고자 하는 외부 전원을 연결할 때는 가운데에 있는 C 단자는 공통으로 사용하고 NO 또는 NC는 선택적으로 사용하면 됩니다. 특별한 이유가 없으면 C와 NO를 사용하면 됩니다.

릴레이를 켜지 않은 보통의 상태에서는 NO 단자와 C 단자 사이에는 전류가 흐르지 않지만, C 단자와 NC 단자 사이에는 전류가 흐릅니다. 릴레이를 켜면 NO 단자와 C 단자 사이에 전류가 흐르고, C 단자와 NC 단자 사이에는 전류가 흐르지 않습니다.

릴레이로 높은 전압을 다룰 때는 감전의 위험이 있으므로 주의해야 합니다. 릴레이를 테스트할 때는 220V 교류 전원보다는 12V 내외의 직류를 사용하는 것이 안전합니다.

여기서 잠깐 **회로의 open과 closed**

전류의 접점 연결을 설명할 때, **open**은 회선의 접점이 열려 있어서(연결되어 있지 않아서) 전류가 흐를 수 없는 경우이고, **closed**는 회선이 닫혀서(접속되어서) 전류가 흐를 수 있는 상태를 말합니다. 회로를 문과 벽이라고 생각하면 됩니다.

SECTION 02

아두이노 프로그램 만들기

이 프로그램에서는 버튼을 누르면 릴레이가 토글되고, 릴레이의 작동 상태가 토픽 relay로 MQTT 브로커에 전송됩니다. MQTT 브로커에서 수신된 토픽 relay의 페이로드에 따라 릴레이를 ON/OFF하고 그 릴레이의 상태를 토픽 relay-r로 브로커에 전송합니다. 시리얼 모니터에서도 값을 입력하여 MQTT 브로커에 토픽 relay와 페이로드를 전송할 수 있습니다.

또한 이 프로그램의 설정 정보는 시리얼 모니터에서 수정할 수 있습니다.

프로그램 15-1 relay-btn-led

```
// pin
#define LED_PIN   LED_BUILTIN
#define RELAY_PIN D1
#define BTN_PIN   D3

// TOPIC
#define PREFIX          "room/"
#define TOPIC_RELAY     "relay"
#define TOPIC_RELAY_R   "relay-r"

#include <AimInput.h>
#include <AimOutput.h>
#include <AimSerial.h>

#include <myConfig.h>
#include <AimMqtt.h>

AimInput  btn(BTN_PIN,LOW,INPUT_PULLUP);
AimOutput led(LED_PIN,LOW);
AimOutput relay(RELAY_PIN,HIGH);
AimSerial mySerial;
AimMqtt   mqtt;

void setup() {
  Serial.begin(115200);
  Serial.println();
```

```
  mySerial.begin(mySerialCallback);
  mqtt.configHelp();
  mqtt.begin(myMqttSub,myMqttCallback);
}

void loop() {
  mqtt.run();
  mySerial.run();
  led.run();
  relay.run();
  btn.run();
  if (btn.pressed()) {
    relay.toggle();
    mqtt.pub(TOPIC_RELAY,relay.status("ON","OFF"));
  }
}

// MQTT 접속 직후 수행
void myMqttSub() {
  mqtt.sub(TOPIC_RELAY,1);
}

// 구독한 토픽이 수신되면 수행됨
void myMqttCallback(const String& topic,const String& payload){
  if (topic == TOPIC_RELAY) {
    relay.set(payload);
    led.set(relay.status());
    mqtt.pub(TOPIC_RELAY_R,relay.status("ON","OFF"));
  }
}

// 'relay 1' 또는 'relay 0' 입력
void mySerialCallback(const String& key,const String& val) {
  if (key == TOPIC_RELAY) {
    mqtt.pub(TOPIC_RELAY, val == "1" ? "ON" : "OFF", true);
  }
  mqtt.configSerial(key,val);
}
```

프로그램 설명

❶ **7행** : PREFIX를 'room/'이라고 지정합니다. 이렇게 지정하면 이 프로그램에서 사용되는 모든 토픽은 MQTT 브로커와 송수신될 때 앞에 'room/'이 붙어서 처리됩니다. 즉 relay와 relay–r은 각각 room/relay와 room/relay–r로 처리됩니다. 프로그램의 로직을 다룰 때에는 PREFIX를 신경 쓸 필요가 없지만 Node–RED에서 이러한 토픽을 다룰 때에는 PREFIX를 붙여서 처리해야 합니다. PREFIX는 생략해도 되지만, PREFIX를 달리해서 같은 로직을 가진 여러 디바이스를 구분하면 편리합니다.

❷ **8~9행** : 토픽을 정의합니다. 정의된 토픽과 사용되는 페이로드는 다음과 같습니다.

[표 15–1] 토픽과 페이로드

토픽	페이로드	구독/발행	용도
relay	ON OFF	구독(subscribe) 발행(publish)	릴레이를 ON/OFF함
relay–r	ON OFF	발행(publish)	릴레이를 조작 후 상태를 보고함

❸ **28행** : 시리얼 모니터에 설정 정보를 수정할 수 있는 명령어가 안내 형식으로 출력되도록 합니다.

❹ **29행** : MQTT 브로커와 통신하는 데 필요한 두 개의 함수를 지정합니다. 이름을 달리해도 되지만 여기서는 `myMqttSub`과 `myMqttCallback`이라는 이름을 사용했습니다. 이 두 개의 함수는 아래에 만들어져야 합니다.

❺ **33행** : `mqtt.run()`은 함수 `loop()` 안에 항상 실행되는 위치에 두기만 하면 됩니다.

❻ **38~41행** : 버튼이 눌려질 때마다 릴레이를 토글하고, 릴레이 상태를 토픽 relay로 발행합니다. 이때 `relay.status()`는 ON이면 1, OFF이면 0이지만 MQTT 브로커에 보낼 때는 `relay.status("ON","OFF")`를 이용하여 'ON' 또는 'OFF'라는 스트링으로 보냅니다. 그래서 Node–RED에서 토픽 relay를 다룰 때에는 페이로드가 'ON' 또는 'OFF'가 되므로 주의해야 합니다.

❼ **45~47행** : MQTT 브로커에 접속될 때마다 실행되는 함수를 나타냅니다. 여기서는 토픽 relay를 QoS 1로 해서 구독 신청하고 있습니다.

❽ **50~56행** : 새로운 토픽이 수신될 때마다 실행되는 함수를 나타내고 있습니다. 이 함수는 모든 수신 토픽에 대하여 공통으로 사용됩니다. 그래서 수신된 토픽을 구분하여 각각의 처리 로직을 구현해야 합니다. 여기서는 페이로드('ON' 또는 'OFF')에 따라 릴레이를 작동하고 같은 상태로 LED도 설정합니다. 그리고 토픽 relay–r로 릴레이의 상태를 발행합니다.

❾ **61행** : 'relay 1'이나 'relay 0'이 입력되면, 토픽 relay에 페이로드를 'ON' 또는 'OFF'로 해서 발행합니다. 1이나 0을 'ON'이나 'OFF'로 바꾸는 것은 상항 연산자 `val == "1" ? "ON" : "OFF"`를 사용합니다.

❿ **63행** : 시리얼 모니터에서 입력한 키/값 쌍을 이용하여 설정 정보를 SPIFFS에 보관하여 사용하게 합니다. 디바이스가 다시 시작되면 변경된 설정 정보가 적용됩니다.

실행 결과

시리얼 모니터에 'help'를 입력하면 사용법이 출력됩니다. 'disp'를 입력하면 설정 정보가 출력됩니다.

'relay 1'이나 'relay 0'을 입력하면 메시지가 브로커로 전송됩니다. 이 메시지가 수신되어 릴레이가 제대로 작동하는지 테스트할 수 있습니다.

버튼을 한 번 눌러 릴레이를 ON하고, 시리얼 모니터에서 'relay 0'을 입력하여 릴레이를 OFF합니다. 다시 'prefix room2/'를 입력하여 PREFIX를 'room2/'로 바꿉니다.

추가로 'disp'를 입력하면 설정 정보 전체를 볼 수 있습니다. 다시 'prefix room/'을 입력하여 PREFIX를 'room/'으로 돌려 놓으시기 바랍니다.

실행 결과

```
-----
Input > 'key val' for new config
  Valid keys are as follows.
    prefix
    ssid1, pass1, ssid2, pass2, ssid3, pass3
    server,port,  fp
    user,  pass,  device

Input > 'disp' to display config list
Input > 'restart' to restart
Input > 'help' for help
-----

Connecting to [my-ssid1],[my-ssid2],[my-ssid3]
.....
Connected to [my-ssid2],IP=192.168.43.29
Attempting MQTT connection...
device=[ESP-4C:11:AE:0C:A6:66]
SERVER=[192.168.35.200],PORT=1883
MQTT connected
```

```
-----
SUB: [room/relay],QoS=1
RCV> [room/relay],[OFF]
PUB: [room/relay-r],[OFF]
PUB: [room/relay],[ON]
RCV> [room/relay],[ON]
PUB: [room/relay-r],[ON]
INP> key=[relay],val=[0]
PUB: [room/relay],[OFF]
RCV> [room/relay],[OFF]
PUB: [room/relay-r],[OFF]
INP> key=[prefix],val=[room2/]
New PREFIX > [room2/]
```

SECTION 03

대시보드 만들기

01 | 플로우 만들기

1 명령 프롬프트를 사용하여 PC에 설치된 Node-RED를 먼저 실행합니다.

2 브라우저에 `localhost:1880`을 입력합니다. 별도로 설치된 MQTT 브로커나 클라우드 MQTT 서비스를 이용하는 경우에는 'localhost' 대신 URL이나 IP 주소를 입력합니다. 이후에도 localhost가 나오는 부분은 상황에 따라 URL이나 IP 주소를 사용하면 됩니다.

3 편집 화면이 나오면 상단 탭의 우측에 있는 **[+]** 버튼을 눌러 새로운 플로우 탭을 만듭니다.

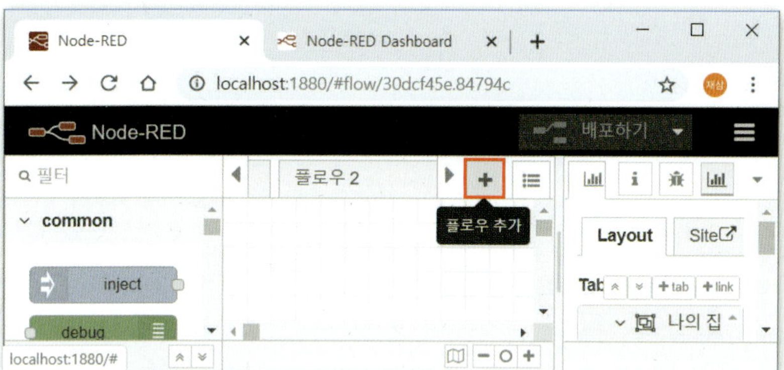

[그림 15-4] 플로우 추가하기

4 이 탭을 더블 클릭하면 플로우 탭의 이름을 수정할 수 있는 화면이 나옵니다. 이름을 '나의 집'으로 지정하고 **[완료]** 버튼을 눌러 플로우 탭으로 다시 돌아옵니다.

[그림 15-5] 플로우 이름 수정하기

5 팔레트 network에서는 mqtt in과 mqtt out 노드를 끌어오고, 팔레트 dashboard에서는 switch를 끌어와서 와이어로 다음과 같이 연결합니다.

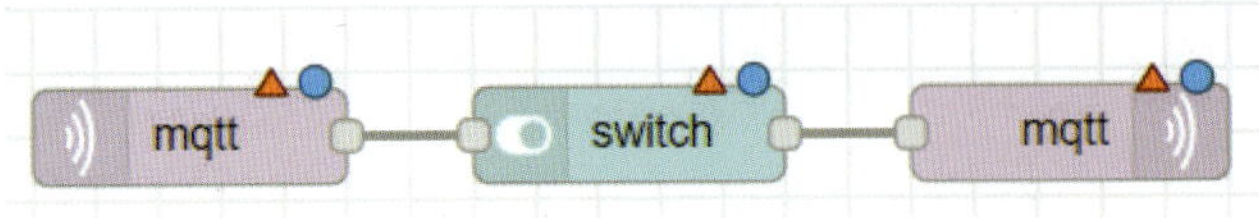

[그림 15-6] 노드 끌어와서 연결하기

02 | 노드 설정하기

mqtt in 노드 설정하기

플로우에서 mqtt in 노드를 더블 클릭하면 다음 화면이 나옵니다. 여기서 서버는 미리 설정해 둔 localhost를 선택하고, 토픽은 room/relay-r로 설정합니다.

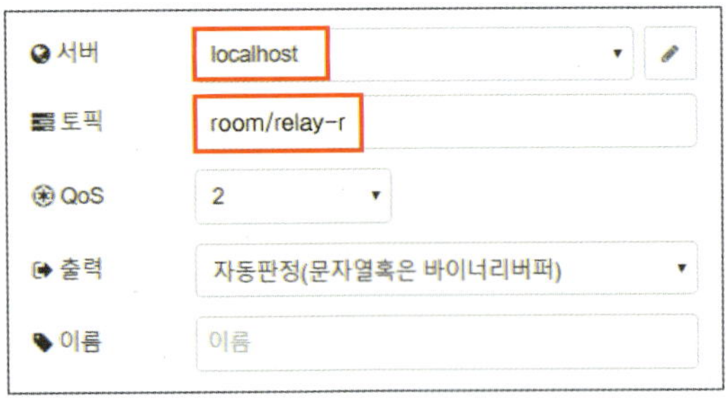

[그림 15-7] mqtt in 노드 수정하기

switch 대시보드 노드 설정하기

플로우에서 switch 대시보드 노드를 더블 클릭하면 [그림 15-8]과 같은 화면이 나옵니다. 'Pass through msg if payload matches new state'을 **선택 해제**하고, 표시하기(Indicator)는 'Switch icon state of the input'을 선택하면 됩니다.

On Payload는 문자열(az)을 선택한 후 ON을 입력하고, Off Payload는 OFF를 입력합니다. 이어서 **[완료]**를 누릅니다.

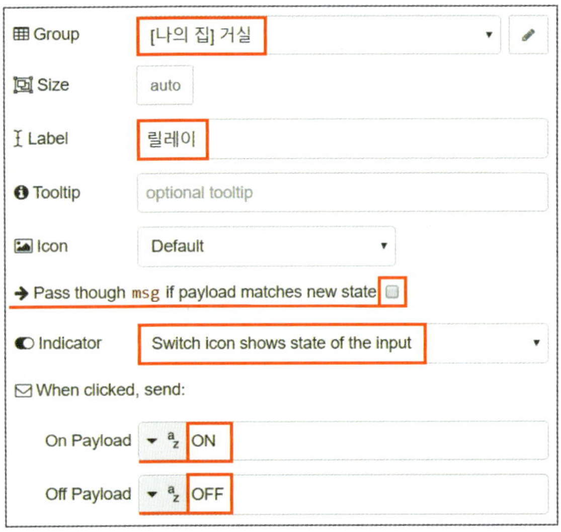

[그림 15-8] switch 대시보드 노드 수정하기

mqtt out 노드 설정하기

플로우에서 mqtt out 노드를 더블 클릭하면 다음 화면이 나옵니다. relay의 경우 디바이스의 상태와 일치시키는 것이 중요하므로 **'보존한다(retained)'**를 선택하는 것이 좋습니다.

[그림 15-9] mqtt out 노드 수정하기

03 | 완성된 플로우

switch 노드에서 릴레이를 제어하기 위해서 입력 토픽과 출력 토픽을 각각 room/relay-r과 room/relay로 지정했습니다.

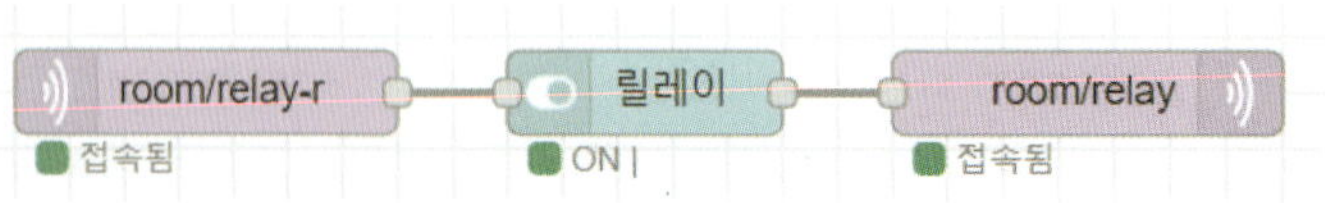

[그림 15-10] 완성된 플로우 [flows-relay-btn-led.json]

[메뉴 ☰]-[내보내기]-[현재 플로우]-[다운로드]를 실행하면 .json 형식의 파일로 다운로드할 수 있습니다.

04 | 완성된 대시보드

[배포하기]를 누르고 브라우저에서 `localhost:1880/ui`를 입력하면 대시보드를 확인할 수 있습니다.

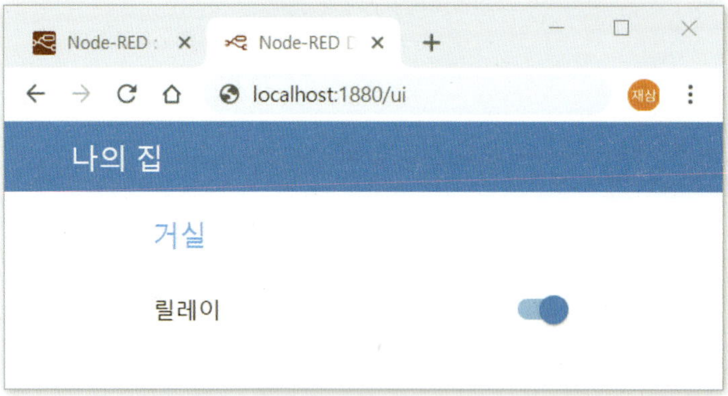

[그림 15-11] 완성된 대시보드

대시보드에서 릴레이 버튼을 눌렀을 때 응답이 'ON' 또는 'OFF'으로 바뀌고, 연결된 디바이스의 릴레이와 LED도 대시보드의 버튼에 대응하여 ON/OFF되면 제대로 된 것입니다.

CHAPTER 15 연습문제

15.1 다음의 조건에 따라 새로운 플로우를 만들고, 완성된 JSON을 보관하세요.

조건

- ON/OFF 시간을 제어하는 Node-RED 노드인 Node-RED-contrib-timerswitch를 설치하세요.
- [그림 15-10]의 플로우에 [그림 15-12]와 같이 timerswitch 노드를 추가하세요.

[그림 15-12] timerswitch 노드가 추가된 플로우 [flows-timerswitch-exam.json]

- timerswitch의 설정 화면에 들어가서, 05:30:00에 릴레이를 ON하고 06:00:00에 OFF하는 스케줄과 18:00:00에 릴레이를 ON하고 22:30:00에 OFF하는 스케줄을 작성하세요.
- 완성된 플로우를 flows-timerswitch-answer.json 파일로 저장하세요.

CHAPTER

16

온습도 모니터링하기

학습목표

- DHT22 센서를 주기적으로 읽고 MQTT 브로커로 전송하는 방법을 이해합니다.
- OLED에 문자와 숫자를 표시하는 방법을 익힙니다.
- OLED에 여러 화면 정보를 번갈아 표시하는 방법을 익힙니다.

이 장의 실습 준비물

본문에서 제시합니다.

PREVIEW

온습도 정보는 가장 기초적인 환경 정보입니다. 여기서는 온습도 센서인 DHT22를 연결하여, 주기적으로 정보를 수집한 후 MQTT 브로커에 전송하는 방법을 익힙니다.

OLED는 한글이나 이미지까지 표현할 수 있는 훌륭한 디스플레이입니다. 여기서는 온습도 데이터를 OLED에 번갈아 표시하도록 합니다.

SECTION 01

회로 구성하기

이 장에서는 보드에 연결된 온습도 센서의 값을 주기적으로 읽어서 MQTT 브로커에 전송하고, OLED에 온도와 습도를 번갈아 표시하는 프로그램을 만들어봅니다. Node-RED 대시보드에는 온습도의 값과 추이를 표시합니다.

01 | 브레드보드를 이용한 구성

브레드보드를 사용하여 온습도 모니터링을 위한 회로를 구성하면 다음 그림과 같습니다.

[그림 16-1] 브레드보드를 이용한 구성

[표 16-1] 브레드보드를 사용할 때의 소요 부품

부품 이름	수량	용도	핀 번호
D1 mini (pro)	1	제어용 마이크로컨트롤러	
브레드보드	1	기판	
DHT22 센서	1	온습도 센서	D4(GPIO2)
OLED	1	데이터 표시	I2C
듀폰 케이블(M-M)	약간	부품 연결	
저항(10KΩ)	1	DHT22 데이터핀 풀업	

02 | 실드를 이용한 구성

실드를 사용하면 다음 그림과 같이 구성할 수 있습니다.

[그림 16-2] 실드를 이용한 구성

[표 16-2] 실드를 사용할 때의 소요 부품

부품 이름	수량	용도	핀 번호
D1 mini (pro)	1	제어용 마이크로컨트롤러	
트리플 또는 듀얼 실드	1	기반 실드	
DHT22 실드	1	온습도 수집	D4(GPIO2)
OLED 실드	1	데이터 표시	I2C

온습도 센서 DHT22 대신 DHT11, DHT12, DHT30 등을 사용할 수 있습니다. 그중에서 DHT12와 SHT30은 I2C 방식으로 연결됩니다.

DHT22 센서 실드가 오류를 일으키는 경우가 있습니다. 이 경우 데이터 핀을 변경하여 오류를 피할 수 있습니다. 핀을 변경하는 자세한 방법은 다음 링크에 설명되어 있습니다.

- https://iotmaker.kr/iotbook-fix-dht22-shield

SECTION 02 아두이노 프로그램 만들기

다음은 온습도 센서에서 10초 간격으로 온도와 습도를 읽어서 토픽 temp와 hum으로 전송하고 3초 간격으로 OLED에 온도와 습도를 번갈아 표시하는 프로그램입니다.

프로그램 16-1 dht22-oled

```
// pin
#define DHT22_PIN    D4

// TOPIC
#define PREFIX        "room/"
#define TOPIC_TEMP    "temp"
#define TOPIC_HUM     "hum"

#include <AimTimer.h>
#include <myConfig.h>
#include <AimMqtt.h>

AimTimer timerTemp(10);
AimTimer timerHum(10);
AimTimer timerOled(3);
AimMqtt mqtt;

// Aims
#include <Aims_dht22.h>
#include <Aims_oled_shield.h>

Aims_dht22 dht(DHT22_PIN,DHT22);
Aims_oled  oled;

void setup() {
  Serial.begin(115200);
  Serial.println();
  mqtt.begin(myMqttSub,myMqttCallback);
}
```

```
void loop() {
  mqtt.run();

  if (timerTemp.isOn()) {
    mqtt.pub(TOPIC_TEMP,dht.getTemp(),1);
  }
  else if (timerHum.isOn()) {
    mqtt.pub(TOPIC_HUM,dht.getHum(),0);
  }

  if (timerOled.isOn()) {
    displayOled();
  }
}

void myMqttSub() {

}

void myMqttCallback(const String& topic, const String& payload) {

}

void displayOled() {
  const int cntMax = 2; // 스크린 수
  static int cnt = 0;   // 표시할 스크린
  cnt = ++cnt > cntMax ? 1 : cnt;
  switch(cnt) {
    case 1: oled.keyVal("온도",String(dht.temp(),1));
            break;
    case 2: oled.keyVal("습도",String(dht.hum(),0));
            break;
  }
}
```

프로그램 설명

❶ **5행** : PREFIX를 'room/'이라고 지정합니다. 이렇게 지정하면 이 프로그램에서 사용되는 모든 토픽은 MQTT 브로커와 송수신될 때 앞에 'room/'이 붙여서 처리됩니다.

❷ **6~7행** : 토픽을 정의합니다. 정의된 토픽과 사용되는 페이로드는 다음과 같습니다.

[표 16-3] 토픽과 페이로드

토픽	페이로드	구독/발행	용도
temp	nn.n	발행(publish)	센서에서 읽은 온도를 소수점 1자리로 표시함
hum	nn	발행(publish)	센서에서 읽은 습도를 소수점 0자리로 표시함

❸ **19~20행** : 19행에서는 DHT22 온습도 센서를 위한 스니펫을 포함하고, 20행에서는 OLED를 위한 스니펫을 포함합니다. OLED는 제품에 따라 별도의 스니펫을 제공합니다.

웹 페이지 **스니펫 사용법**

- **온습도 센서용 스니펫 사용법**

온습도용 센서인 DHT22, DHT12, DHT11, SHT30과 온도 센서인 DS18B20의 사용법을 설명합니다.

`https://iotmaker.kr/iotbook-aims-temp-hum`

- **OLED용 스니펫 사용법**

OLED용 라이브러리 사용법과 관련 스니펫을 소개합니다.

`https://iotmaker.kr/iotbook-aims-oled`

❹ **22~23행** : 22행에서는 클래스 `Aims_dht22`의 오브젝트를 만듭니다. 첫 번째 인수는 핀 번호이고 두 번째 인수로는 미리 정의된 `DHT22`를 지정하면 되는데 실제 값은 22입니다. 23행에서는 클래스 `Aims_oled`의 오브젝트를 만듭니다.

❺ **28행** : MQTT 브로커와 통신하는 데 필요한 두 개의 함수를 지정합니다. 실제로 이 함수들이 하는 일이 없더라도 명령어는 비워서 만들어 둬야 합니다.

❻ **33~38행** : 34행에서는 온도를 읽어서 브로커에 전송합니다. 메소드 `dht.getTemp()`는 온도를 읽어서 돌려줍니다. 37행에서는 습도를 읽어서 브로커에 전송합니다. 메소드 `dht.getHum()`은 습도를 읽어서 돌려줍니다.

❼ **53~63행** : OLED에 값을 표시하기 위해 주기적으로 불리는 함수입니다. 이때 56행에서는 어떤 정보를 표시할지를 판단하기 위해 cnt의 값을 정합니다. 삼항 연산자에서는 먼저 ++cnt를 실행하여 cnt의 값을 1만큼 증가시킵니다. 그리고 그 값을 cntMax와 비교하여 그보다 크면 1을 돌려주고 그렇지 않으면 그대로 cnt를 돌려줍니다. 이 명령어는 다음의 여러 명령어와 같은 의미입니다.

```
cnt = cnt + 1;
if (cnt > cntMax) {
  cnt = 1;
}
```

58행은 OLED에 한글 제목 '온도'와 온도의 값을 표시하도록 합니다. 이때 dht.temp()는 최근에 dht.getTemp()를 이용하여 읽어 둔 값을 돌려줍니다. 60행은 OLED에 한글 제목 '습도'와 습도의 값을 표시하게 합니다. 이때 dht.hum()은 최근에 dht.getHum()을 이용하여 읽어 둔 값을 돌려줍니다.

OLED 출력 결과

[그림 16-3] OLED 출력 결과

여기서 잠깐 **DHT22 실드 전원 문제**

DHT22 실드를 사용할 때는 프로그램을 올린 후 USB 케이블을 뽑아서 전원을 끊었다 다시 연결해야 제대로 작동합니다. 이는 실드의 설계 오류로 보입니다. 이때 리셋을 누르면 안됩니다.

실행 결과

다음은 센서에서 온습도를 읽어서 MQTT 브로커로 전송하는 상황을 시리얼 모니터에 표시한 것입니다.

실행 결과

```
Connecting to [my-ssid1],[my-ssid2],[my-ssid3]
.....

Connected to [my-ssid2],IP=192.168.43.98
Attempting MQTT connection...
device=[ESP-4C:11:AE:0D:7D:32]
SERVER=[192.168.35.200],PORT=1883
MQTT connected
-----
PUB: [room/temp],[25.2]
PUB: [room/hum],[52]
PUB: [room/temp],[25.2]
PUB: [room/hum],[52]
```

SECTION 03

대시보드 만들기

01 | 플로우 만들기

1 PC에 설치된 Node-RED를 먼저 실행합니다.

2 브라우저에 `localhost:1880`을 입력합니다. 별도로 설치된 MQTT 브로커나 클라우드 MQTT 서비스를 이용하는 경우에는 'localhost' 대신 URL이나 IP 주소를 입력합니다.

3 편집 화면이 나오면 상단 탭의 우측에 있는 **[+]** 버튼을 눌러 새로운 플로우 탭을 만듭니다.

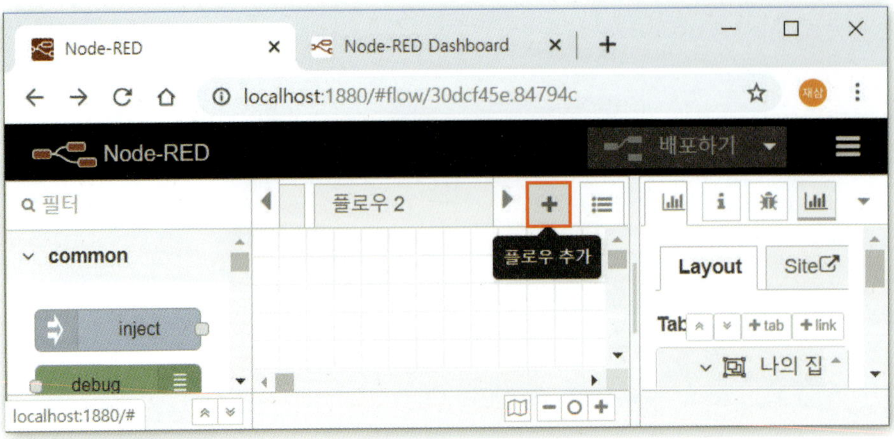

[그림 16-4] 플로우 추가하기

4 이 탭을 더블 클릭하면 플로우 탭의 이름을 수정할 수 있는 화면이 나옵니다. 이름을 'DHT22'으로 지정하고 **[완료]** 버튼을 눌러 플로우 탭으로 다시 돌아옵니다.

[그림 16-5] 플로우 이름 수정하기

5 [그림 16-6]과 같이 팔레트 network에서 mqtt in 노드를 끌어오고, 팔레트 dashboard에서 gauge 노드와 chart 노드를 끌어와서 와이어로 연결합니다.

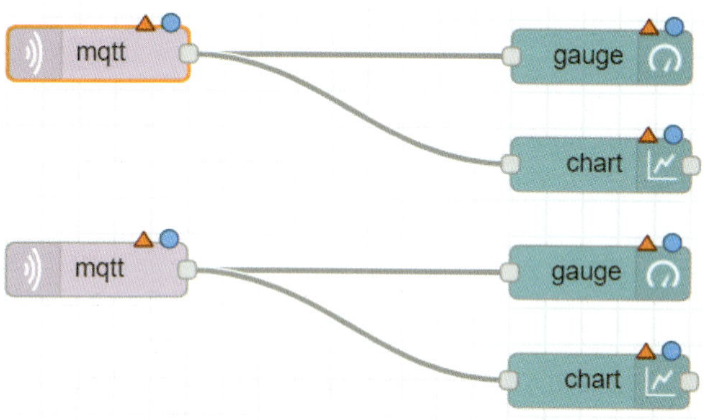

[그림 16-6] 노드 끌어와서 연결하기

02 | 노드 설정하기

mqtt in 노드 설정하기

플로우에서 mqtt in 노드를 더블 클릭하면 다음 화면이 나옵니다. 여기서 서버는 미리 설정해 둔 local host를 선택하고, 토픽은 room/temp로 설정합시다.

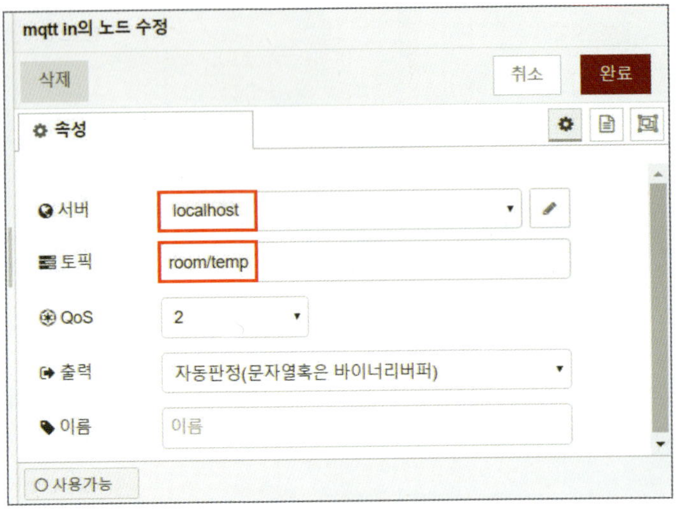

[그림 16-7] mqtt in 노드 수정하기

같은 방법으로 나머지 mqtt in 노드의 토픽을 room/hum으로 설정합시다.

새로운 ui_group 만들기

플로우에서 gauge 대시보드 노드를 더블 클릭하면 다음 화면이 나옵니다. 새로운 '온습도'라는 새로운 ui_group을 추가하기로 합시다. Group에서 ❶ 노드타입 추가를 선택하고 ❷ 편집 아이콘을 누릅니다.

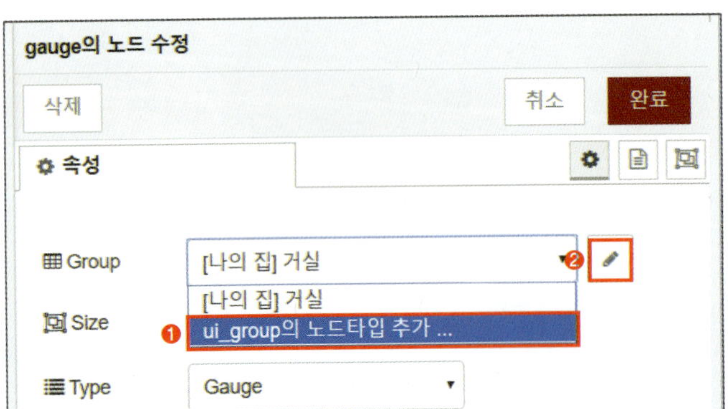

[그림 16-8] ui-group추가하기

탭은 원래 있던 '나의 집'이고 Group의 이름은 '온습도'입니다. 넓이는 gauge와 chart를 가로로 배열할 수 있도록 12로 선택한 뒤 **[추가]**를 누릅니다.

[그림 16-9] ui_group 추가하기

gauge 대시보드 노드 설정하기

gauge 대시보드 노드를 다음과 같이 설정하고 **[완료]**를 누릅니다.

[그림 16-10] 온도 gauge 노드 설정하기

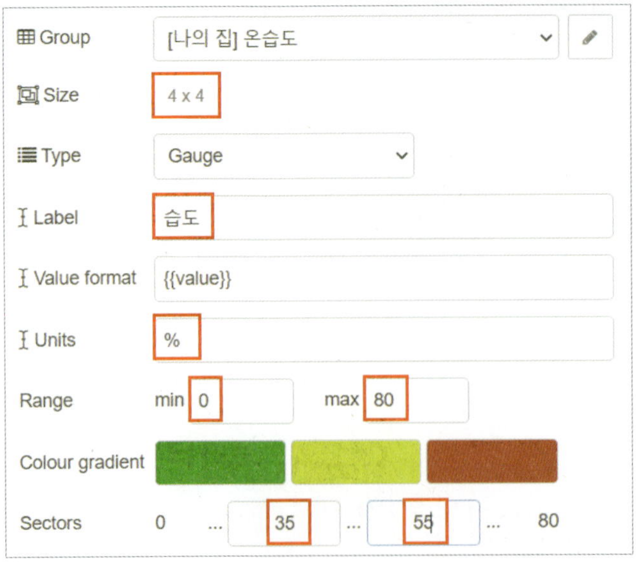

[그림 16-11] 습도 gauge 노드 설정하기

chart 대시보드 노드 설정하기

chart 대시보드 노드를 다음과 같이 설정하고 **[완료]**를 누릅니다.

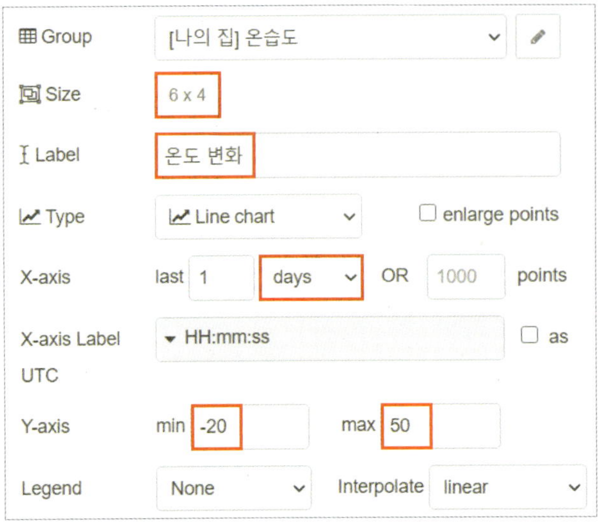

[그림 16-12] 온도 변화 chart 노드 설정하기

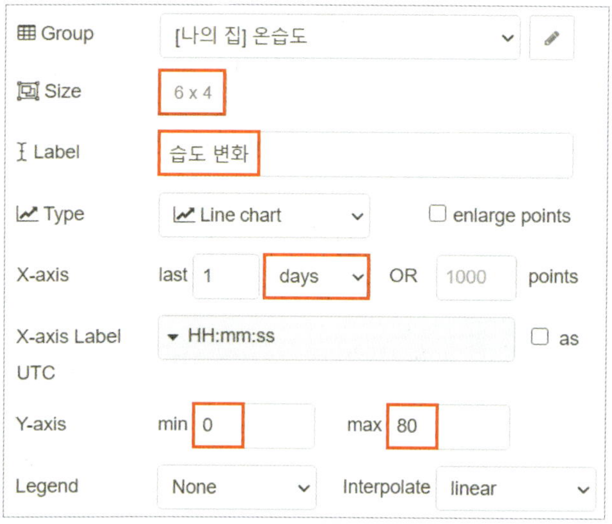

[그림 16-13] 습도 변화 chart 노드 설정하기

03 | 완성된 플로우

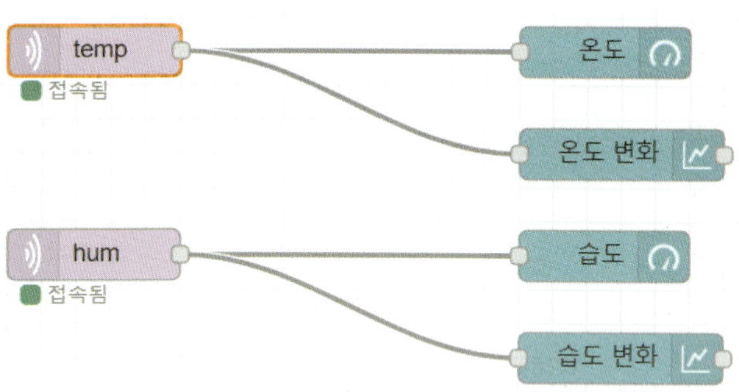

[그림 16-14] 완성된 플로우 [flows-temp-hum.json]

[메뉴]-[내보내기]-[현재 플로우]-[다운로드]를 실행하면 .json 형식의 파일로 다운로드할 수 있습니다.

04 | 완성된 대시보드

[배포하기]를 누른 뒤 브라우저에서 `localhost:1880/ui`를 입력하면 대시보드를 확인할 수 있습니다.

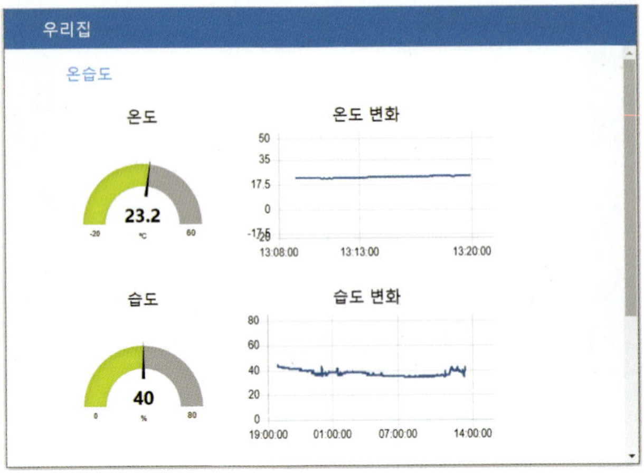

[그림 16-15] 완성된 대시보드

CHAPTER
16 연습문제

[프로그램 16-1]을 활용하여 다음에 제시되는 내용에 따라 프로그램을 만들어보세요.

[프로그램 16-1] dht22-oled에서는 3초 간격으로 온도와 습도를 OLED에 번갈아 표시했습니다. 이 프로그램을 아래와 같은 조건으로 개조하여 [프로그램] dht22-oled-answer를 만들어보세요. 템플릿 파일(dht22-oled-exam)이 제공되므로 해당 부분을 수정하면 됩니다.

이 프로그램은 3초 간격으로 온도와 습도를 표시하며, 이때 온도계 모양의 그림과 온도를 표시합니다.

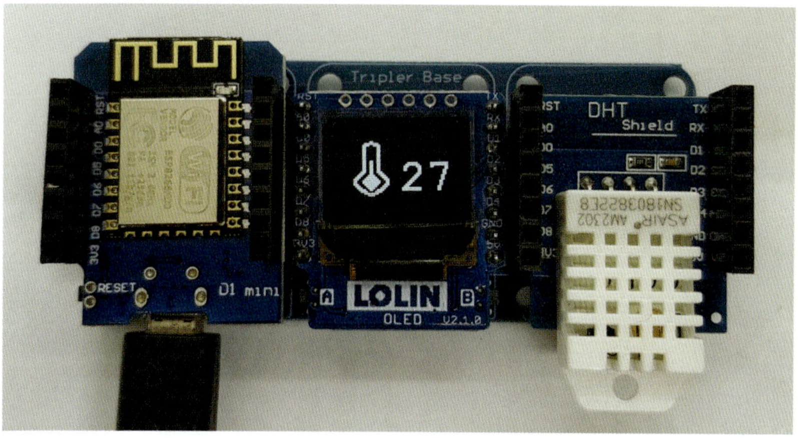

[그림 16-16] OLED에 온도계 이미지 표시하기

Arduino\iotbook\chapter16\dht22-oled-exam 폴더 아래에는 다음과 같은 3개의 파일이 있습니다. 이 파일을 조건에 맞게 수정하여 [프로그램] dht22-oled-answer를 만듭니다.

파일	내용
dht22-oled-exam.ino	메인 프로그램 파일
oled-showImage.ino	이미지와 온도를 표시하는 모듈
tmp-bits.h	XBM 형식의 온도 이미지 표현 파일

tmp-bits.h의 내용은 다음과 같습니다.

```
#define tmp_width 32
#define tmp_height 32
//static unsigned char tmp_bits[] = {
static const unsigned char tmp_bits[] PROGMEM = {
  0x00, 0x00, 0x00, 0x00, 0x00, 0x80, 0x01, 0x00, 0x00, 0xf0, 0x0f, 0x00,
  0x00, 0x78, 0x1e, 0x00, 0x00, 0x18, 0x18, 0x00, 0x00, 0x18, 0x18, 0x00,
  0x00, 0x18, 0x18, 0x00, 0x00, 0x18, 0x18, 0x00, 0x00, 0x18, 0x18, 0x00,
  0x00, 0x18, 0x18, 0x00, 0x00, 0x18, 0x18, 0x00, 0x00, 0x18, 0x18, 0x00,
  0x00, 0x98, 0x19, 0x00, 0x00, 0x98, 0x19, 0x00, 0x00, 0x98, 0x19, 0x00,
  0x00, 0x98, 0x19, 0x00, 0x00, 0x98, 0x19, 0x00, 0x00, 0x98, 0x19, 0x00,
  0x00, 0x9c, 0x39, 0x00, 0x00, 0x8e, 0x71, 0x00, 0x00, 0xc7, 0xe3, 0x00,
  0x80, 0xe3, 0xc7, 0x01, 0xc0, 0xf1, 0x8f, 0x03, 0xc0, 0xf8, 0x1f, 0x03,
  0xc0, 0xf8, 0x1f, 0x03, 0xc0, 0xf1, 0x8f, 0x03, 0x80, 0xe3, 0xc7, 0x01,
  0x00, 0xc7, 0xe3, 0x00, 0x00, 0x9e, 0x79, 0x00, 0x00, 0x3c, 0x3c, 0x00,
  0x00, 0xf0, 0x0f, 0x00, 0x00, 0xc0, 0x03, 0x00
};
```

이 파일은 비트맵 형식의 이미지를 프로그램 소스로 만든 것입니다. 이러한 표현 방식을 XBM(X Windows Bit Map)이라고 합니다. XBM에서 이미지를 OLED에 표시할 때는 3개의 변수가 필요합니다. tmp_width는 이미지의 넓이를 픽셀 단위로 표시하고, tmp_height는 이미지의 높이를 픽셀 단위로 나타냅니다. 배열 tmp_bits[]에는 실제 이미지 데이터가 보관됩니다. 이미지 데이터가 메모리를 차지하지 않고 플래시의 프로그램 영역에 보관되도록 하기 위해서는 반드시 다음과 같은 데이터 형식으로 지정해야 합니다.

```
static const unsigned char tmp_bits[] PROGMEM = {};
```

XBM 형식의 이미지 파일을 만드는 방법은 다음 링크에서 확인할 수 있습니다.

https://iotmaker.kr/iotbook-make-xbm-file

16.1 3개의 화면을 표시할 수 있도록 밑줄 친 부분을 채워서 프로그램 dht22-oled-answer.ino의 함수 `displayOled()`를 완성하세요.

```
void displayOled() {
_______    int cntMax = __; // 스크린 수
_______    int cnt = 0;   // 표시할 스크린
  cnt = ++cnt > cntMax ? 1 : cnt;
  switch(cnt) {
    case 1: oled.keyVal("온도",String(dht.temp(),1));
            break;
    case 2: oled.keyVal("습도",String(dht.hum(),0));
            break;
    case 3: ______________();
            break;
  }
}
```

16.2 밑줄 친 부분을 채워서 프로그램 oled-showImage.ino의 함수 `oled_showImage()`를 XBM 이미지와 온도를 표시할 수 있도록 완성하세요. 온도를 표시할 때는 폰트 FONT_22를 이용하고, 소수점 이하는 생략하도록 합니다.

```
#include "__________"

#define IMAGE_COL 2
#define IMAGE_ROW 8
#define STR_COL 34
#define STR_ROW 37

void oled_showImage() {
  oled.begin();

  u8g2.________(); // 화면 초기화
  do {
    // IMAGE_COL,IMAGE_ROW : 상단 왼쪽
    oled.drawXBM(IMAGE_COL,IMAGE_ROW,
                      ________, _______, _______);
    // STR_COL,STR_ROW : 하단 왼쪽
    oled.printStr(FONT_22,STR_COL,STR_ROW,
                      String(dht.temp(),   ));
  } while( u8g2.__________() );
}
```

16.3 앞에서 나온 [그림 16-14]의 플로우에 다음과 같이 switch 노드, 세 개의 change 노드, text 노드를 추가하여 새로운 플로우를 작성하세요.

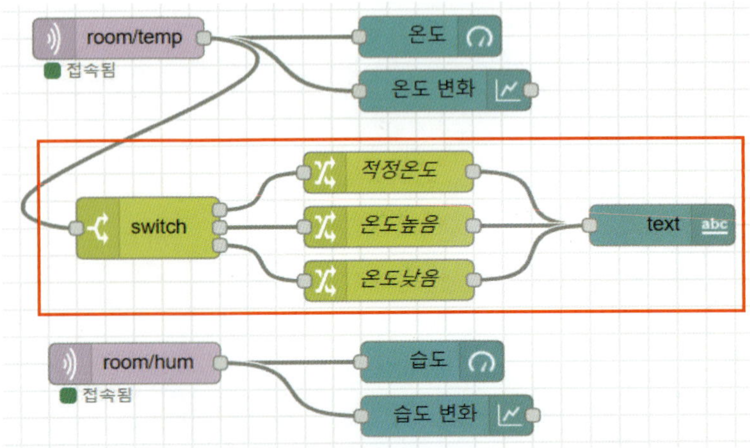

[그림 16-17] 추가된 노드 [flows-temp-hum-exam.json]

토픽 room/temp의 페이로드 값의 범위에 따라 대시보드의 text 노드에 문자를 표시합니다.

- 15.0보다 작을 때 : '온도낮음' 표시
- 15.0에서 25.0 사이일 때 : '적정온도' 표시
- 25.0보다 클 때 : '온도높음' 표시

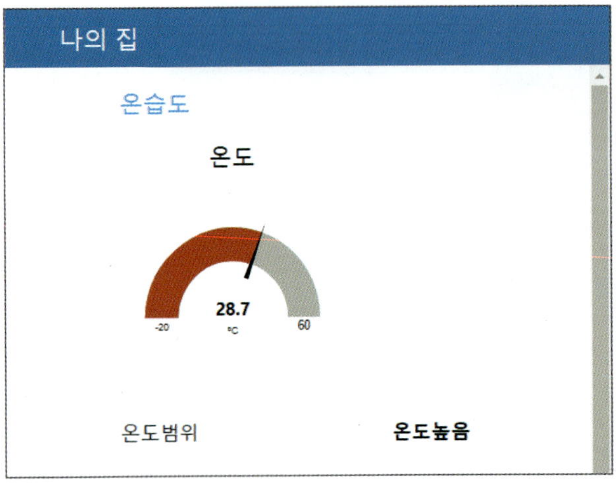

[그림 16-18] 온도 범위를 문자로 표시하기

완성된 플로우를 flows-temp-hum-answer.json 파일로 저장하세요.

CHAPTER

17

경보 시스템 구성하기

학습목표

- 동작 감지 센서를 이용하여 침입 탐지 시스템을 구성합니다.
- 디지털 동작 감지 센서의 사용법을 익힙니다.
- 경보 시스템용 라이브러리의 사용법을 익힙니다.
- Node-RED에서 날짜와 시간을 표현하는 방법을 이해합니다.

이 장의 실습 준비물

본문에서 제시합니다.

PREVIEW

침입 탐지는 경보 시스템의 기본입니다. 이 장에서는 디지털 센서의 대표격인 동작 감지 센서를 활용하여 경보 시스템을 구성해보기로 합니다.

경보 시스템 구성에 필요한 클래스인 AimAlarm을 활용하여 센서가 감지한 상황을 MQTT로 전송하는 방식을 익힙니다. 또한 대시보드에서 경보 모드를 설정하고 해제하는 방법을 익힙니다.

SECTION 01 회로 구성하기

이 장에서는 보드에 연결된 PIR(초전형 적외선, Pyroelectric InfraRed) 동작 감지 센서에서 포착된 경보 신호를 MQTT 브로커로 전송하는 프로그램을 만듭니다. 경보 신호가 포착된 후 지정한 시간이 지나면 경보 해제 신호가 MQTT 브로커로 전송이 됩니다. 또한 경보 모드 사용 여부는 Node-RED 대시보드에서 보드로 보낼 수 있도록 합니다.

01 | 브레드보드를 이용한 구성

브레드보드를 사용하여 경보 시스템을 위한 회로를 구성하면 다음 그림과 같습니다.

[그림 17-1] 브레드보드를 이용한 구성

[표 17-1] 브레드보드를 사용할 때의 소요 부품

부품 이름	수량	용도	핀 번호
D1 mini (pro)	1	제어용 마이크로컨트롤러	
브레드보드	1	기판	
동작 감지 센서(HC-SR501)	1	동물의 동작 감지	D3(GPIO0)
듀폰 케이블(M-M)	약간	부품 연결	

02 | 실드를 이용한 구성

실드를 사용하면 다음 그림과 같이 구성할 수 있습니다.

[그림 17-2] 실드를 이용한 구성

[표 17-2] 실드를 사용할 때의 소요 부품

부품 이름	수량	용도	핀 번호
D1 mini (pro)	1	제어용 마이크로컨트롤러	
트리플 또는 듀얼 실드	1	기반 실드	
PIR 실드	1	동물의 동작 감지	D3(GPIO0)

03 | 동작 감지 센서(HC-SR501) 사용하기

PIR 동작 감지 센서는 인체나 동물의 체열을 이용하여 동작을 감지합니다. 이 센서는 5V에서 작동하고, 동작이 감지되면 HIGH(3V) 신호를 내보냅니다. 그래서 모듈을 5V에 연결했지만 디지털 출력이 최대 3V이므로, 별도로 전압 조정을 할 필요 없이 D1 mini의 디지털 핀에 연결하면 됩니다. 모듈에는 동작 상태를 조절할 수 있는 점퍼 핀과 노브가 있습니다.

재시도 방식

점퍼 캡을 아래로 연결하면 감지 신호를 연속으로 내보내고, 위로 연결하면 감지 신호를 한 번만 보내줍니다.

감도

가변 저항을 바라보고 시계 방향으로 돌리면 민감도가 낮아져서 감지 거리가 줄어듭니다.

액티브 대기 시간

감지된 상태를 얼마나 지속할지를 조절할 수 있습니다. 가변 저항을 바라보고 시계 방향으로 돌리면 대기 시간이 늘어납니다(3초~5분). 그러나 대기 시간을 정밀하게 조절하는 것이 쉽지 않으므로 반시계 방향으로 돌려 가장 짧은 시간으로 설정해 두고, 디바이스 프로그램에서 대기 시간을 정하는 것이 좋습니다.

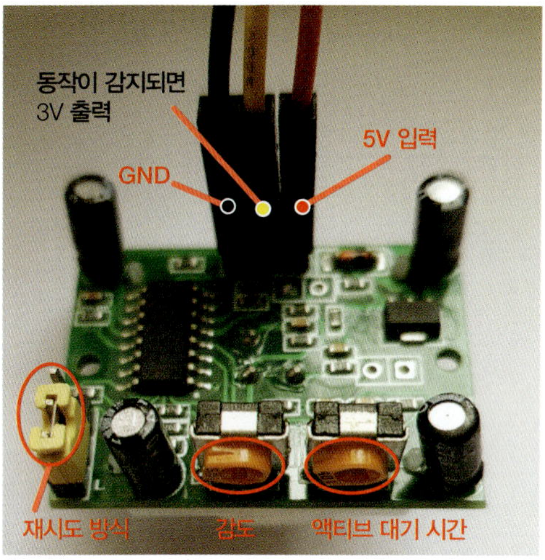

[그림 17-3] 동작 감지 센서

PIR 실드에는 필수 부품만 장착되어 있으며 점퍼 핀이나 조절용 노브는 없습니다.

SECTION 02

아두이노 프로그램 만들기

이 프로그램에서는 PIR 센서에서 경보 신호가 포착되면 토픽 motion으로 페이로드 'ON'을 발행하고 지정한 시간이 지나면 페이로드 'OFF'를 발행합니다. Node-RED 대시보드에서는 토픽 report-alarm으로 0 또는 1을 발행할 수 있습니다. 디바이스에서는 이 토픽을 수신하여 경보 신호를 MQTT 브로커로 발행할지를 정합니다. 프로그램을 테스트하기 위해, 시리얼 모니터에서 입력된 값에 따라 토픽 report-alarm으로 0 또는 1을 발행할 수 있도록 합니다.

프로그램 17-1 alarm-pir

```
// pin
#define LED_PIN     LED_BUILTIN // D0
#define MOTION_PIN D3
#define MOTION_ON_SEC 10

// topic
#define PREFIX                 "alarm"
#define TOPIC_MOTION           "motion"
#define TOPIC_REPORT_ALARM     "report-alarm"
#define TOPIC_REPORT_ALARM_R "report-alarm-r"

// Aim
#include <AimOutput.h>
#include <AimAlarm.h>
#include <AimSerial.h>

#include <myConfig.h>
#include <AimMqtt.h>

AimOutput led(LED_PIN,LOW);
AimAlarm  motion(MOTION_PIN,HIGH,INPUT,MOTION_ON_SEC);
AimMqtt   mqtt;
AimSerial mySerial;

void setup() {
  Serial.begin(115200);
  Serial.println();
```

```
  mqtt.begin(myMqttSub,myMqttCallback);
  mySerial.begin(mySerialCallback);
}

void loop() {
  mqtt.run();
  led.run();
  mySerial.run();

  if (motion.toOn()) {
    mqtt.pub(TOPIC_MOTION,"ON");
    led.set(700,300);
  }
  else if(motion.toOff()) {
    mqtt.pub(TOPIC_MOTION,"OFF");
    led.off();
  }
}

void myMqttSub() {
  mqtt.sub(TOPIC_REPORT_ALARM,1);
}

void myMqttCallback(const String& topic,const String& payload) {
  if (topic == TOPIC_REPORT_ALARM) {
    bool reportAlarm = mqtt.toBool(payload);
    mqtt.pub(TOPIC_REPORT_ALARM_R,reportAlarm);

    if (reportAlarm) {
      motion.start();
    }
    else {
      motion.stop();
    }
  }
}

void mySerialCallback(const String& key,const String& val) {
  if (key == "alarm") {
    mqtt.pub(TOPIC_REPORT_ALARM,mqtt.toBool(val),true);
  }
}
```

프로그램 설명

❶ **7행** : PREFIX를 'alarm'이라고 지정합니다. 이렇게 지정하면 이 프로그램에서 사용되는 모든 토픽은 MQTT 브로커와 송수신될 때 앞에 'alarm/'을 붙여서 처리됩니다. 이때 '/'는 자동으로 추가됩니다.

❷ **8~10행** : 토픽을 정의합니다. 정의된 토픽과 사용되는 페이로드는 다음과 같습니다.

[표 17-3] 토픽과 페이로드

토픽	페이로드	구독/발행	용도
motion	ON|OFF	발행(publish)	동물 이동체 감지 여부
report-alarm	0|1	구독(subscribe) 발행(publish)	토픽 motion의 발행 여부
report-alarm-r	0|1	발행(publish)	토픽 report-alarm 수신에 대한 응답

❸ **21행** : 14행에서 라이브러리 AimAlarm.h를 포함하여, 21행에서는 클래스 `AimAlarm`의 오브젝트를 만듭니다. 인수 지정은 다음과 같습니다.

```
AimAlarm 오브젝트(핀 번호, 활성화될 때 값, 입력 모드, 알람 지속 초);
```

❹ **38~45행** : 38~41행은 PIR 센서에서 동작이 감지되었을 때 처리하는 루틴이며, 42~45행은 PIR 센서에서 동작이 감지되고 '알람 지속 초'만큼 지난 후 처리하는 루틴입니다.

❺ **48~50행** : MQTT 브로커에 접속될 때 수행하는 함수를 표시합니다. 49행에서는 토픽 report-alarm을 구독 신청하고 있습니다. 토픽 report-alarm은 Node-RED 대시보드에서 발행되기도 하고, 시리얼 모니터에서 입력하여 발행하기도 합니다.

❻ **52~64행** : 구독 신청한 토픽이 도착했을 때 수행할 함수입니다. 여러 토픽에 대하여 하나의 함수로 대응해야 하므로 함수 안에서는 수신된 토픽을 따져서 토픽마다 별도의 루틴을 적용해야 합니다.

54행에서는 수신된 페이로드를 `reportAlarm`에 대입합니다. 메소드 `mqtt.toBool()`은 여러 스트링을 참 또는 거짓으로 돌려줍니다. 스트링이 1, on, true, yes 또는 y이면 참이 됩니다. 스트링이 0, off, false, no 또는 n이면 거짓이 됩니다. 이때 스트링의 대문자는 소문자로 바꿔서 처리합니다. 55행에서는 수신된 토픽 report-alarm에 응답하기 위해 토픽 report-alarm-r로 발행합니다.

57~62행에서는 `reportAlarm`이 참이면 `motion.start()`를 실행하여 경보 모드로 진입하고, 거짓이면 `motion.stop()`을 실행하여 경보 모드를 해제합니다.

❼ **66~70행** : 시리얼 모니터에서 값을 입력받아서 처리하는 함수입니다. 68행에서는 토픽 report-alarm에 페이로드 '0' 또는 '1'을 발행합니다. 이러한 방식으로 하면 Node-RED 대시보드를 구성하지 않아도 시리얼 모니터에서 토픽을 발행할 수 있으므로, 프로그램을 테스트할 때 유용합니다.

실행 결과

다음은 [프로그램 17-1] alarm-pir을 실행하여 시리얼 모니터에서 'alarm 0'을 입력하고 일정 시간이 지난 후 'alarm 1'을 입력한 결과입니다. 'alarm 0'을 입력한 후에는 토픽 motion이 발행되지 않음을 알 수 있습니다.

실행 결과

```
Connecting to [my-ssid1],[my-ssid2],[my-ssid3]
.....

Connected to [my-ssid2],IP=192.168.43.98
Attempting MQTT connection...
device=[ESP-4C:11:AE:0D:7D:32]
SERVER=[192.168.35.200],PORT=1883
MQTT connected
-----
SUB: [alarm/report-alarm],QoS=1
PUB: [alarm/motion],[ON]
RCV> [alarm/report-alarm],[1]
PUB: [alarm/report-alarm-r],[1]
New reportAlarm=1
PUB: [alarm/motion],[OFF]
INP> key=[alarm],val=[0]
PUB: [alarm/report-alarm],[0]
RCV> [alarm/report-alarm],[0]
PUB: [alarm/report-alarm-r],[0]
New reportAlarm=0
INP> key=[alarm],val=[1]
PUB: [alarm/report-alarm],[1]
RCV> [alarm/report-alarm],[1]
PUB: [alarm/report-alarm-r],[1]
New reportAlarm=1
PUB: [alarm/motion],[ON]
PUB: [alarm/motion],[OFF]
```

SECTION 03

대시보드 만들기

01 | 플로우 만들기

1 PC에 설치된 Node-RED를 실행합니다.

2 브라우저에 `localhost:1880`을 입력합니다. 별도의 MQTT 브로커나 클라우드 MQTT 서비스를 이용하는 경우에는 'localhost' 대신 URL이나 IP 주소를 입력할 수도 있습니다.

3 편집 화면이 나오면 상단 탭의 우측에 있는 **[+]** 버튼을 눌러 새로운 플로우 탭을 만듭니다.

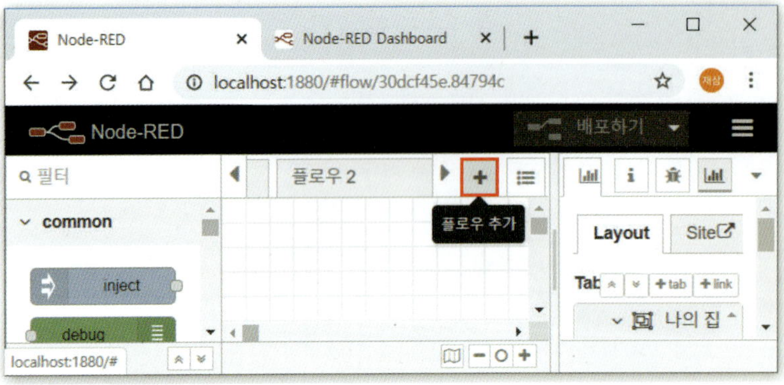

[그림 17-4] 플로우 추가하기

4 플로우 탭을 더블 클릭하면 이 탭의 이름을 수정할 수 있는 화면이 나옵니다. 이름을 '경보시스템'으로 지정하고 **[완료]** 버튼을 눌러 플로우 탭으로 다시 돌아옵니다.

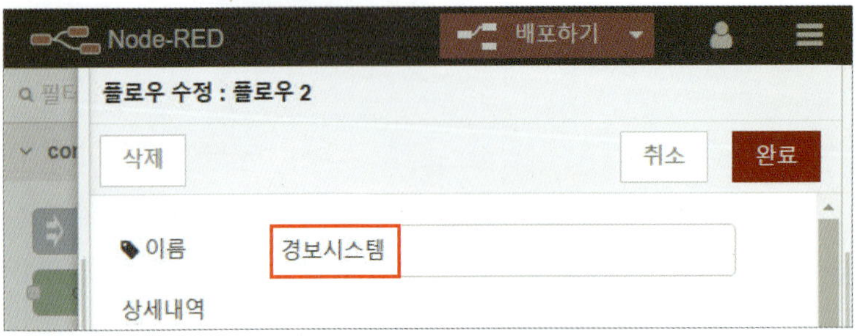

[그림 17-5] 플로우 이름 수정하기

5 [그림 17-6]과 같이 팔레트 network에서는 두 개의 mqtt in 노드를 끌어오고, 한 개의 mqtt out 노드를 끌어옵니다. 팔레트 기능에서는 switch와 change 노드를 끌어옵니다. 팔레트 dashboard에서는 text 노드 두 개와 switch 노드 한 개를 끌어와서 와이어로 연결합니다.

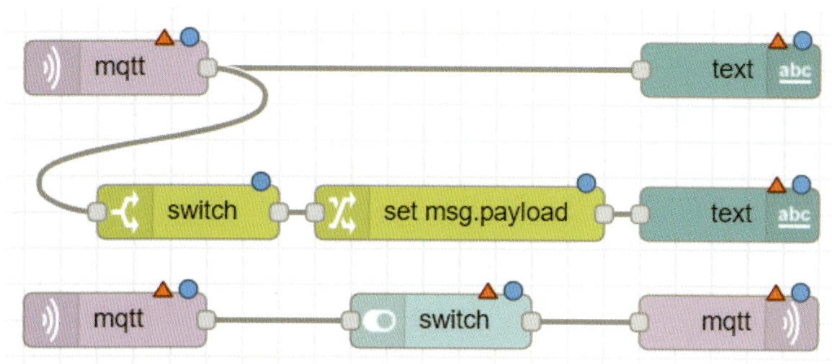

[그림 17-6] 노드 끌어와서 연결하기

02 | 노드 설정하기

mqtt in 노드 설정하기

플로우에서 mqtt in 노드를 더블 클릭하면 다음 화면이 나옵니다. 여기서 서버는 미리 설정해 둔 localhost를 선택하고, 토픽은 alarm/motion으로 설정합니다.

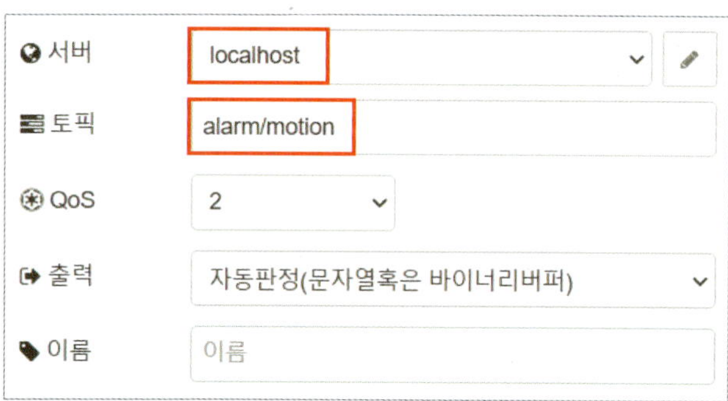

[그림 17-7] mqtt in 노드 수정하기

같은 방법으로 나머지 mqtt in 노드의 토픽을 alarm/report-alarm-r로 설정합니다.

mqtt out 노드 설정하기

플로우에서 mqtt out 노드를 더블 클릭하면 다음 화면이 나옵니다. 여기서 서버는 미리 설정해 둔 localhost를 선택하고, 토픽은 alarm/report-alarm으로 설정합니다.

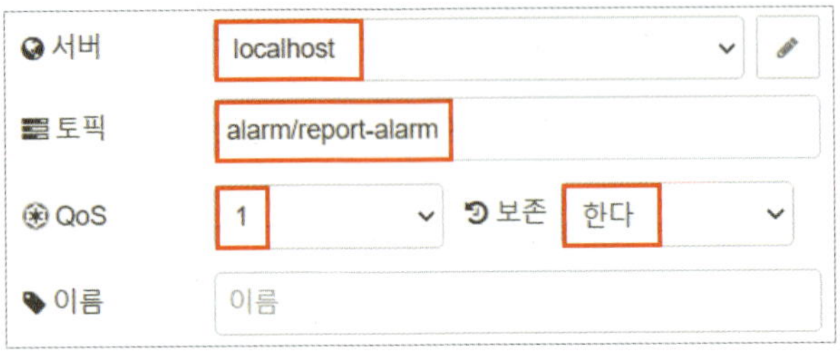

[그림 17-8] mqtt out 노드 수정하기

새로운 ui_group 만들기

'경보시스템'이라는 새로운 ui_group을 추가해봅시다. 플로우에서 text 대시보드 노드를 더블 클릭하면 다음 화면이 나옵니다. Group에서 ❶ 'ui_group의 노드타입 추가…'를 선택하고 ❷ 편집 아이콘을 누릅니다.

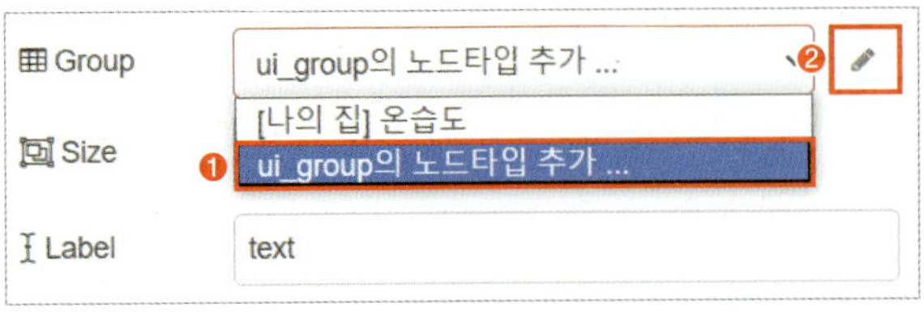

[그림 17-9] ui_group 추가하기

탭은 원래 있던 '나의 집'이고 Group의 이름은 '경보시스템'입니다. 넓이는 6을 입력하고 **[추가]**를 누릅니다.

[그림 17-10] ui_group 추가하기

text 대시보드 노드 설정하기

첫 번째 text 대시보드 노드를 [그림 17-11]과 같이 설정해봅시다. Label을 '**침입 경보**'로 지정합니다.

[그림 17-11] text 노드 설정하기

[그림 17-11]과 같은 방법으로 두 번째 text 대시보드 노드를 설정해봅시다. Label을 '**최근 침입 일시**'로 지정합니다.

switch 노드 설정하기

입력되는 payload가 'ON'일 때만 다음 노드가 실행되도록 합니다.

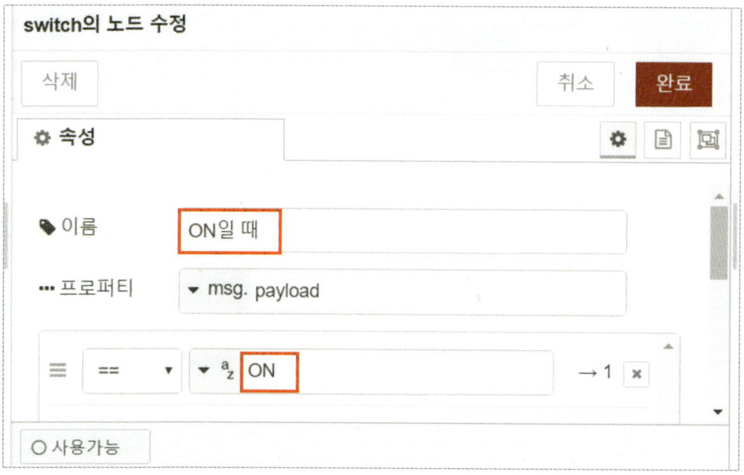

[그림 17-12] switch 노드 설정하기

change 노드 설정하기

이 노드에서는 현재 시간을 J: expression 형식으로 정의하여 값을 전달하기로 합니다. 대상의 값으로 ❶ J: expression 을 선택하고 ❷ 오른쪽 끝의 편집 아이콘을 누릅니다.

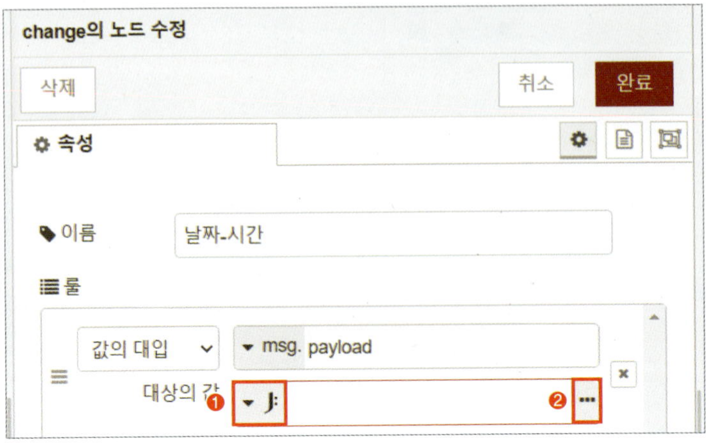

[그림 17-13] change 노드에서 J:expression 선택하기

JSONata 형식 에디터가 나타나면 [그림 17-14]와 같이 내용을 입력합니다. 여기서 $millis()는 현재 시간을 나타내는 JSONata 함수입니다. $fromMillis()는 입력된 시간을 지정한 형식으로 출력합니다. 그 인수는 **시간**, **출력 형식**, **시간대**입니다.

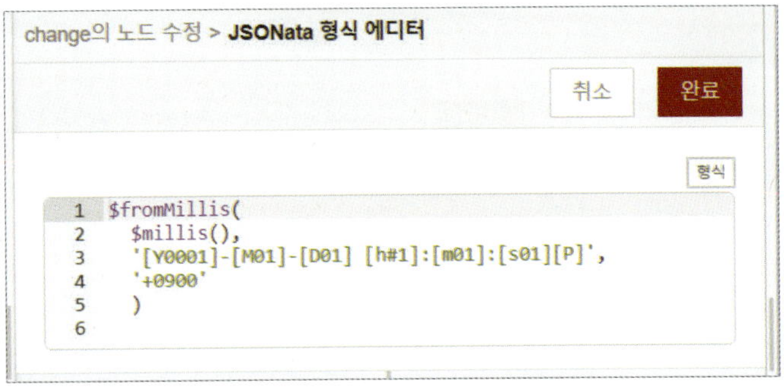

[그림 17-14] JSONata 형식 편집하기

switch 대시보드 노드 설정하기

switch 대시보드에서 'Pass through msg if payload matches new state'는 선택을 해제하여, 입력된 페이로드는 바로 통과시키지 말고 스위치를 눌러 값이 바뀌면 비로소 출력되도록 해야 합니다. 만약 앞뒤에 같은 토픽으로 연결된 대시보드의 경우 수신된 값이 그대로 통과하면 시스템이 폭주하므로 주의해야 합니다.

switch 대시보드의 ON/OFF 모양은 입력된 값에 따라 바뀔 수 있도록 'Switch icon state of the input'을 선택해야 합니다.

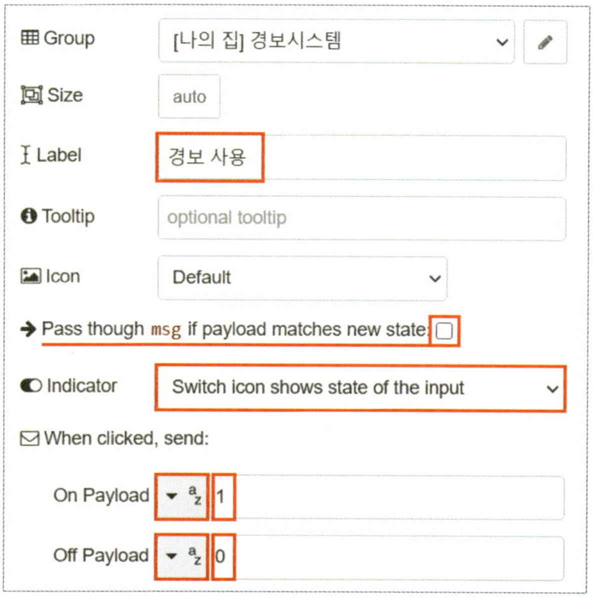

[그림 17-15] switch 대시보드 설정

대시보드 위치 조정하기

대시보드 아이콘을 눌러 Layout 탭에서 대시보드 레이블을 끌어서 위치를 조정할 수 있습니다.

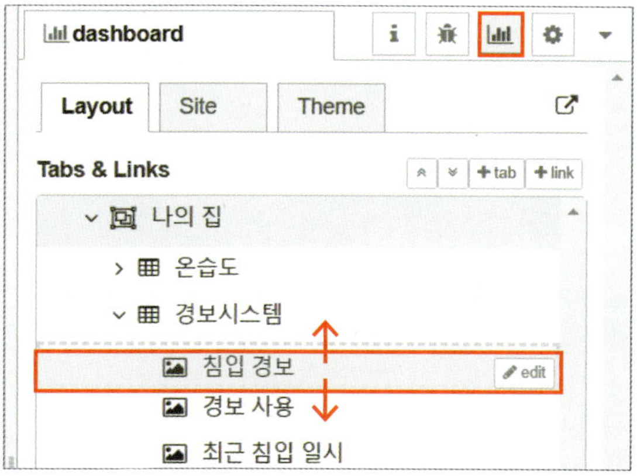

[그림 17-16] 대시보드 위치 조정하기

03 | 완성된 플로우

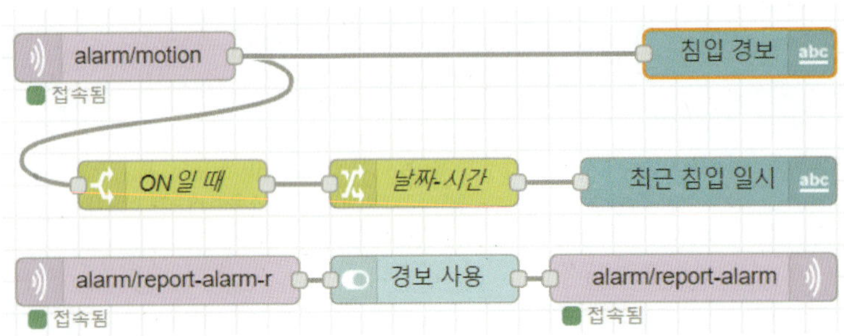

[그림 17-17] 완성된 플로우 [flows-alarm-pir.json]

[메뉴]-[내보내기]-[현재 플로우]-[다운로드]를 실행하면 .json 형식의 파일로 다운로드할 수 있습니다.

04 | 완성된 대시보드

[배포하기]를 누른 뒤 브라우저에서 `localhost:1880/ui`를 입력하면 대시보드를 확인할 수 있습니다.

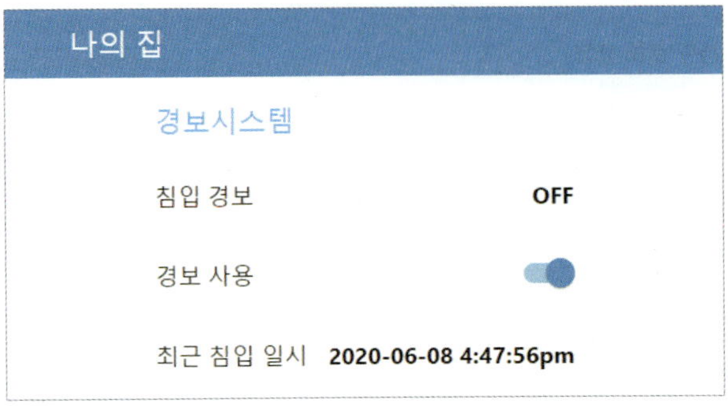

[그림 17-18] 완성된 대시보드

CHAPTER

17 연습문제

[프로그램 17-1]을 활용하여 다음에 제시되는 내용에 따라 프로그램을 만들어보세요.

MQ-9 가스 센서는 일산화탄소와 가연성 가스에 반응합니다. 가스의 농도가 높을수록 높은 전압을 출력합니다. 정해진 값보다 높은 값이 출력되면 경보가 발생되어 토픽 gas로 페이로드 'ON'이 발행됩니다. 가스 농도가 낮아지고 지정한 시간이 지나면 토픽 gas로 페이로드 'OFF'가 발행됩니다. 이때 가스 센서를 연속으로 읽으면 MQTT 브로커의 접속 장애가 발생하므로 0.5초 간격으로 읽어서 결과를 처리합니다. 경보 상태일 때는 1초 간격으로 '삐 삐 삐' 하는 경고음을 냅니다.

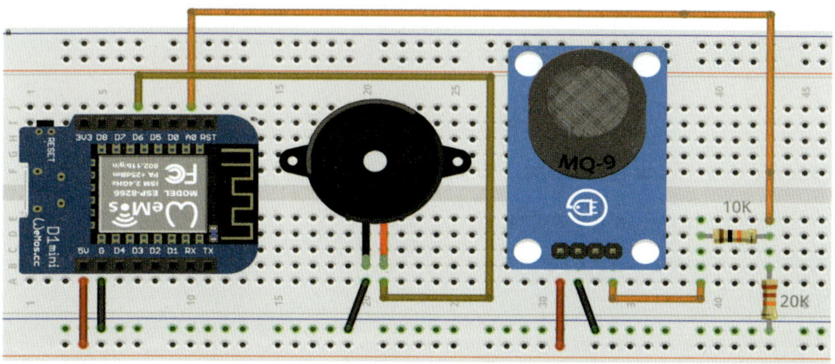

[그림 17-19] MQ-9 가스 센서 회로도

대시보드나 시리얼 모니터에서 발행된 토픽 report-alarm이 수신되면 페이로드 값 '1' 또는 '0'에 따라 토픽 gas를 발행하거나 발행을 중지합니다.

MQ-9 가스 센서에서 전압을 읽으면 0에서 1024 사이의 값이 됩니다. 트리거를 500으로 설정하면 500보다 큰 값이 읽힐 때 경보 상태가 됩니다. 이 트리거 값은 상황에 따라 조절할 필요가 있으므로 시리얼 모니터에서 'trigger 550' 등과 같이 입력하여 수정하고 그 값은 SPIFFS에 보관했다가 다음에 읽어서 사용합니다.

Node-RED에서는 대시보드에 가스 경보 상태와 최근 가스 누출 일시를 표시합니다. 경보 사용 버튼을 누르면 ON/OFF 값이 토픽 report-alarm을 통하여 보드로 전송됩니다.

가스 경보가 도착하면 IFTTT의 웹훅(webhook)을 사용하여 모바일 기기로 경보 발생 내역을 통보합니다. 여기서는 팔레트 network의 http request 노드를 사용합니다.

17.1 [프로그램 17-2] alarm-gas-exam에서 밑줄 친 부분을 채워서 프로그램 alarm-gas-answer로 저장하세요.

프로그램 17-2 alarm-gas-exam

```
// pin
#define BUZ_PIN     D6
#define GAS_PIN     ____
#define GAS_ON_SEC  10
#define GAS_TRIGGER 500
#define NAME_TRIGGER “ trigger ”

// topic
#define PREFIX                 "alarm2"
#define TOPIC_GAS              "gas"
#define TOPIC_REPORT_ALARM     "report-alarm"
#define TOPIC_REPORT_ALARM_R "report-alarm-r"

// Aim
#include <AimOutput.h>
#include <AimAlarm.h>
#include <AimConfig.h>
#include <AimSerial.h>
#include <AimTimer.h>

#include <myConfig.h>
#include <AimMqtt.h>

AimOutput buz(BUZ_PIN,HIGH);
AimAlarm  gas(GAS_PIN,__________,GAS_ON_SEC);
AimMqtt   mqtt;
AimConfig config("my-config.json");
AimSerial mySerial;
AimTimer  timerGas(0.5);
AimTimer  timerPrint(5);

void setup() {
  Serial.begin(115200);
  Serial.println();

  Serial.println("Input > 'trigger nnn' to set new trigger");

  getNewTrigger(__________);

```

```
  mqtt.begin(myMqttSub,myMqttCallback);
  mySerial.begin(mySerialCallback);
}

void loop() {
  mqtt.run();
  buz.run();
  mySerial.run();

  if (timerGas.isOn()) {
    if (gas.____()) {
      mqtt.pub(TOPIC_GAS,"ON");
      buz.set(300,200,__,-1,1000);
    }
    else if(gas.____()) {
      mqtt.pub(TOPIC_GAS,"OFF");
      buz.off();
    }
  }

  if (timerPrint.isOn()) {
    Serial.printf("Gas pinRead(0~1024)=%d\n",gas.read());
  }
}

void myMqttSub() {
  mqtt.sub(TOPIC_REPORT_ALARM,1);
}

void myMqttCallback(const String& topic,const String& payload) {
  if (topic == TOPIC_REPORT_ALARM) {
    bool reportAlarm = mqtt.toBool(payload);
    mqtt.pub(TOPIC_REPORT_ALARM_R,reportAlarm);

    if (reportAlarm) {
      gas._____();
    }
    else {
      gas._____();
    }
  }
}
```

```
void mySerialCallback(const String& key,const String& val) {
  if (key == "alarm") {
    mqtt.pub(TOPIC_REPORT_ALARM,mqtt.toBool(val),true);
  }
  else if (key == "trigger") {
    setNewTrigger(val);
  }
}

void getNewTrigger(int trigger) {
  config.sync___(NAME_TRIGGER,trigger);
  gas.___Trigger(trigger);
  Serial.printf("gas trigger=%d\n",gas.___Trigger());
}

void setNewTrigger(const String& val) {
  int trigger = val.to___();
  config.set___(NAME_TRIGGER,trigger);
  gas.___Trigger(trigger);
  Serial.printf("gas trigger=%d\n",gas.___Trigger());
}
```

17.2 다음은 완성된 노드 다이어그램과 대시보드입니다. 제공된 flows-alarm-gas-exam.json을 수정하여 flows-alarm-gas-answer.json을 작성하세요. (이 문제를 해결하기 위해서는 IFTTT의 웹훅을 사용하는 방법과 Node-RED의 http request 노드의 사용법을 찾아서 미리 학습해야 합니다.)

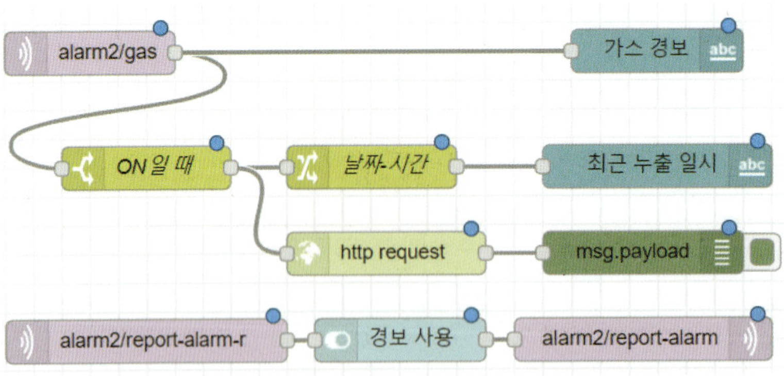

[그림 17-20] 가스 경보 시스템 노드 다이어그램 [flows-alarm-gas-exam.json]

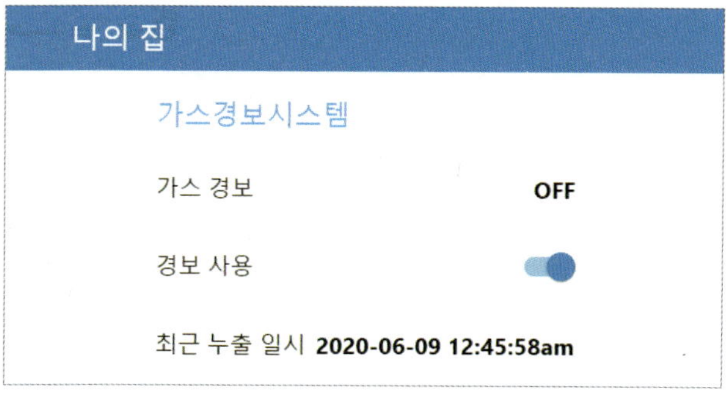

[그림 17-21] 완성된 대시보드

17.3 [그림 17-22]는 모바일 기기에 도착한 경보 문구입니다. 이와 같은 문구가 발송될 수 있도록 [그림 17-23] IFTTT의 applet을 완성하세요. 이벤트 이름은 'gas'입니다. (이 문제를 해결하기 위해서는 IFTTT의 웹훅을 사용하는 방법과 Node-RED의 http request 노드의 사용법을 찾아서 미리 학습해야 합니다.)

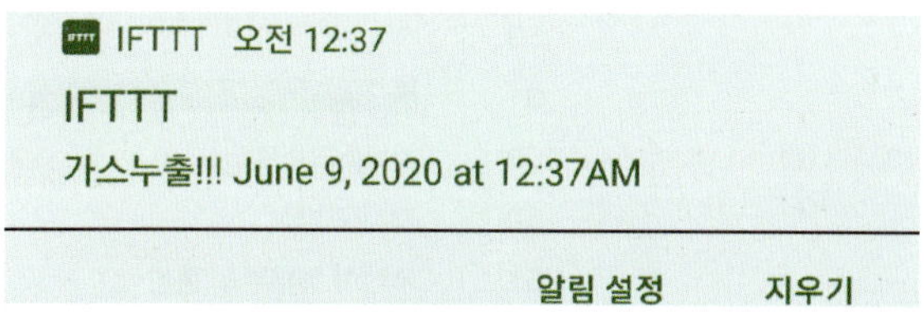

[그림 17-22] 모바일 기기에 도착한 경보 내용

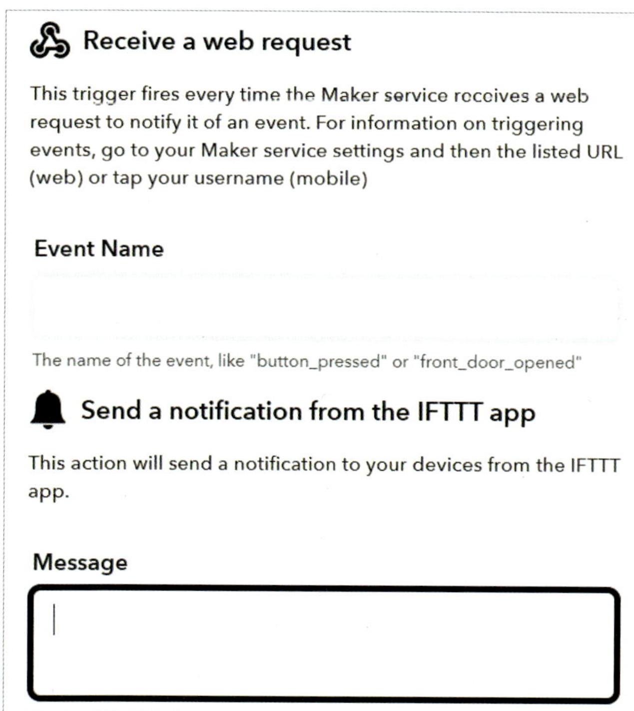

[그림 17-23] IFTTT applet